科学出版社“十三五”普通高等教育本科规划教材
高等学校水土保持与荒漠化防治特色专业建设教材

水力学 含练习册（第二版）

王 健 朱首军 主编

科学出版社
北 京

内 容 简 介

全书共八章。前四章主要讲授水力学基础知识和基本理论，包括水静力学、水动力学基础、流动形态及水头损失；后四章主要讲授水力学的工程应用，包括明渠均匀流、明渠恒定非均匀流、堰闸出流与衔接消能、渗流。书后附配套练习册，以巩固和加深对内容的理解。

本书可作为高等农林院校水土保持与荒漠化防治专业本科生、研究生的教材，也可供高职高专、成人教育师生，以及从事农业、林业、水利、环境保护等行业的专业技术人员参考。

图书在版编目（CIP）数据

水力学：含练习册/王健，朱首军主编．—2版．—北京：科学出版社，2023.11

科学出版社“十三五”普通高等教育本科规划教材　高等学校水土保持与荒漠化防治特色专业建设教材

ISBN 978-7-03-074514-9

Ⅰ．①水…　Ⅱ．①王…　②朱…　Ⅲ．①水力学－高等学校－教材　Ⅳ．①TV13

中国版本图书馆CIP数据核字（2022）第253293号

责任编辑：王玉时 / 责任校对：严　娜
责任印制：赵　博 / 封面设计：无极书装

科学出版社出版
北京东黄城根北街16号
邮政编码：100717
http://www.sciencep.com

北京华宇信诺印刷有限公司印刷
科学出版社发行　各地新华书店经销

*

2013年11月第　一　版　开本：787×1092　1/16
2023年11月第　二　版　印张：16
2024年11月第十次印刷　字数：430 000

定价：59.80元（含练习册）

编写委员会

主　　编　王　健　朱首军

副 主 编　周丽丽　杨　锋

编写人员（按姓氏汉语拼音排序）

戴全厚（贵州农业大学）

高国雄（西北农林科技大学）

何淑勤（四川农业大学）

牛　俊（长江水利委员会长江科学院）

牛俊文（浙江省水利水电勘测设计院）

王　健（西北农林科技大学）

徐洪霞（中国电建集团中南勘测设计研究院有限公司）

杨　锋（黄河水利委员会黄河上中游管理局）

郑子成（四川农业大学）

周丽丽（沈阳农业大学）

朱首军（西北农林科技大学）

主　　审　李占斌（西安理工大学）

吕宏兴（西北农林科技大学）

第二版前言

本书是在第一版高等学校水土保持与荒漠化防治特色专业建设教材和西北农林科技大学规划教材建设项目的基础上，针对新时期农林院校水土保持与荒漠化防治专业的教学需要进行修订，力求符合“厚基础、宽口径、强能力、高素质”人才培养的需要。

本次修订在广泛吸取教材使用单位和有关专家意见的基础上，做了以下工作。

一、融入课程思政的相关内容，将爱国主义教育、立德树人、科学家精神和工匠精神融入教材，在传授学生理论知识的同时，培养学生“爱国、敬业”的社会主义核心价值观。

二、主教材配套了练习题，单独成册，与主教材合并使用；便于学生完成作业，利于教师批改作业。

三、适应学时减少的要求，在满足专业要求的前提下，适当精简教材内容，对书中部分例题做了修改。

四、各章末以二维码附加了本章例题详解。书后附录中增加了各章例题的 Excel 计算过程与结果，以及迭代法在水力计算中的应用，迭代公式用 Excel 编制；学生可以扫描二维码，下载 Excel 表格压缩文件，便于完成作业相关计算。

五、增加了水土保持工程、生产建设项目水土保持等工程实际案例。

六、对全书进行全面的校核和修正。

参加本次修订工作的单位有：西北农林科技大学、沈阳农业大学、四川农业大学、贵州农业大学、长江水利委员会长江科学院、黄河水利委员会黄河上中游管理局、中国电建集团中南勘测设计研究院有限公司、浙江省水利水电勘测设计院。

全书由西北农林科技大学王健、朱首军统稿，由西安理工大学李占斌教授和西北农林科技大学吕宏兴教授担任主审。

书中部分作业题和复习题引自其他已出版的参考书，在此对相关作者表示衷心的感谢！

对于书中的不足之处，敬请批评指正。

编　者

2023 年 8 月

第一版前言

水力学是水土保持与荒漠化防治专业本科教学体系中重要的专业基础课之一。过去该专业多采用水利类专业的水力学教材，难以适应学时少、教学内容多且直接服务于水土保持与荒漠化防治专业的需求。为此，我们多校联合编写了本书。

《水力学》共分八章，包括绪论、水静力学、水动力学基础、液流形态及水头损失、明渠均匀流、明渠恒定非均匀流、堰流及泄水建筑物下游的消能、渗流。主要由西北农林科技大学、沈阳农业大学、四川农业大学、南昌工程学院、贵州大学、宁夏防沙治沙职业技术学院共同编写完成。各章分工如下所示。

第一章由朱首军和王健编写；第二章由王昌宁和郭永恒编写；第三章由周丽丽编写；第四章由郑子成和王健编写；第五章由戴全厚编写；第六章由朱首军和李光录编写；第七章由杨文利编写；第八章由孟秦倩和王健编写。

全书由西北农林科技大学朱首军副教授和西安理工大学李占斌教授统稿，西北农林科技大学刘秉正教授担任该书主审，西北农林科技大学研究生颜婷燕、杨森浩、白瑶校稿、绘图。

值此本书完稿之际，特别感谢编写书稿的各位编委、主审书稿的刘秉正教授和参加校稿、绘图工作的研究生，以及书中引用的科技成果、论文、著作和教材的各位作者和科学出版社的同志等付出的辛勤劳动。

编　者

2013 年 9 月

目　录

第一章　绪　　论

教学内容

水力学的概念；水力学的任务及其在工程中的应用；水力学发展简史；液体的连续介质假设；液体的主要物理性质；牛顿内摩擦定律；作用在液体上的力；水力学课程特点和学习方法。

教学要求

明确水力学研究的对象、特点及其重要性；理解液体的惯性、重力特性与黏滞性；了解压缩性与表面张力特性；理解两类作用力的特点；掌握密度与重度间、黏滞系数与黏滞力间的关系式。了解水力学课程的特点；掌握水力学的学习方法。

教学建议

讲清楚水力学学习的重要性、学习特点和学习方法。液体的主要物理性质是本章重点；强调讲清楚液体黏滞性产生的原因及作用。

水是生命之源，生产之要，生态之基。水，滋润大地，滋养万物。水作为水力学的研究介质，其应用之广泛，渗透到人类生产生活的各个方面。

一、水力学的概念、任务及其在工程中的作用

在日常的学习中，我们常常会听到两个发音完全相同的名词——水力学与水利学。但这是两个完全不同的概念，在学习中常常写错。

水利学，也称水利经济学。是研究水利事业各种经济关系和经济活动规律的科学，属于经济管理的范畴。

水力学则是研究液体的平衡和机械运动规律及其实际应用的一门学科。液体的种类很多，如水、酒精、水银、石油等，但工程中最为常见的液体是水，所以前人就将水作为液体的代表，故称为水力学。

水力学是人类在不断的实践中逐步发展起来的一门技术科学，是力学的一个分支。水力学所研究的基本规律有两大主要组成部分。一是关于液体平衡的规律，研究液体处于平衡状态时（液体质点之间无相对运动），作用于液体上的各种力之间的关系，这一部分称为水静力学；二是关于液体运动的规律，研究液体在运动状态时，作用于液体上的力与运动要素之间的关系，以及液体的运动特征与能量转换等，这一部分称为水动力学。教材的前四章是水力学的理论基础，后四章是水力学理论在工程实践中的具体应用。

水力学是水土保持与荒漠化防治专业重要的技术基础课之一。研究土壤侵蚀机理需要用到水力学，开展水土保持工程设计需要用到水力学，编制水土保持方案需要用到水力学，可以说水力学是水土保持专业其他专业课程学习的基础。水力学在水土保持中的主要任务，是研究水流与边界（固体边界，如径流下垫面，沟岸、河岸边界等；液-液交界面，如两种不同液体交界面；液-气交界面，如大气与水体的交界面）的相互作用，分析在各种相互作用条件下所形成的

各种水流现象和边界上的各种力的作用，为水土流失机理研究，以及水土保持工程的勘测、设计、施工等方面提供科学的水力学依据。水力学也是对水土保持工程设计进行水力分析和水力计算的理论基础。

水力学在水土保持中的应用主要可以概况为以下方面：①确定水工建筑物的水力荷载；②确定水工建筑物的过水能力；③分析水流的流动形态；④确定水流的能量损失和利用。具体应用这里不展开论述，在接下来的各章学习中贯穿讲解。

二、水力学发展简史

水力学作为学科而诞生，始于水静力学。公元前400多年，中国墨翟在《墨经》中已有了浮力与排液体积之间关系的设想。公元前250年，阿基米德（Archimedes）在《论浮体》一书中，阐明了浮体和潜体的有效重力计算方法。1586年，荷兰数学家斯泰芬（Stevin）提出水静力学方程。十七世纪中叶，法国学者帕斯卡（Pascal）提出液压等值传递的帕斯卡原理。至此，水静力学已初具雏形。

水动力学的发展是与水利工程兴建相联系的。春秋时期（公元前613—前591年），楚国令尹孙叔敖组织人力修建了我国第一座水库——芍陂；公元前三世纪末，秦国修建了规模巨大的都江堰、灵渠和郑国渠；汉初，人们已能利用山溪水流作动力；公元1316年，我国劳动人民就利用孔口出流原理设计制造了世界上最早的计时工具——铜壶滴漏。在长期的劳动实践中，我国古代人民总结了大量治水经验，并编撰成书和图册，如《山海经》《水经注》《河防通议》等；此后在历代防洪及航运工程上积累了丰富的经验。

但是液体流动的知识，在中国相当长的时间内，在欧洲直至15世纪以前，都被认为是一种技艺，而未发展为一门学科。文艺复兴时期，意大利人莱昂纳多·达·芬奇（Leonardo di ser Piero da Vinci）在实验水力学方面取得巨大的进展；他用悬浮砂粒在玻璃槽中观察水流现象，描述了波浪运动、管中水流，以及波的传播、反射和干涉。

十八世纪初叶，经典水动力学有了迅速的发展。莱昂哈德·欧拉（Leonhard Euler）和丹尼尔·伯努利（Daniel Bernoulli）是这一领域中杰出的先驱者。十八世纪末和整个十九世纪，形成了两个相互独立的研究方向。一个是主要依靠实验手段和总结治水经验而建立起来的实验水力学；谢才（Chézy）、达西（Darcy）、巴赞（Bazin）、曼宁（Manning）等在实验水力学方面进行了大量的实验研究，提出了许多实用的经验公式。另一个是在古典力学的基础上，运用严格的数学工具描述流体运动普遍规律的古典水动力学（理论水力学），牛顿（Newton）、欧拉（Euler）、开尔文（Kelvin）、斯托克斯（Stokes）、兰姆（Lamb）等的工作使理论水平达到相当的高度。前者由于理论指导不足，其成果往往有局限性；后者或由于推理中的某些假设与实际不尽相符，或由于求解中的数学困难，尚难以解决各种实际问题。因此，理论与实践相结合，改变实验水力学与古典水动力学相互脱节的状况，是水力学发展的必然趋势。

十九世纪末，流体力学的发展扭转了研究工作中的经验主义倾向，这些发展包括：雷诺（Reynolds）理论及实验研究，雷诺的因次分析，弗劳德（Froude）的船舶模型实验，以及空气动力学的迅速发展。二十世纪初的重要突破是普朗特（Prandtl）的边界层理论，它把无黏性理论和黏性理论在边界层概念的基础上联系起来。

二十世纪蓬勃发展的经济建设提出了越来越复杂的水力学问题：高浓度泥沙河流的治理；高水头水力发电的开发；输油干管的敷设；采油平台的建造；河流、湖泊、海港污染的防治等。这些问题使水力学的研究方向不断发展，从定床水力学转向动床水力学；从单相流动到多相流动；从牛顿液体规律到非牛顿液体规律；从流速分布到温度和污染物浓度分布；从一般水流到产生掺气、气蚀而引起振动的高速水流。以电子计算机应用为主要手段的计算水力学也得到了相应的发展。水力学作为一门以实用为目的的学科逐渐与流体力学合流。

从以上的论述，水力学的发展大致可以划分为四个阶段。第一阶段（16 世纪以前）为水力学形成的萌芽阶段；第二阶段（16 世纪文艺复兴以后—18 世纪中叶）是水力学成为一门独立学科的基础阶段；第三阶段（18 世纪中叶—19 世纪末）是水力学蓬勃发展的深入阶段；第四阶段（19 世纪末以来）是水力学的飞速发展阶段。

三、水力学课程特点和学习方法

水力学是一门专业技术基础课，介于基础课和专业课之间，一方面根据基础科学中普遍规律，结合水流的特点，建立自己的理论基础；另一方面又联系工程实际，发展学科内容。

（一）水力学课程特点

从学习的角度来看，水力学课程有以下特点。

（1）理论性　水力学是以经典力学的普遍规律为基础，结合液体的力学特性发展起来的力学分支学科。自 18 世纪以后，水力学得到较快的发展，形成了完整的理论体系，建立了控制液体运动的基本方程（如静水压强基本方程、连续性方程、伯努利能量方程、动量方程），这些基本方程构成水力学课程的理论框架。

学习水力学，要把课程的理论性放在首位，以基本方程为纲，认真复习高等数学和工程力学相关课程，才能打好理论基础。

（2）与实验相结合　水力学是从直接观察水流现象，依靠实验总结经验公式，随着认识的深入，从经验上升到理论，从而发展为现代水力学的。在水力学发展的历史上，一些著名的基础性实验，如雷诺实验、尼古拉兹（Nikuradse）实验、达西渗流实验等，为揭示流动阻力和渗流的规律奠定了基础。学习水力学课程，特别要注意理论与实验相结合，能够根据所学的理论知识解释实验现象，通过实验来验证所学的理论知识。水力学实验可以起到理论教学无法替代的作用，可以直观演示水流现象，如层流和紊流；可以验证抽象的理论，如水头损失。这样变抽象为直观，变复杂为简单。

（3）实用性　随着科学技术的发展，水力学已经广泛应用于工程技术的各个领域，如水利、土木、环保、化工、机械等；也是水土保持与荒漠化防治专业研究土壤侵蚀原理、淤地坝工程建设、截排水工程设计的技术依据。学习水力学课程，应注重理论联系实际，学以致用。在加强水力学课程实验教学的过程中，将各类水流运动的基本规律与实际工程有机地联系起来，真正做到将所学知识准确地运用到实际工程当中去。

（二）水力学学习方法

学好水力学的前提，是要认真阅读教材。阅读教材是学习之本，学生应当把大部分学习时间用于研读教材上，离开认真读书谈学习方法是没有任何意义的。在认真阅读教材的基础上，要学好水力学，还应做好以下几点。

（1）认真复习高等数学、工程力学　水力学是以数学和工程力学为基础的力学分支。学习水力学，必须认真复习高等数学、工程力学的知识，这是深刻理解水力学概念、推导公式的基础。

（2）理解教材的思路、概念、基本公式　水力学课程具有概念多、公式多、引用实验多的特点，阅读教材要注重本章问题的提出和解决问题的思路，明确不同概念的含义，概念之间的区别和联系，基本公式的导出和应用条件，以及基础实验所说明的问题。

（3）做好读书笔记　做笔记对于巩固学到的知识、提高自学能力，大有裨益。做笔记不是抄书，而是按自己的思路，用简要的文字或符号，将所学的重要概念、分析问题的理论根据、重要公式的推导及某些疑难问题加以归纳和条理化，巩固所学、为己所用。

（4）完成课后作业　做习题是理解概念、巩固所学知识的必要手段。做习题是学习水力学课程不可缺少的环节，即使是阅读教材无困难、书上的例题都能看懂的学生，也要认真做习题，否则很难学好本课程。

（5）努力做好水力学实验，认真完成实验报告　实验教学是教学过程中的重要环节，通过水力学实验，一方面验证水力学理论的正确性；另一方面将理论和实践有机结合，在实验中发现问题，通过所学理论解决问题，在实验操作过程中，培养学生的动手能力、创新思维和解决问题的能力。实验教学和理论教学要相互配合、相辅相成、相互促进。

第一节　液体的连续介质假设

液体是由大量分子所组成的。分子之间真空区的尺度远大于分子本身。由于每个分子都在无休止地做不规则的热运动，相互间经常发生碰撞，因此，液体的微观结构和运动，无论在时间上或空间上，都充满着不均匀性、离散性和随机性。但是，组成液体的分子，体积极小，数量极多，如在标准状态下，$1cm^3$的水约有3.34×10^{22}个水分子，相邻分子间的间距约为$3\times10^{-8}cm$。如此众多而密集的分子，各自做极不规则的随机运动，彼此间必将它们所携带的能量和动量进行充分交换，因而人们用一般仪器所测量到的，或用肉眼所观察到的仅仅是液体的宏观运动，亦即上述微观运动的统计平均状况，这种宏观运动明显呈现出均匀性、连续性和确定性。因此，微观运动的不均匀性、离散性和随机性，与宏观运动的均匀性、连续性和确定性，是液体运动的两个重要侧面。

一般实际工程中的水流运动，无论是地表水或地下水，明渠流或有压管流，所涉及的特征尺度及特征时间，与分子间距及碰撞时间相比，是大得不可比拟的。个别分子的行为，几乎不影响大量分子统计平均后的宏观物理量（如质量、速度、压力等）。因此，在考虑液体的宏观运动时，不必直接考虑液体的分子结构，而可采用连续介质这一近似的物理模型，即认为真实液体所占有的空间，完全由液体质点所充满着，质点之间毫无孔隙。质点所具有的物理量，满足一切应该遵循的物理定律，如万有引力定律、牛顿三定律、质量和能量守恒定律等，但液体的某些物理常数还必须由实验来确定。

所谓“液体质点”，是指微观上充分大而宏观上又充分小的分子团。一方面，分子团的尺寸应该远远大于分子运动的尺度，使其包含大量分子，对其进行统计平均后，能得到稳定的数值，少数分子出入分子团，不致影响此稳定的平均值。另一方面，又要求分子团的尺寸远远小于所研究问题的特征尺度，使得分子团的平均物理量可看成是均匀不变的，因而可把它近似地看成是几何上没有维度的一个点。

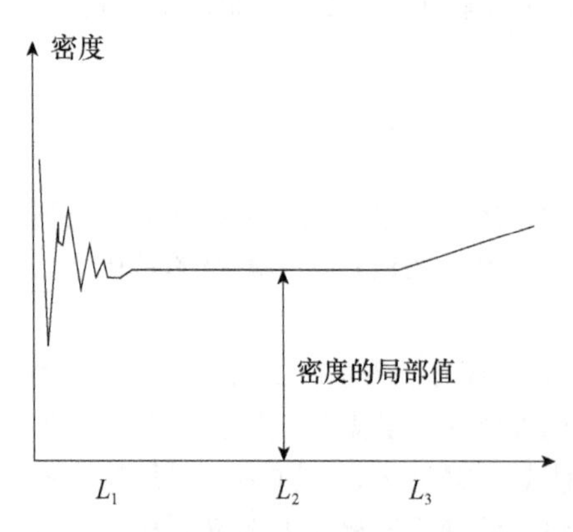

图 1-1　不同尺度液体密度变化示意图

以液体的密度为例，如图 1-1 所示，当分子团的尺寸取的太小，小到和分子运动的尺度 L_1 同数量级时，分子团中只有少数几个分子，分子数目的增减，将使密度值产生时大时小的随机脉动；反之，当分子团的尺寸取的太大，大到和所研究问题的特征尺度 L_3 同数量级时，则物质分布的不均匀性也使密度产生相应的变化。上述这两种极端情形，都不能得到密度的稳定值。只有当分子团尺度 L_2 大于 L_1 且小于 L_3，即微观充分大而宏观充分小时，密度值才是稳定不变的。

如前所述，在标准状态下，$1cm^3$ 的水就包含了 3.34×10^{22} 个水分子，那么，即使是 $10^{-9}cm^3$ 的体积中，也包含了 3.34×10^{13} 个水分子。很显然，$10^{-9}cm^3$ 的体积，从宏观上看来是很小的，而从微观方面看来还是非常大的。在通常遇到的问题中，要求液体质点满足在宏观上充分小而在微观上充分大的条件是可能的，因此，连续介质的假设是合理的。

有了连续介质假设，在研究液体宏观运动时，就可以将液体看作均匀连续体，而且每个空间和每个时刻都有确定的物理量，它们都是空间坐标和时间的连续函数，但允许在孤立点、线、面上不连续。由此，可以运用有关连续函数的数学分析工具，很有效地描述液体平衡和运动的规律。正因为这样，连续介质假设是水力学中的第一个基本假设。

第二节 液体的主要物理性质

外因是变化的条件，内因是变化的根据。液体受力而做机械运动，虽然与作用于液体的外部因素和边界条件有关，但更主要的是决定于液体本身的内在物理性质。为此，我们先讨论液体（主要是水）的几个主要物理性质。

一、液体的密度和重度

（一）液体的密度

和自然界其他物质一样，液体具有质量。

牛顿第二运动定律表明，质点受到外力作用时，所产生的加速度的大小，与力的大小成正比，而与质点的质量成反比。设以相等的力作用于不同的质点，则质量越大的质点所产生的加速度越小，即越不容易改变其运动状态。因此，质量表征质点的惯性，质点的质量是它的惯性的度量，质量越大，惯性也越大，故又称为惯性质量。

质量的单位为kg。以1N的力作用于质量为1kg的物质，将得到 $1m/s^2$ 的加速度，即

$$1N=1kg\cdot m/s^2 \tag{1-1}$$

单位体积的液体所具有的质量，称为液体的密度，以符号 ρ 表示，其单位为 kg/m^3。

对于均质液体，设体积为 V，质量为 m，则

$$\rho=\frac{m}{V} \tag{1-2}$$

对于非均质液体，取包含某点 A（x，y，z）的微小体积 ΔV，其质量为 Δm，根据连续介质假设，点 A 的密度可定义为

$$\rho=\lim_{\Delta V\to 0}\frac{\Delta m}{\Delta V} \tag{1-3}$$

且 ρ 为空间坐标（x，y，z）和时间 t 的函数，即

$$\rho=\rho(x, y, z, t) \tag{1-4}$$

（二）液体的重度

万有引力定律指出，任何两个物体都是相互吸引的，引力的大小与两个物体质量的乘

积成正比，与它们的距离的平方成反比。物体的质量越大，它对其他物体的吸引及被吸引的能力也越大，所以从引力特性来看，物体的质量又称为引力质量。在液体运动中，除个别情况（如潮汐现象）须涉及月球的引力外，一般只需考虑地球对液体的引力，这个引力就是重力。

单位体积的液体所具有的重力，称为液体的重度，或称容重、重率，以符号γ表示，其单位为N/m^3。

对于均质液体，设其体积为V，所受重力为G，则

$$\gamma=\frac{G}{V} \tag{1-5}$$

对于非均质液体，γ应定义为

$$\gamma=\lim_{\Delta V\to 0}\frac{\Delta G}{\Delta V} \tag{1-6}$$

因为$G=mg$，故γ与ρ的关系为

$$\gamma=\rho\cdot g \tag{1-7}$$

式中，g为重力加速度，其数值大小与地球的纬度有关，本书采用$9.8m/s^2$。

在水力计算中，一般认为液体是均质的，且液体体积不随温度、压强而变化，则液体的密度和重度是常数。

工程中将4℃的水的密度和重度作为计算常数。表1-1还列出了其他几种常见液体的密度和重度。

表1-1　几种常见液体的密度和重度

液体名称	水	水银	汽油	酒精	四氯化碳	海水
密度/（kg/m^3）	1 000.0	13 600.0	682.14～750.00	793.70	1 591.84	1 020.00～1 028.98
重度/（kN/m^3）	9.8	133.280	6.684～7.350	7.778 3	15.600	9.996～10.084
测定温度/℃	4	20	15	15	20	15

（三）液体的比重

液体的重量与4℃同体积的水的重量之比称为液体的比重。液体的重度与液体的比重是两个完全不同的概念，液体的比重是一个无量纲的纯数，以δ表示。

$$\delta=\frac{G}{G_w}=\frac{\gamma}{\gamma_w}=\frac{\rho}{\rho_w} \tag{1-8}$$

例1-1　体积$V=5.0m^3$的液体重$G=39\,200N$，求该液体的重度、密度和比重。

解　根据式（1-5）得该液体的重度为

$$\gamma=\frac{G}{V}=\frac{39200}{5.0}=7.84\times10^3\ N/m^3$$

根据式（1-7）得该液体的密度为

$$\rho=\frac{\gamma}{g}=\frac{7.84\times10^3}{9.8}=800\ kg/m^3$$

根据式（1-8）得该液体的比重为

$$\delta=\frac{\gamma}{\gamma_w}=\frac{7.84\times10^3}{9800}=0.8$$

可见，液体的重度与比重是不同的。

二、液体的膨胀性和压缩性

（一）液体的膨胀性

液体的宏观体积，在温度升高时膨胀，质量不变，其密度减小，这个性质称为液体的膨胀性。在一个标准大气压条件下，清水的密度和重度随温度的变化见表 1-2。

表 1-2　水的密度和重度

温度/℃	0	4	10	20	30
密度/（kg/m^3）	999.87	1000.00	999.73	998.23	995.67
重度/（N/m^3）	9798.73	9800.00	9797.35	9782.65	9757.57
温度/℃	40	50	60	80	100
密度/（kg/m^3）	992.24	988.07	983.24	971.83	958.38
重度/（N/m^3）	9723.95	9683.09	9635.75	9523.94	9392.12

从表 1-2 可以看出，在常温下，水的密度变化幅度是很小的。例如，温度由 0℃到 30℃密度只减小 0.4%。由于水的密度和重度随压强和温度的变化很小，故工程上一般可将水的密度看作常数，并按 4℃时的密度 $1000kg/m^3$ 计算。但是在温差较大的热水循环系统中，如果将水加热到 90℃或 100℃，则其密度将比 4℃时的密度减小 2.8%或 4%，此时需设膨胀接头或膨胀水箱，防止管道和容器被水胀裂。值得注意的是，当水结冰时，密度只有 $917kg/m^3$，冰的体积要比水的体积增大约 10%，故对于可能出现冰冻的情况的水管、水泵、盛水容器等要注意防冻胀破坏。

（二）液体的压缩性和弹性

当液体承受正向压力时，其宏观体积将有所减小，质量不变，密度有所增大，同时其内部会产生压应力，以抵抗压缩变形，液体的这种性质称为液体的压缩性。除去正向压力后，液体的体积能消除变形，恢复原状，这就是液体的弹性。

液体的压缩性和弹性，可分别用体积压缩系数 β 和体积弹性系数 K 来量度。β 是液体体积的相对压缩值与液体压强增量 dp 的比值，即

$$\beta=-\frac{\frac{dV}{V}}{dp} \tag{1-9}$$

β 越大，表明越易压缩。因液体体积随压强的增大而减少，dV 与 dp 的符号相反，应在上式右端加一负号，使 β 保持正值。β 的单位为 m^2/N。很显然，在压缩前后，液体的质量是不变的，液体体积的相对压缩值必等于液体密度的相对增加值，故式（1-9）也可写为

$$\beta=\frac{\frac{d\rho}{\rho}}{dp} \tag{1-10}$$

液体的体积弹性系数 K 是体积压缩系数 β 的倒数，即

$$K=-\frac{\mathrm{d}p}{\frac{\mathrm{d}V}{V}} \tag{1-11}$$

K 值越大，表明越不易压缩。K 的单位为 $\mathrm{N/m^2}$。

不同种类的液体具有不同的 β 值和 K 值，同一种液体的 β 值和 K 值也随压强和温度而略有变化，因此，液体并不完全符合弹性体的虎克（Hooke）定律。

在通常的压强和温度下，水的 K 值变化不大，可近似地采用 $2\times10^9\mathrm{N/m^2}$。这就是说，每增加 1 个大气压，水体积的相对压缩量只有两万分之一。因此，在一般工程设计中，可以忽略水的压缩性。但在讨论压强变化很大的水力现象（如水中爆炸或水击问题）时，仍要考虑水的压缩性。

三、液体的流动性和黏滞性

（一）液体的流动性

在物质的三种聚集形态中，液体和气体统称为流体。流体和固体的主要区别，在于它们对外力的抵抗能力不同。固体的分子作用力较强，能维持一定的体积和形状，静止时可以承受切应力。当固体受到切向作用力时，将沿切线方向产生相应的内力与外力相平衡，而后变形停止，因此，固体在静止时，既有法向应力也有切应力。与此相反，流体分子间的作用力较弱或很弱，静止时不能承受切应力。无论多么小的切应力，都能使流体发生任意大的变形（即流动），外力不去，变形不止，因此，流体在静止时，只有法向应力而没有切应力。流体的这种宏观性质称为流动性或易动性。

（二）液体的黏滞性

液体只要受到切向力的作用，就会发生剪切变形，即发生流动。然而，流动一经发生，就会在流体内部产生阻滞相对运动和剪切变形的黏滞切应力或内摩擦切应力。液体在运动情况下（也只有在运动情况下）所具有的这种阻滞剪切变形的能力，称为液体的黏滞性。不言而喻，液体的黏滞性与液体的流动性是相反相成的。

气体和液体都具有黏滞性，但产生这种性质的微观机理是有区别的。气体的黏滞性主要来自分子的热运动，温度越高，黏滞性越大；而液体的黏滞性则主要来自分子力，温度越高，黏滞性越低。

（三）牛顿内摩擦定律

为了进一步说明液体的黏滞性，下面用牛顿平板实验来阐明液体的黏滞性。

如图 1-2（a）所示，在两块水平放置的平板之间，充满某种液体，下板固定不动，用 $\boldsymbol{F}$ 力拖动上板以速度 U 向右做匀速运动，这样，黏附于上板的液流速度为 U，黏附于下板的液流速度为 0，其余液体则像薄纸片一样，做层状运动。由于液体的黏滞性而在层与层之间产生黏滞力，逐层传至下板，这种黏滞力是成对出现的，对低速层起拖带作用，对高速层起阻尼作用。

如果通过任意点 A 作水平面，把液体分开，取其上部作为隔离体，如图 1-2（b）所示，分析它在水平方向的受力情况，很显然，拖动上板所需的力 $\boldsymbol{F}$，必等于液层接触面上的黏滞力 $\boldsymbol{T}$。

牛顿平板实验表明，当板距 H 和板速 U 都很小，则力 $\boldsymbol{T}$ 与平板面积 A 及板速 U 成正比，与板距 H 成反比，即

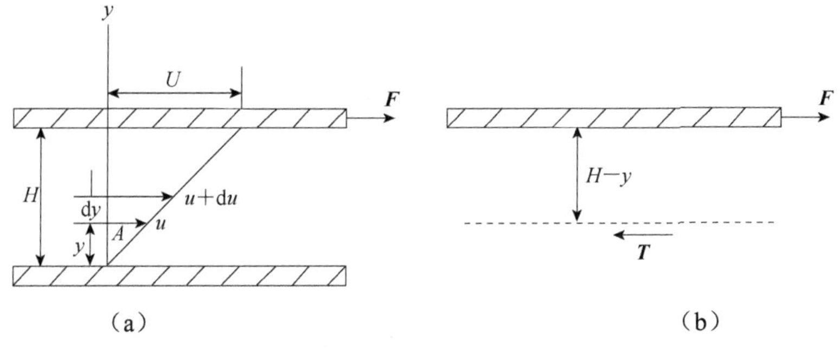

图 1-2　牛顿平板实验简图

$$\boldsymbol{T} \propto A\frac{U}{H} \tag{1-12}$$

单位面积上的黏滞力$\dfrac{\boldsymbol{T}}{A}$称为黏滞切应力，以符号 τ 表示，并取比例系数 μ，上式变为

$$\tau = \mu\frac{U}{H} \tag{1-13}$$

因 H 和 U 都很小，y 轴上的流速分布可视为直线分布，比值$\dfrac{U}{H}$，等于 A 点的流速梯度$\dfrac{\mathrm{d}u}{\mathrm{d}y}$，故式（1-13）可写为一般表达式

$$\tau = \mu\frac{\mathrm{d}u}{\mathrm{d}y} \tag{1-14}$$

式（1-14）对一般流速分布情况也适用，它表明：在二维平行直线流动中，液层之间的黏滞切应力 τ 与流速梯度$\dfrac{\mathrm{d}u}{\mathrm{d}y}$成正比，这就是牛顿内摩擦定律。下面对式（1-14）中的$\dfrac{\mathrm{d}u}{\mathrm{d}y}$、$\tau$、$\mu$ 分别加以讨论。

第一，如图 1-3 所示，围绕 A 点取厚度为 $\mathrm{d}y$ 的方形液体质点 $ABCD$ 来观察，在流速增量 $\mathrm{d}u$ 及黏滞切应力 τ 的作用下，经 $\mathrm{d}t$ 时段，其位置和形状变为 $A'B'C'D'$，即发生剪切变形为

$$\mathrm{d}\theta = \frac{\mathrm{d}u \cdot \mathrm{d}t}{\mathrm{d}y} \tag{1-15}$$

因此，单位时间内所发生的剪切变形为

$$\frac{\mathrm{d}\theta}{\mathrm{d}t} = \frac{\mathrm{d}u}{\mathrm{d}y} \tag{1-16}$$

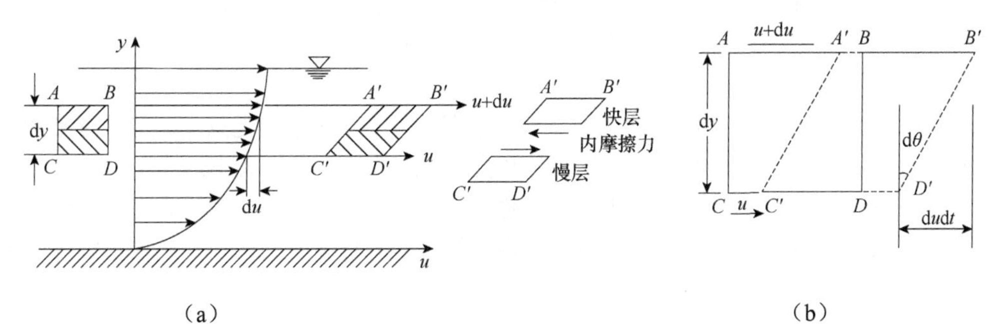

图 1-3　牛顿内摩擦定律参数分析图

也就是说，流速梯度$\frac{du}{dy}$既描述了液层之间的相对运动，又是液体的剪切变形率，故牛顿内摩擦定律所表明的物理实质是：液体的黏滞切应力与液体的剪切变形率成正比。对固体来说，是切应力与剪切变形成正比，这是液体与固体在力学特性上的重要区别。所以，液体的黏滞性可视为液体抵抗剪切变形的特性。

第二，黏滞切应力τ取决于流速梯度$\frac{du}{dy}$，而$\frac{du}{dy}$又取决于断面流速分布。当断面流速为直线分布时，如图1-2（a）所示，各点的$\frac{du}{dy}=\frac{U}{H}$，故$\tau$沿$y$轴是均匀分布的。在一般情况下，液体的断面流速并不是线性分布的（图1-4），故τ沿y轴也不是均匀分布的。

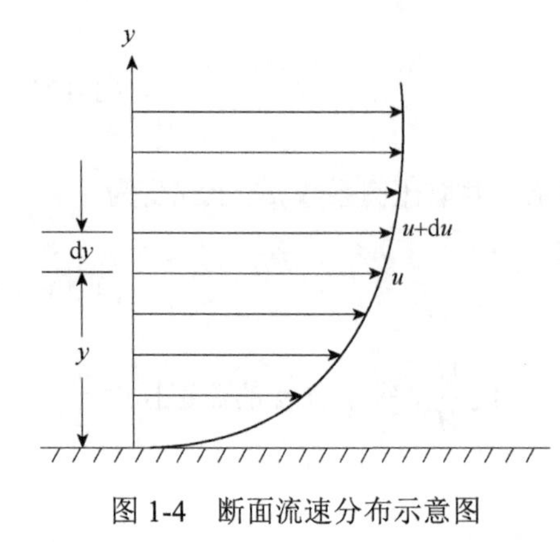

图1-4 断面流速分布示意图

第三，式（1-14）中的比例系数μ是体现液体黏滞性大小的一个物理量，称为黏滞系数。μ值越大，黏滞作用越强。不同的液体具有不同的μ值。对液体加温，将加剧液体分子的热运动而削弱其分子力，故同种液体的μ值随着温度的升高而减小。液体的分子结构是比较紧密的，压缩性极小，在高压下才会使μ值略有增大，故压强对液体的黏滞性及黏滞切应力的影响可以忽略不计。μ的因次为

$$[\mu]=\left[\tau\Big/\frac{du}{dy}\right]=\left[\frac{F}{L^2}\right]\left[\frac{F/T}{L}\right]^{-1}=\left[\frac{FT}{L^2}\right] \tag{1-17}$$

式中，μ的单位为Pa・s。

在水力计算中，液体的黏滞系数μ和密度ρ常以比值$\frac{\mu}{\rho}$的形式出现，为方便起见，以符号υ表示，即

$$\upsilon=\frac{\mu}{\rho} \tag{1-18}$$

υ的因次为

$$[\upsilon]=\left[\frac{\mu}{\rho}\right]=\left[\frac{FT}{L^2}\right]\left[\frac{M}{L^3}\right]^{-1}=\left[\frac{MLT^{-2}T}{L^2}\right]\left[\frac{M}{L^3}\right]^{-1}=\left[\frac{L^2}{T}\right] \tag{1-19}$$

式中，υ的单位为m^2/s或cm^2/s。

式（1-18）表明，υ既反映μ的大小，也涉及ρ的大小，υ的本身无意义。但是对某种液体而言，视ρ为常数，则υ与μ成正比，即υ值也能体现液体的黏滞性大小。

由于υ的因次只含有运动学的基本量，故称为运动黏滞系数；μ的因次含有动力学的基本量，故称为动力黏滞系数。研究结果表明，液体的黏滞系数是温度的函数，不同水温时水的运动黏滞系数见表1-3。

表 1-3　不同水温时水的运动黏滞系数

温度/℃	υ/（cm^2/s）	温度/℃	υ/（cm^2/s）	温度/℃	υ/（cm^2/s）
0	0.017 75	18	0.010 58	45	0.005 99
2	0.016 62	20	0.010 07	50	0.005 48
4	0.015 59	22	0.009 60	55	0.005 04
6	0.014 67	24	0.009 17	60	0.004 65
8	0.013 83	26	0.008 76	70	0.004 00
10	0.013 06	28	0.008 39	80	0.003 47
12	0.012 36	30	0.008 03	90	0.003 05
14	0.011 72	35	0.007 24	100	0.002 70
16	0.011 12	40	0.006 57		

1 个标准大气压下，水的运动黏滞系数 υ 值与摄氏温度 t 的关系，还可以按下列经验公式计算：

$$\upsilon=\frac{0.01775}{1+0.0337t+0.000221t^2} \tag{1-20}$$

式中，t 为水温，以℃计；υ 的单位为 cm^2/s。

下面我们举两个例子，来看看牛顿内摩擦定律的实际应用。

例 1-2　一底面为 40cm×45cm，高为 1cm 的木块，质量为 5kg，沿着涂有润滑油的斜面向下做等速运动，如例图 1-1 所示。已知木块运动速度 u=1m/s，油层厚度 δ=1mm，由木块所带动的油层的运动速度呈直线分布，求油的黏度。

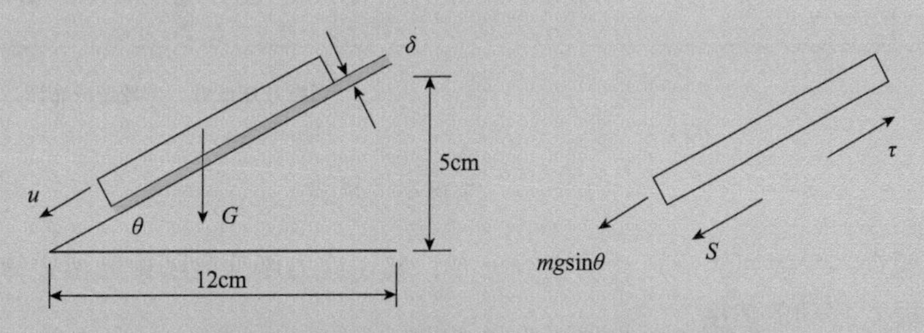

例图 1-1　木块沿斜面向下做等速运动

解　取木块为研究对象（隔离体）分析运动方向的受力情况。作用在木块运动方向上的力有重力的分力，方向与运动方向相同；黏滞切应力，方向与木块运动方向相反。

由于木块做等速运动，故沿运动方向的加速度为 0，即 $a_s=0$。

根据牛顿第二定律有

$$\sum F=ma_s=0$$

设黏滞切应力为 τ，则有

$$\sum F_s=mg\sin\theta-\tau\cdot A=0\Rightarrow\tau=\frac{mg\sin\theta}{A} \tag{例 1-1}$$

因为木块与斜面间的距离很小（δ=1mm），故油层的流速分布近似为直线分布，有

$$\frac{\mathrm{d}u}{\mathrm{d}y} \approx \frac{u}{\delta}$$

根据牛顿内摩擦定律，$\tau = \mu \frac{\mathrm{d}u}{\mathrm{d}y} \approx \mu \frac{u}{\delta}$。代入（例 1-1）式得

$$\mu \frac{u}{\delta} = \frac{mg\sin\theta}{A} \Rightarrow \mu = \frac{mg\sin\theta \cdot \delta}{uA} \qquad \text{（例 1-2）}$$

由例图 1-1 中几何关系得

$$\theta = \mathrm{arctg}\frac{5}{12} = 22.62°$$

将已知数据统一单位后，代入（例 1-2）式得

$$\mu = \frac{mg\sin\theta \cdot \delta}{uA} = \frac{5 \times 9.8 \times \sin 22.62° \times 1 \times 10^{-3}}{1 \times 40 \times 45 \times 10^{-4}} = 0.105\,\mathrm{N \cdot s/m^2},$$

即油的黏度为 $0.105\mathrm{N \cdot s/m^2}$。

例 1-3 如例图 1-2（a）所示，液面上有一面积 $A = 1200\mathrm{cm^2}$ 的平板 C，以 $U = 0.5\mathrm{m/s}$ 的速度做水平移动，平板间液体的运动速度呈直线分布。平板下液体分为两层，它们的动力黏滞系数和厚度分别为 $\mu_1 = 0.142\mathrm{N \cdot s/m^2}$，$\delta = 1.0\mathrm{mm}$，$\mu_2 = 0.235\mathrm{N \cdot s/m^2}$，$\delta = 1.4\mathrm{mm}$。试计算平板 C 上所受的内摩擦力 F，并绘制平板间液体的流速分布图和切应力分布图。

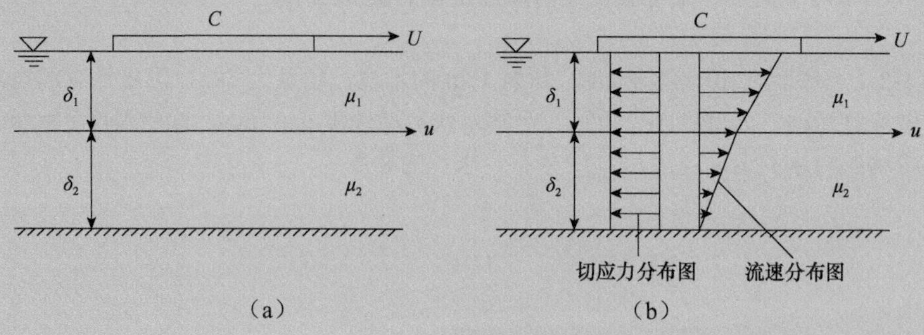

例图 1-2 平板水平移动

解 依题意，平板间液流运动呈直线分布，其切应力服从牛顿内摩擦定律，表面液层速度等于平板 C 移动的速度。

设液层分界面上的流速为 u，切应力为 τ。则有

① 上层液体的切应力为 $\tau_1 = \mu_1 \frac{\mathrm{d}u}{\mathrm{d}y} = \mu_1 \frac{U-u}{\delta_1}$；

② 下层液体的切应力为 $\tau_2 = \mu_2 \frac{\mathrm{d}u}{\mathrm{d}y} = \mu_2 \frac{u-0}{\delta_2}$。

因液面平板 C 平移带动两层液体运动，使得液层分界面上所产生的切应力是相等的，故 $\tau_1 = \tau_2$，即

$$\mu_1 \frac{U-u}{\delta_1} = \mu_2 \frac{u-0}{\delta_2}$$

统一单位后解得

$$u = \frac{\mu_1 \delta_1 U}{\mu_2 \delta_1 + \mu_1 \delta_2} = \frac{0.142 \times 0.0014 \times 0.5}{0.235 \times 0.001 + 0.142 \times 0.0014} = 0.23\ \mathrm{m/s}$$

从而有

$$\tau=\tau_1=\mu_1\frac{U-u}{\delta_1}=0.142\times\frac{0.5-0.23}{0.001}=38.34\ \mathrm{N/m^2}$$

平板 C 所受的内摩擦力为

$$F=\tau_1 A=38.34\times1200\times10^{-4}=4.6\ \mathrm{N}$$

由此可绘制出流速分布图及切应力分布图，即例图 1-2（b）。

四、液体的表面张力和毛细现象

在液体内部，分子之间的作用力即吸引力是相互平衡的。但是在液体与气体交界的自由液面上，分子间的引力不能平衡，交界面内侧的液体中的引力会使自由液面收缩拉紧，从而在交界面上形成沿液体表面作用着的张力，称为表面张力，也称为毛细现象。

由于表面张力很小，一般来说对液体的宏观运动不起作用，可以忽略不计，但在某些特殊情况下需要考虑其影响，如土壤孔隙中运动的水、实验室中管径很小（<1.0cm）的测压管中的水等。

表面张力的大小可以用表面张力系数 σ 来表示，即液体表面上单位长度所受的拉力，单位为 N/m。

由图 1-5 力的平衡可知

$$2\pi R\sigma\cos\theta=\pi R^2\rho gh \tag{1-21}$$

$$h=\pm\frac{2\sigma\cos\theta}{\rho gR} \tag{1-22}$$

对于 20℃的水，$\sigma=0.074\ \mathrm{N/m}$；对于水银，$\sigma=0.54\ \mathrm{N/m}$。

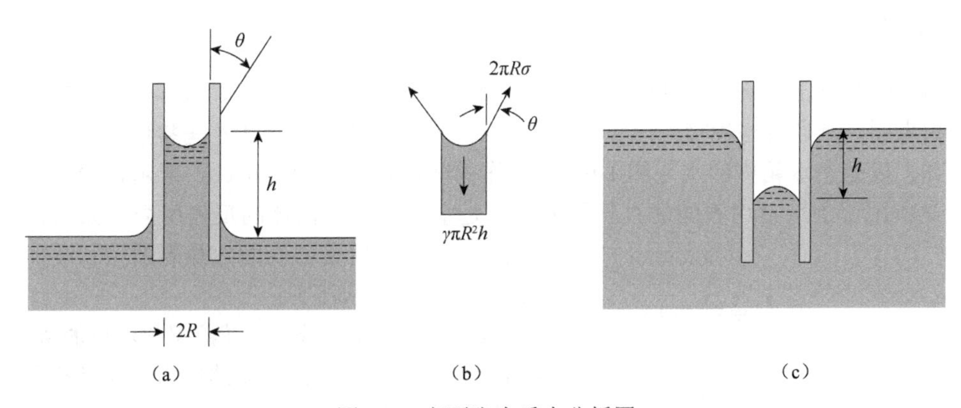

图 1-5 表面张力受力分析图

五、理想液体的概念

液体的物理性质中，实际液体除具有惯性、万有引力特性之外，还存在黏滞性、膨胀性、压缩性、表面张力特性等，这些特性都不同程度地对液体运动产生影响，使得对液体运动的分析变得非常困难。为了使问题的分析简化，水力学中引入了“理想液体”的概念，这是水力学研究的第二个假设。

所谓理想液体，就是把液体看作是绝对不可压缩、不能膨胀、没有表面张力、没有黏滞性的液体。

对常温、常压下的宏观液体而言，液体的膨胀性、压缩性、表面张力特性对液体运动的影响很小，但黏滞性对液体流动的影响是比较复杂的。因此理想液体和实际液体的最主要的差别就是能否忽略液体的黏滞性。所以，一般情况下，理想液体也可以理解为液体流动时不呈现黏滞性的液体。

分析理想液体所获得的研究成果，可作为进一步探讨实际液体流动规律的台阶和手段；在黏滞性作用不大的流动状况下，有时也能基本满足工程技术的精度要求。

以上我们讨论了液体的主要物理性质：密度和重度，膨胀性和压缩性，流动性和黏滞性。为了研究方便，我们还提出了某些假设，即一般将液体看作是连续的，是不可压缩的，有时还暂时将液体看作是没有黏滞性的理想液体，从而引出所谓的连续介质模型、不可压缩液体模型和理想液体模型。顺便指出，在常温及流速远低于音速（如在 100m/s 以下）的情况下，这种简化了的近似模型，也可适用于气体。

此外，液体还具有其他方面的物理属性，如热传导等，因与本专业的关系不大，不再一一介绍。

第三节　作用在液体上的力

水力学是建立在经典力学的理论基础上的。分析液体平衡和运动规律的基本步骤是：取隔离体，分析其受力情况，然后引用经典力学的有关原理（如牛顿三定律、动能定律、动量定律等）建立相应的基本方程，为此有必要弄清作用在液体上的力。

液体的受力情况，从其产生的原因和物理性质来看，有重力、惯性力、压力、黏滞力等。这些力又可按其作用方式分为表面力和质量力两大类。

一、表面力

液体总是与周围介质（包括固体、液体、气体）相接触的，其中，液体与气体的交界面，称为自由表面。凡通过这种接触面而起作用的力，称为表面力，其大小与接触面的面积有关。

例如，以整个水箱中的水［图 1-6（a）］作为隔离体，如图 1-6（b）所示，它所受的表面力，一是作用于上部自由表面的大气压力，二是水箱边壁对液体的反作用力。如果任意从水中取隔离体，则它所受的表面力是周围相邻液体通过接触面而作用于它的水压力。

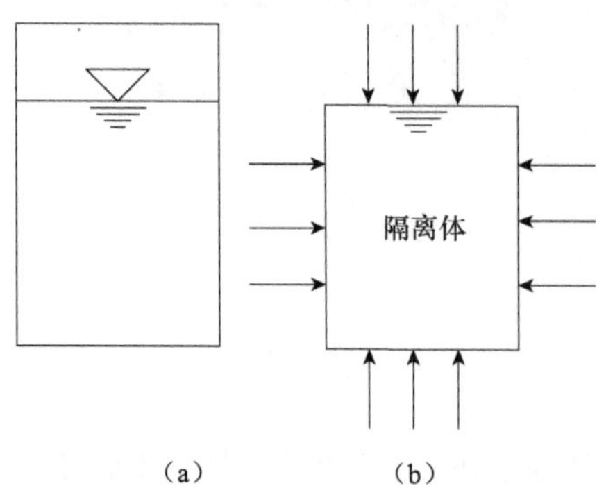

图 1-6　水箱所受表面力示意图

当液体处于运动状态下，在液层与液层的接触面上，其表面力不仅有垂直于作用面的压力，而且有平行于作用面的切力，如图 1-3 所示。

根据液体的连续介质假设，无论是压力还是切力，它们的时空分布都是连续可微函数。设液体的受力面积为 A，它所受的压力为 ΔP、切力为 ΔT，则当此面积缩小为一点时，可定义为该点的压应力 p（又称压强）和切应力 τ，即

$$p=\lim_{\Delta A\to 0}\frac{\Delta P}{\Delta A} \quad (1\text{-}23)$$

$$\tau=\lim_{\Delta A\to 0}\frac{\Delta T}{\Delta A} \quad (1\text{-}24)$$

压强和切应力的单位均为 N/m^2，即帕斯卡（Pa），简称帕。

二、质量力

作用于每个液体质点并通过液体的质量而起作用的力，称为质量力，其大小与质量成正比例。在均质液体中，质量与体积成正比例，故质量力又可称为体积力。重力和惯性力皆属于质量力。

单位质量液体所受的质量力，称为单位质量力，以符号 $\boldsymbol{f}$ 表示。设均质液体的质量为 m，所受总的质量力为 $\boldsymbol{F}$，则单位质量力为

$$\boldsymbol{f}=\frac{\boldsymbol{F}}{m} \quad (1\text{-}25)$$

在直角坐标系中，单位向量为 $\boldsymbol{i}$、$\boldsymbol{j}$、$\boldsymbol{k}$，$\boldsymbol{F}$ 与它的三个分量 F_x、F_y、F_z 的关系为

$$\boldsymbol{F}=F_x\boldsymbol{i}+F_y\boldsymbol{j}+F_z\boldsymbol{k} \quad (1\text{-}26)$$

两端各项除以质量 m 得

$$\frac{\boldsymbol{F}}{m}=\frac{F_x}{m}\boldsymbol{i}+\frac{F_y}{m}\boldsymbol{j}+\frac{F_z}{m}\boldsymbol{k}$$

或简写为

$$\boldsymbol{f}=X\boldsymbol{i}+Y\boldsymbol{j}+Z\boldsymbol{k} \quad (1\text{-}27)$$

式中，X、Y、Z 为单位质量力在各个坐标轴上的分力，它们的单位与加速度的单位相同。

若液体所受的质量力只有重力，这种液体称为重力液体，对重力液体而言，其在坐标轴上的单位质量力的各个分力如图 1-7 所示。

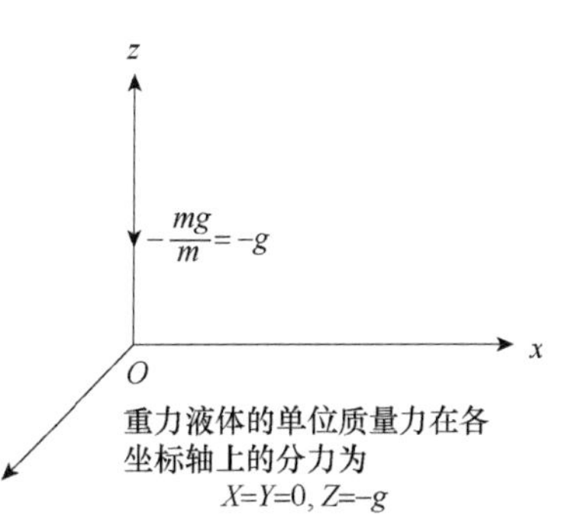

图 1-7　重力液体单位质量力在坐标轴上的各个分力分布图

例 1-4　例图 1-3（a）所示为一运水箱的汽车，沿与水平面成 $\theta=15°$ 角的路面行驶，其加速度为 $-2m/s^2$，试求作用于单位质量水体上的质量力在 x、y、z 轴上的分量。

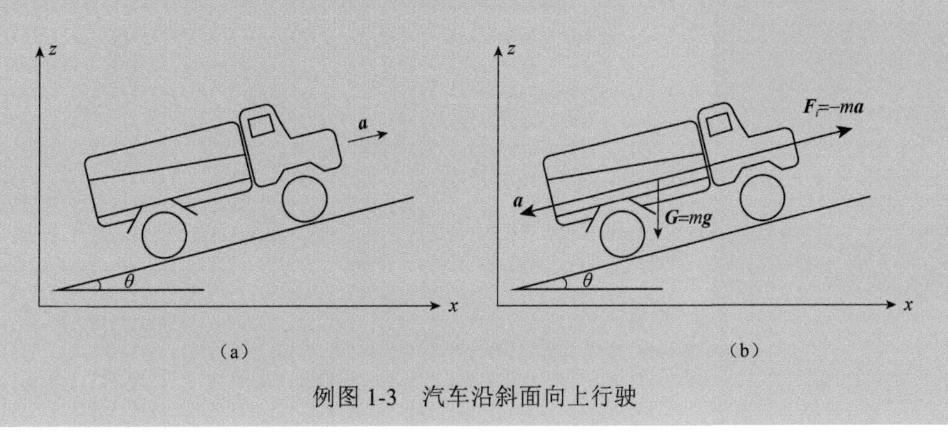

例图 1-3　汽车沿斜面向上行驶

解 水箱中水体受力如例图 1-3（b）所示，其质量力有重力 $\boldsymbol{G}=m\boldsymbol{g}$ 和惯性力 $\boldsymbol{F}_i=-m\boldsymbol{a}$，总质量力为

$$\boldsymbol{F}=m\boldsymbol{f}=\boldsymbol{G}+\boldsymbol{F}_i=m\boldsymbol{g}-m\boldsymbol{a}$$

单位质量力为

$$\boldsymbol{f}=\boldsymbol{g}-\boldsymbol{a}$$

单位质量力的分量为

$$X=\alpha\cos\theta=2\times\cos15°=1.93\mathrm{m/s^2}$$

$$Y=0$$

$$Z=-g+\alpha\sin\theta=-9.8+2\times\sin15°=-9.28\mathrm{m/s^2}$$

附　本章例题详解

本章所有的例题详解，请扫描下方二维码查看。例题的 Excel 计算过程与结果，请阅读附录二并下载 Excel 表格的压缩文件，解压后查看并运行。

第二章　水 静 力 学

教学内容

静水压强及其特性；重力作用下的静水压强基本方程；静水压强基本方程的几何意义与能量意义；静水压强的量测与计算；静水压强分布图；平面壁静水总压力；曲面壁静水总压力。

教学要求

理解静水压强的特性，理解静水压强基本方程的意义；掌握静水压强的量测与计算，学会绘制静水压强分布图和压力体图，熟练掌握平面壁与曲面壁的静水总压力计算，会确定总压力的作用点。

教学建议

本章重点是点压强的确定与边壁总压力的计算；要强调真空的概念与作用；讲清楚压强分布图与压力体图的绘制。

实验要求

使用静压仪进行静水压强的量测，了解真空的特性及度量。

水静力学研究液体处于静止状态下的力学平衡规律及其实际应用。

处于静止或相对静止（也称相对平衡）状态的液体质点之间，没有相对运动，不产生黏滞切应力，作用于液体的力只有压力和质量力。当质量力只有重力时，就是最简单、最常见的静止液体，也称重力液体。

本章主要讨论静水压强的特性，建立液体平衡微分方程，进而说明重力液体的静水压强分布规律，计算作用在平面壁和曲面壁上的静水总压力。

第一节　静水压强的特性

绪论中阐述了液体的主要物理性质及作用于液体的表面力和质量力，现在我们讨论静止液体的内应力的存在形式及其特性。

设想用任意曲面 ab 将容器中的液体分割为上下两部分，如图 2-1（a）所示；取出下部液体作为隔离体，如图 2-1（b）所示；分析 ab 曲面的受力情况，该曲面所受上部液体的作用力属于表面力，由于上下两部分液体之间并无相对运动，流速梯度为 0，因此，在 ab 曲面上，不可能存在拉力和切力［图 2-1（c）］，只存在沿着内法线方向的垂直力，这个垂直力定义为静水压力。

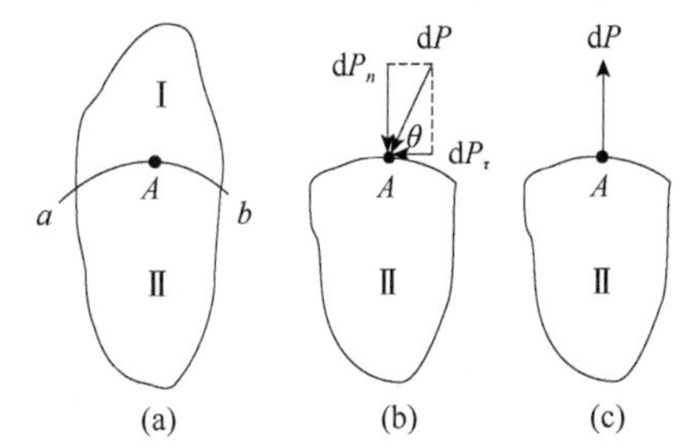

图 2-1　静止液体内应力存在形式示意图

设作用于 ab 曲面上包括任意空间点 A 在内的微小面积 ΔA 上的静水总压力为 ΔP，则 $\Delta P/\Delta A$ 为 ΔA 所受的平均静水压力。当 ΔA 为无限小时，可认为它所受的静水压力是均匀分布的，能体现 A 点的实际受力强度，因此将 $\Delta P/\Delta A$ 的极限值定义为 A 点的静水压强，这就是绪论中式(1-23)所指出的表面力 p，即

$$p=\lim_{\Delta A\to 0}\frac{\Delta P}{\Delta A} \tag{2-1}$$

或

$$p=\frac{\mathrm{d}P}{\mathrm{d}A} \tag{2-2}$$

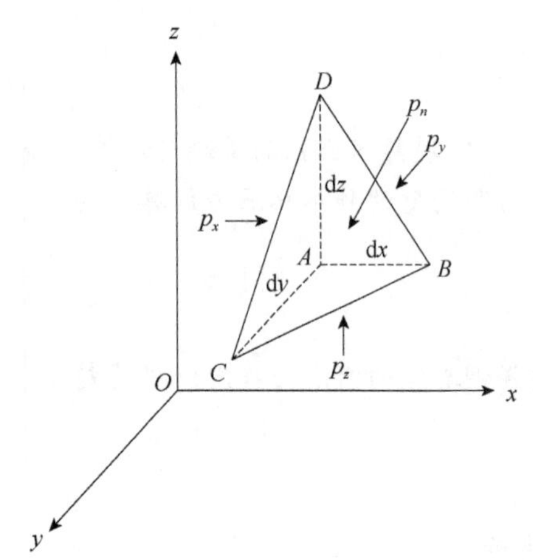

图 2-2 静水压强垂直性分析计算图

如上所述，静水压强 p 总是沿着作用面的内法线方向，这是它的第一个特性，即静水压强的垂直性。

根据材料力学的分析，在弹性体内，任意空间点上的应力状态，对不同的方位面是不相同的。如图 2-1（a）所示，空间点 A 的静水压强 p 的大小是否与受压面 ab 的方位有关呢？

如以 O 点为原点建立直角坐标系 $Oxyz$（图 2-2），则沿各坐标轴方向的静水压强 p_x、p_y、p_z 是否相等？为了弄清这个问题，设以 A 点为顶点；取出边长为 dx、dy、dz 的微小四面体 $ABCD$ 作为隔离体，分析其受力情况和平衡条件。

作用于同一个微小平面各点的静水压强可认为是相等的，故 ACD、ABD、ABC 三个微小平面上各点的静水压强分别为 p_x、p_y、p_z；设平面 BCD 的面积为 S，静水压强为 p_n，则该四面体 $ABCD$ 的四个平面所受的静水总压力分别为

$$\frac{1}{2}\mathrm{d}x\mathrm{d}y\cdot p_z,\ \frac{1}{2}\mathrm{d}y\mathrm{d}z\cdot p_x,\ \frac{1}{2}\mathrm{d}x\mathrm{d}z\cdot p_y,\ S\cdot p_n$$

令四面体体积为 ΔV，由几何学可知，$\Delta V=\frac{1}{6}\mathrm{d}x\mathrm{d}y\mathrm{d}z$。设单位质量力的三个分量为 X、Y、Z，则四面体所受总质量力的三个分量分别为

$$\frac{1}{6}\mathrm{d}x\mathrm{d}y\mathrm{d}z\cdot\rho\cdot X,\ \frac{1}{6}\mathrm{d}x\mathrm{d}y\mathrm{d}z\cdot\rho\cdot Y,\ \frac{1}{6}\mathrm{d}x\mathrm{d}y\mathrm{d}z\cdot\rho\cdot Z$$

该四面体在上述表面力和质量力的共同作用下处于平衡状态。现对 x 轴方向写它的平衡方程为

$$\frac{1}{2}\mathrm{d}y\mathrm{d}z\cdot p_x-p_n\cdot S\cos(p_n,x)+\frac{1}{6}\mathrm{d}x\mathrm{d}y\mathrm{d}z\cdot\rho\cdot X=0 \tag{2-3}$$

由几何关系可知，在上式中，$p_n\cdot S\cos(p_n,x)=\frac{1}{2}\mathrm{d}y\mathrm{d}z p_x$，若略去三阶无穷小量可得 $p_x=p_n$。

同理，写 y 轴方向和 z 轴方向的平衡方程，也可得到 $p_y=p_n$，$p_z=p_n$。

因此有 $p_x=p_y=p_z=p_n$。

由于 BCD 面上 n 的方向是任意选定的，故上式表明，任意一点的静水压强 p 是各向等值的，与作用面的方位无关，这是静水压强 p 的第二个特性，称为压强的各向等值性。

从以上分析可知，压强是标量，它仅仅是坐标的函数，可以表示为 $p=p(x, y, z)$。

简要地说，静水压强 p 具有两个特性，即垂直性和各向等值性，这对分析静水压强的分布规律和计算静水压力具有重要意义。

第二节　液体平衡微分方程

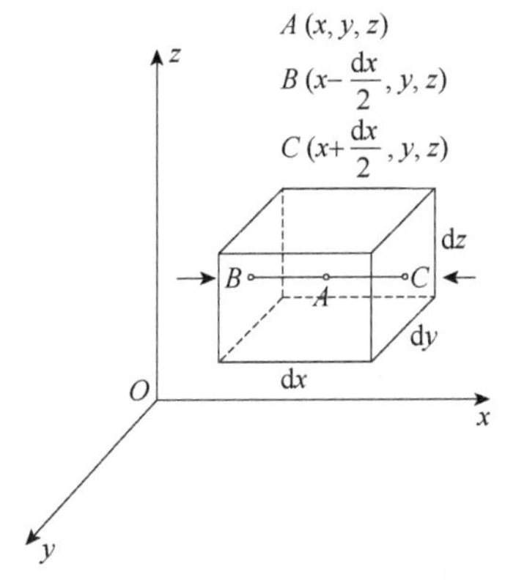

图 2-3　液体平衡微分方程推导图

静水压强 p 具有各向等值性，它不是矢量，而是标量。根据液体的连续介质假设，p 是空间点坐标的连续可微函数，即 $p=p(x, y, z)$。探求这个函数式的一般步骤是：先建立液体平衡微分方程，然后按照给定的质量力条件进行积分，再由边界条件求得 p 的代数方程式，以具体反映 p 的分布规律。

在处于静止状态的液体中（图 2-3），以压强为 $\boldsymbol{p}$ 的任意空间点 $A(x, y, z)$ 为中心，取出边长为 $\mathrm{d}x$、$\mathrm{d}y$、$\mathrm{d}z$ 的平行六面体作为隔离体，分析其受力情况和平衡条件。

过 A 点做一水平线，与六面体的左、右两平面相交于 B 点和 C 点。运用泰勒级数将函数 $p=p(x, y, z)$ 展开，并忽略二阶以上微量各项，即得 B 点和 C 点的压强分别为

$$p-\frac{1}{2}\frac{\partial p}{\partial x}\mathrm{d}x,\quad p+\frac{1}{2}\frac{\partial p}{\partial x}\mathrm{d}x$$

从而六面体的左、右两平面所受静水总压力分别为

$$\left(p-\frac{1}{2}\frac{\partial p}{\partial x}\mathrm{d}x\right)\mathrm{d}y\mathrm{d}z,\quad \left(p+\frac{1}{2}\frac{\partial p}{\partial x}\mathrm{d}x\right)\mathrm{d}y\mathrm{d}z$$

用同样的方法可求出六面体的其余四个平面所受静水总压力。

设单位质量力的三个分量为 X、Y、Z，则六面体所受总质量力的三个分量分别为

$$\rho\mathrm{d}x\mathrm{d}y\mathrm{d}z\cdot X,\ \rho\mathrm{d}x\mathrm{d}y\mathrm{d}z\cdot Y,\ \rho\mathrm{d}x\mathrm{d}y\mathrm{d}z\cdot Z$$

根据六面体的上述受力情况，对 x 轴方向写平衡方程得

$$\left(p-\frac{1}{2}\frac{\partial p}{\partial x}\mathrm{d}x\right)\mathrm{d}y\mathrm{d}z-\left(p+\frac{1}{2}\frac{\partial p}{\partial x}\mathrm{d}x\right)\mathrm{d}y\mathrm{d}z+\rho\mathrm{d}x\mathrm{d}y\mathrm{d}z\cdot X=0 \tag{2-4}$$

化简，并以 $\rho\mathrm{d}x\mathrm{d}y\mathrm{d}z$ 除各项，得 $X=\frac{1}{\rho}\frac{\partial p}{\partial x}$。

同理，对 y 轴和 z 轴方向写平衡方程得 $Y=\frac{1}{\rho}\frac{\partial p}{\partial y}$，$Z=\frac{1}{\rho}\frac{\partial p}{\partial z}$。从而有

$$\begin{cases} X=\dfrac{1}{\rho}\dfrac{\partial p}{\partial x} \\ Y=\dfrac{1}{\rho}\dfrac{\partial p}{\partial y} \\ Z=\dfrac{1}{\rho}\dfrac{\partial p}{\partial z} \end{cases} \tag{2-5}$$

这就是液体平衡微分方程，又称欧拉（Euler）平衡微分方程。它表明，在平衡液体中，对

于单位质量力来说，质量力分量（X、Y、Z）和表面力分量$\left(\frac{\partial p}{\partial x}、\frac{\partial p}{\partial y}、\frac{\partial p}{\partial z}\right)$是对应相等的。

将上述偏微分方程组（2-5）的三个分式，分别乘以 dx、dy、dz 后相加得

$$X\mathrm{d}x+Y\mathrm{d}y+Z\mathrm{d}z=\frac{1}{\rho}\left(\frac{\partial p}{\partial x}\mathrm{d}x+\frac{\partial p}{\partial y}\mathrm{d}y+\frac{\partial p}{\partial z}\mathrm{d}z\right) \tag{2-6}$$

因式（2-6）的右端是 $p=p(x, y, z)$ 的全微分，故式（2-6）可写为

$$\mathrm{d}p=\rho(X\mathrm{d}x+Y\mathrm{d}y+Z\mathrm{d}z) \tag{2-7}$$

只要给定了单位质量力的三个分量 X、Y、Z，就可以由上式积分求出压强 p 的具体分布规律。换句话说，静水压强 p 的分布规律是由单位质量力所决定的。

为了描述静水压强的分布特点，下面进一步讨论等压面的概念。

在处于静止状态的液体中，由压强相等的各点所构成的面，称为等压面。例如，与大气相接触的自由表面，就是一种等压面。在式（2-7）中，令 p 为常数，则 dp=0，从而

$$X\mathrm{d}x+Y\mathrm{d}y+Z\mathrm{d}z=0 \tag{2-8}$$

这便是等压面微分方程。将给定的 X、Y、Z 代入式（2-8），进行积分，就可得到等压面的代数方程。由于式（2-8）中的 X、Y、Z 与其合力的关系为 $\boldsymbol{f}=X\boldsymbol{i}+Y\boldsymbol{j}+Z\boldsymbol{k}$，故式（2-8）可简写为

$$\boldsymbol{f}\cdot\mathrm{d}\boldsymbol{s}=0 \tag{2-9}$$

这就是说当单位质量的液体在 $\boldsymbol{f}$ 力的作用下，沿等压面移动微小距离 d$\boldsymbol{s}$ 时，质量力做的微功为 0，但是 $\boldsymbol{f}$ 和 d$\boldsymbol{s}$ 都不为 0，故等压面上各点所受单位质量力 $\boldsymbol{f}$ 的方向必与等压面相垂直。等压面的这一特性及等压面的形状，是分析压强分布规律和进行水力计算的重要概念。

例 2-1 一洒水车（例图 2-1），以 0.98m/s^2 的等加速度向前行驶，设以水面中心点为原点，建立 xOz 坐标系，试求自由表面与水平面的夹角 θ；设自由表面压强 p_0=98kPa，车壁某点 A 的坐标为 x=−1.5m，z=−1.0m，求 A 点的压强。

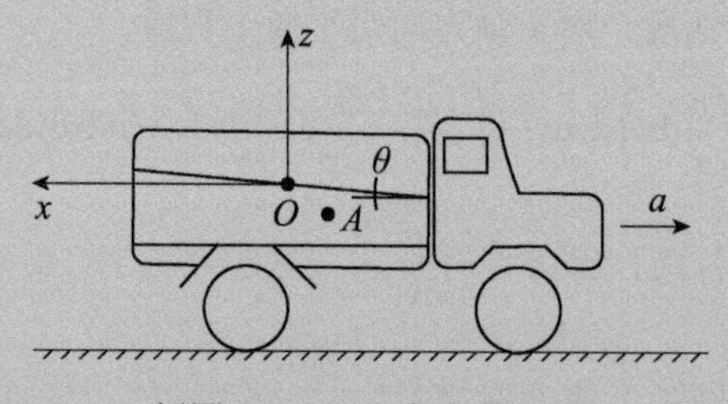

例图 2-1 洒水车向前行驶

解 洒水车以等加速度向右做水平运动，液体的质量力，除重力外，还要附加一个虚构的方向向左的惯性力，故单位质量力的三个分量为

$$X=a,\ Y=0,\ Z=-g$$

代入液体平衡微分方程（2-7）得

$$\mathrm{d}p=\rho(a\mathrm{d}x-g\mathrm{d}z)$$

积分可得

$$p=\rho(ax-gz)+C$$

当 $x=z=0$ 时，$p=p_0$，故 $C=p_0$，从而有

$$p=p_0+\rho\ (ax-gz)$$

或

$$p=p_0+\gamma\left(\frac{a}{g}x-z\right)$$

将已知数据 $p_0=98\text{kPa}$，$x=-1.5\text{m}$，$z=-1.0\text{m}$ 代入上式得 A 点的压强为

$$p=98+9.8\times\left[\frac{0.98}{9.8}\times(-1.5)-(-1.0)\right]=106.33\,\text{kPa}$$

令 $p=p_0$，则得自由表面方程为

$$p=p_0+\gamma\left(\frac{a}{g}x-z\right)\Rightarrow\frac{a}{g}x-z=0\Rightarrow\frac{a}{g}=\frac{z}{x}$$

从而它与水平角的夹角为

$$\theta=\text{arctg}\frac{z}{x}=\text{arctg}\frac{a}{g}=\text{arctg}\frac{0.98}{9.8}=5.7106^{\circ}$$

例 2-2　有一弯曲河段(例图 2-2)，凸岸曲率半径 $r=135\text{m}$，凹岸曲率半径 $R=150\text{m}$，断面平均流速 $v=2.3\text{m/s}$，试求横断面上的水面曲线方程及两岸水位差。

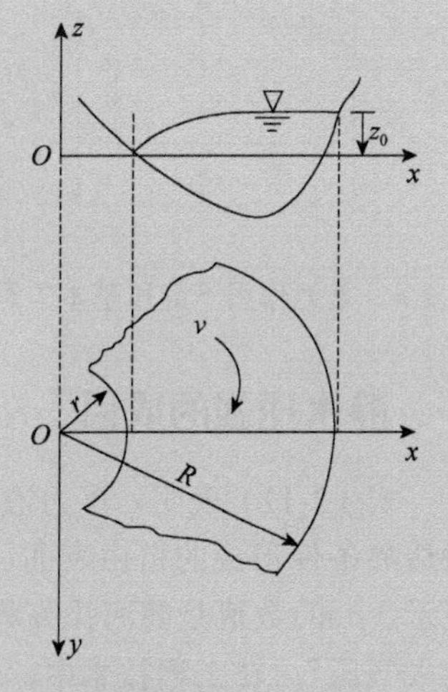

例图 2-2　弯曲河段

解　河湾水流的水力现象是比较复杂的。为了进行粗略估算，现假定各个水质点皆以线速度 v 做匀速圆周运动，同一横断面上的水质点之间没有相对运动，即处于相对平衡状态。

这样，横断面上某点的单位质量力分量为

$$X=\frac{v^2}{x},\ Y=0,\ Z=-g$$

代入等压面微分方程式（2-8）得

$$\frac{v^2}{x}\text{d}x-g\text{d}z=0$$

积分后得等压面方程为

$$v^2\ln x-gz=C$$

不同的积分常数 C 有不同的等压面。令 $x=r$，$z=0$，得相应于自由表面的积分常数为

$$C=v^2\ln r$$

从而求得自由表面的方程式为

$$z=2.3\times\frac{v^2}{g}\lg\frac{x}{r}$$

依题意，上式中 $v=2.3\text{m/s}$，$g=9.8\text{m/s}^2$，$x=R=150\text{m}$，$r=135\text{m}$，求得凸凹两岸水位差为

$$z_0=2.3\times\frac{2.3^2}{9.8}\lg\frac{150}{135}=0.057\text{m}$$

顺便指出，水流由直道进入弯道，不仅会产生上述横向水位差，还将导致凸岸被淤积和凹岸被冲刷的不良现象，引起河床演变。

第三节 重力作用下静水压强的基本方程

静止液体所受的质量力只有重力，其单位质量力的三个分量为

$$X=0,\ Y=0,\ Z=-g$$

将它们代入液体平衡微分方程（2-7）得

$$dp=\rho(-gdz)$$

对上式积分，并令 $\gamma=\rho g$，得

$$p=-\gamma z+C \tag{2-10}$$

式中，积分常数 C 由边界条件确定。

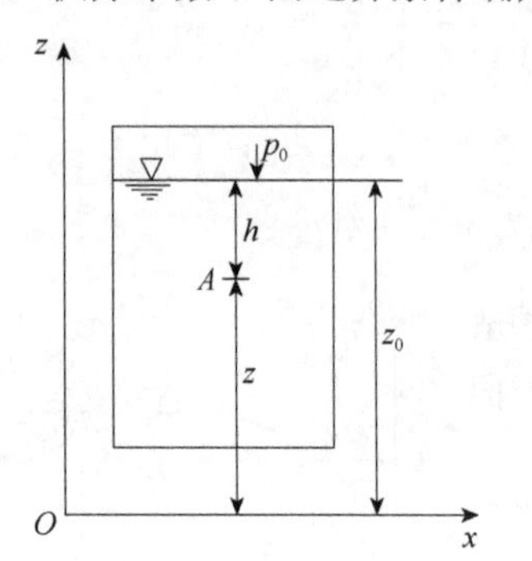

图 2-4 重力作用下静压基本方程推导图

对于密封水箱（图 2-4），设其自由表面上由气体形成的压强为 p_0，令上式中的 $z=z_0$，$p=p_0$，得

$$C=p_0+\gamma z_0$$

从而水中任意空间点 A 的静水压强 p 为

$$p=p_0+\gamma(z_0-z)$$

式中，(z_0-z) 是 A 点的水深 h，故

$$p=p_0+\gamma h \tag{2-11}$$

这就是重力作用下静水压强的基本方程，也称为水静力学基本方程。鉴于该方程的重要性，下面从几个不同的角度对它进行讨论。

一、静水压强的成因

式（2-11）表明，重力液体中任一空间点上的压强 p 是由 p_0 和 γh 两部分组成的。其中 p_0 由边界条件形成的自由表面压强决定。若自由表面上为大气，则 p_0 为大气压强，以符号 p_a 表示，p_a 的数值是随海拔高程和气温大小而变化的。在物理学上，以 1.013×10^5Pa 为“1 个标准大气压”；在工程技术中，则常采用 9.8×10^4Pa（即 98kN/m^2）作为“1 个工程大气压”。式（2-11）中的 γh 是以单位面积为底、以水深 h 为高的液柱重量。很显然，γh 是由重力（质量力）所形成的压强，即由液体质点系本身重量产生的压强，它相当于重量为 γh 的液体垂直作用于单位受压面积上。

公式 $p=p_0+\gamma h$ 中的 γ 和 p_0 都是常数，p 仅随水深 h 而变。根据静水压强的成因及其两个特性（即垂直性和各向等值性），可用带有箭头的直线表示压强的方向，用直线的长度表示压强的大小，以几何图形来显示受压面上的压强分布状况，这种图形称为静水压强分布图，它能形象而直观地体现静水压强的分布规律。

如图 2-5（a）所示，AB 为一铅直平板闸门，水面上 A 点压强为 p_a，闸门最低点 B 的压强为 $p_a+\gamma H$，中部各点压强（$p_a+\gamma h$）随水深 h 成直线关系变化，将表示各点压强数值的直线尾端连接起来，即得静水压强分布图。同理，如图 2-5（b）所示，AB 为一圆弧形闸门，作用在曲面上 A 点的压强为 p_a，最低点 B 的压强为 $p_a+\gamma H$，中部任意一点的压强为 $p_a+\gamma h$，各点的压强垂直于圆弧形受压面，它们互不平行，但都指向圆弧的中心。

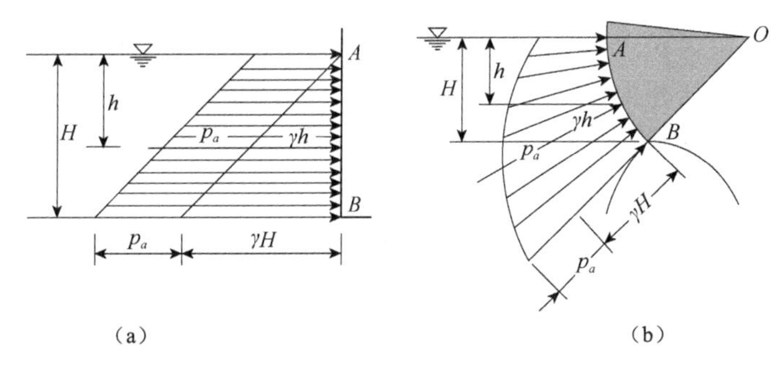

（a）　　　　　　（b）

图 2-5　压强分布图

二、帕斯卡原理

自由表面压强 p_0、液柱重力 γh 是静水压强 p 的两个组成部分，由于两者的成因不同，其数值大小彼此无关，故 p_0 在静止液体中各点是等值传递的。如果设法将 p_0 增大 Δp（如在图 2-6 所示的密封水箱上部注入部分空气）或减小 Δp（抽出部分空气），则液体中所有各点的压强 p 均将相应地增大或减小 Δp。由此可见，无论容器的形状如何，处于静止状态的液体内，如果任意一点的压强有所增减，必将等值地传递到液体中其他各点，这就是帕斯卡（Pascal）原理。该原理在许多水力机械及液压或气压传动装置中，都有广泛应用。

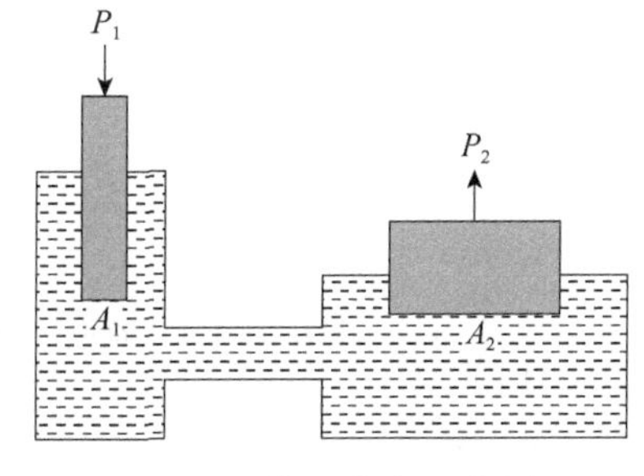

图 2-6　静压传递示意图

图 2-6 所示的水压机，是由两个尺寸不同而又彼此连通的密封圆筒及置于筒内的一对活塞所组成，筒内充满着水或油。在 P_1 力的作用下，面积为 A_1 的小活塞底面所产生的液面压强为 $p_0=\dfrac{P_1}{A_1}$。按帕斯卡原理，此 p_0 将不变地传递到面积为 A_2 的大活塞底面。若不计活塞的重量及摩擦阻力的影响，则大活塞所产生的上举力为

$$P_2=p_0A_2=\frac{P_1}{A_1}A_2=\frac{A_2}{A_1}P_1$$

即 P_2 为 P_1 的 A_2/A_1 倍。

三、绝对压强和相对压强

凡与大气相接触的地方，都要受到大气压强的作用，在分析盛水容器和水工建筑物的受力情况时，必须考虑大气压强的影响和作用。

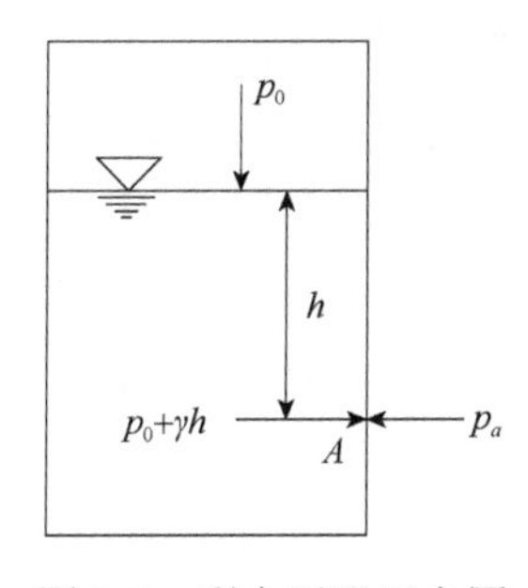

图 2-7　剩余压强示意图

例如，密封水箱（图 2-7）内侧壁某点 A 所受静水压强为 $p_0+\gamma h$，而与 A 点相对应的侧壁外表面上受到方向向左的大气压强 p_a 的作用，故侧壁在该点所受到的有效压强是 $p_0+\gamma h$ 减去 p_a 后的剩余压强，以符号 p_r 表示，即

$$p_r=(p_0+\gamma h)-p_a$$

当 p_r 为正值时，则侧壁在该点受到向外的推力；如果在该点钻一小孔，则水在剩余压强 p_r 的作用下，会向外喷射出来。反之，当 p_r 为负值时，则侧壁在该点受到向内的推力，钻孔后，不但不会有水流出，反而要吸入空气。再就图 2-5 所示的两种闸门来看，其自

由表面压强等于大气压强 p_a，根据帕斯卡原理，p_a 将均匀等值地传递到闸门的整个迎水面，而闸门的背水面各点大气压强为 p_a，故壁面两边的大气压强自相平衡，从而各点的剩余压强 p_r 等于液柱重力 γh，这便是闸门所受的有效分布荷载，其静水压强分布图变为图 2-8 所示的形状。

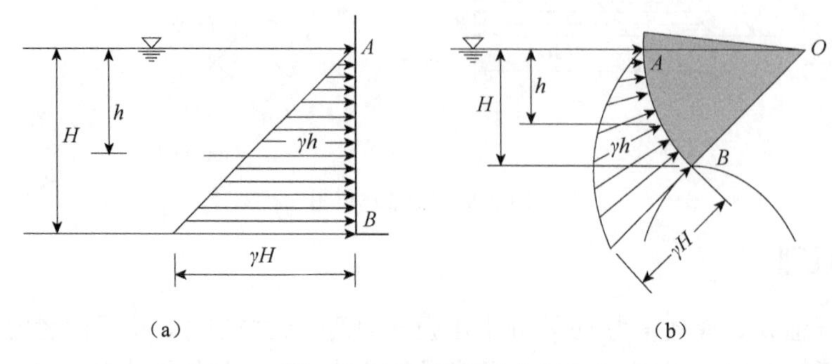

图 2-8 相对压强分布图

鉴于剩余压强 p_r 的上述实际意义，工程上习惯称 p_r 为相对压强，而把真实压强 $p_0+\gamma h$ 称为绝对压强，以符号 p' 或 p_{abs} 表示。两者的关系是

$$p_r=p'-p_a \tag{2-12}$$

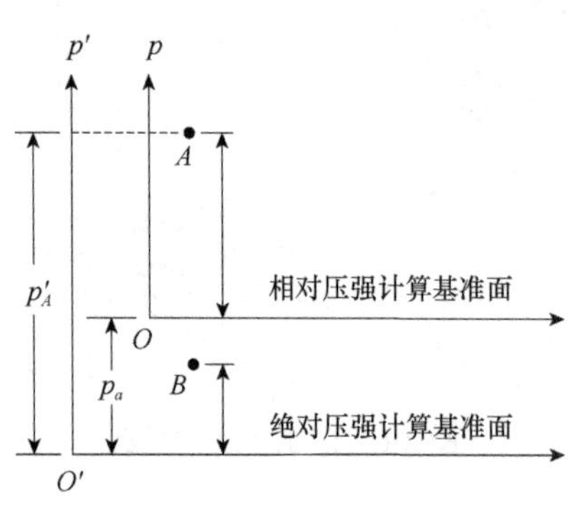

图 2-9 绝对压强与相对压强关系图

如图 2-9 所示，两者的区别在于计量基准（即计量起点）不同。

绝对压强是以绝对零压作为计量基准，其数值总是正数；相对压强是以当地大气压强作为计量基准，其数值可正可负。当绝对压强小于大气压强，则相对压强为负值，简称负压。负压的绝对值又称真空值，以符号 p_v 表示，即

$$p_v=p_a-p' \tag{2-13}$$

由上式可知，真空值 p_v 越大，意味着绝对压强 p' 越小。最大的真空值为大气压强，最小的真空值为零。

很显然，描述静水压强的大小，可以采用相对压强，也可以采用绝对压强，但在大多数情况下，采用前者比较简便。压力表及大部分测压仪器的读数都是相对压强。为方便起见，在本书以后的叙述和计算中，省掉 p_r 的下标，直接用符号 p 代表相对压强。

例 2-3 设密封水箱（例图 2-3）的自由表面压强 $p_0=78.4\text{kPa}$，水深 $h_1=0.5\text{m}$，$h_2=2.5\text{m}$，试求 1、2 两点的绝对压强和相对压强。

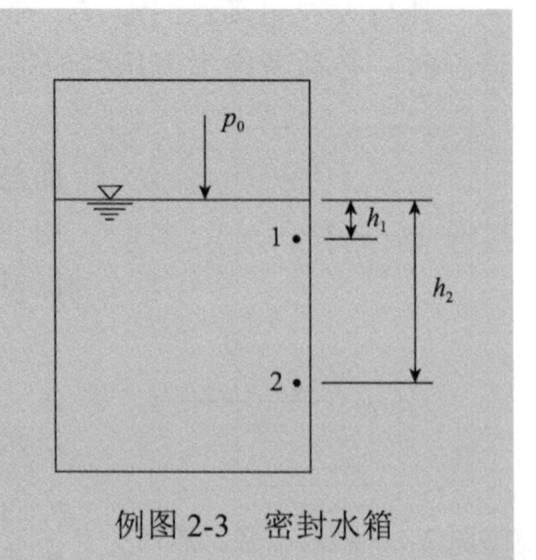

例图 2-3 密封水箱

解 由水静力学基本方程 $p=p_0-\gamma h$ 可得 1、2 两点的绝对压强为

$$p_1'=p_0+\gamma h_1=78.4+9.8\times0.5=83.3\text{kPa}$$

$$p_2'=p_0+\gamma h_2=78.4+9.8\times2.5=102.9\text{kPa}$$

由式（2-13）得 1、2 两点的相对压强为

$$p_1=p_1'-p_a=83.3-98=-14.7\text{kPa}$$

$$p_2=p_2'-p_a=102.9-98=4.9\text{kPa}$$

四、连通器原理和测压仪器

如图 2-10（a）所示，在静止液体中，任意两点 1 和 2 的绝对压强分别为

$$p_1'=p_0+\gamma h_1,\ p_2'=p_0+\gamma h_2$$

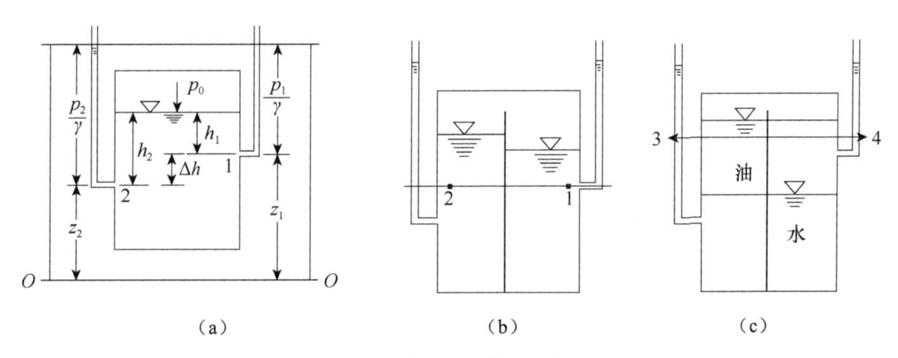

图 2-10　连通器原理示意图

这两点的压强差为

$$p_2'-p_1'=\gamma（h_2-h_1）=\gamma\Delta h \tag{2-14}$$

压强差公式（2-14）中的 γ 为常数，这表明，在相连通的同一种液体中，任意两点的压强差（$p_2'-p_1'$ 或 p_2-p_1），只与这两点的铅直高度差 Δh 有关，与容器的形状无关。如果这两点在同一高程上，则其压强相等。由压强相等的点所构成的等压面，必为水平面。概括地说：同种液体相连通，两点压差看高差；同种液体相连通，同一高程压强同。这就是压强差和等压面的性质，该原理的应用条件是“相连通的同种液体”，对于不相连通的同种液体或相连通而液体性质不同的各点，不可简单套用。例如，图 2-10（b）中的 p_1 并不等于 p_2，图 2-10（c）中的 p_3 也不等于 p_4。

连通器原理对于压强的计算和液体压力计的设计具有重要意义。

如图 2-11 所示，在水箱侧壁某点 1 钻一小孔，安装一根敞口小玻璃管，在静水压强的作用下，管中液体上升的铅直高度为 h，由此即知点 1 的相对压强为 $p=\gamma h$。

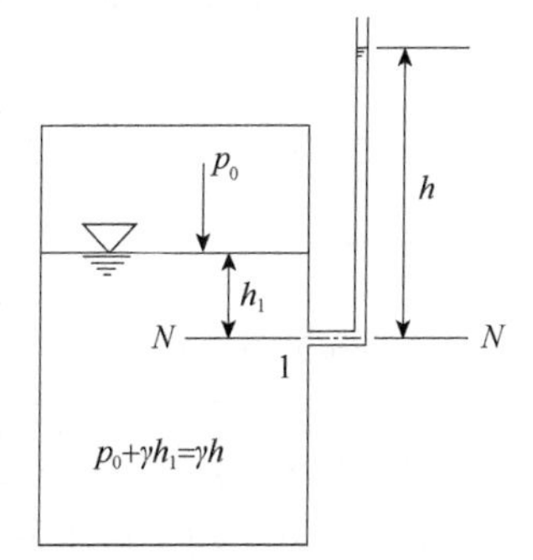

图 2-11　测压管示意图

这种直接利用同种液体的液柱高度来测量压强的玻璃管，称为测压管。为了避免毛细现象的影响，玻璃管的内径一般取 10mm 左右为宜。这种测压仪器，具有装置简单、现象直观和精度较高等优点，但其测量范围受管长的限制。如静水压强 p 为 20kPa，就需要 2m 以上的玻璃管，使用很不方便。

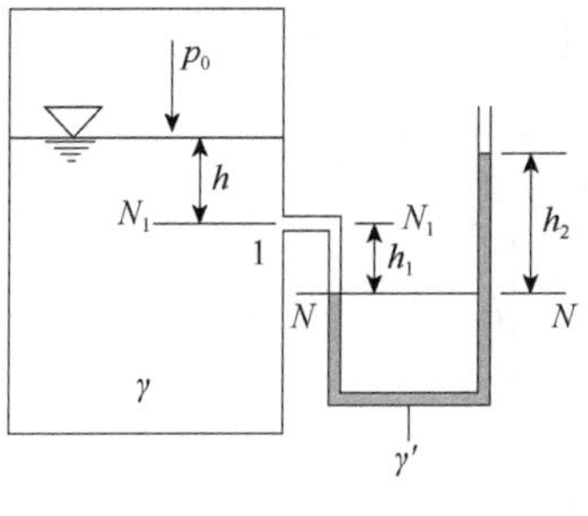

图 2-12　U 型测压管示意图

当测量较大的压强时，通常采用水银测压计，即于 U 形管中盛以重度为 γ'的水银（图 2-12），在点 1 的静水压强 $p_0+\gamma h$ 的作用下，弯管右侧的水银面上升，左侧的水银面下降，直至平衡为止。水平面 N-N 是等压面，从而有

$$p_1-\gamma' h_2=\gamma h_1 \tag{2-15}$$

此外，还有一种用以测量任意两点 A、B 压强差的水银比压计（图 2-13），即于测点 A、B 之间，连接一根盛有水银的 U 形玻璃管。

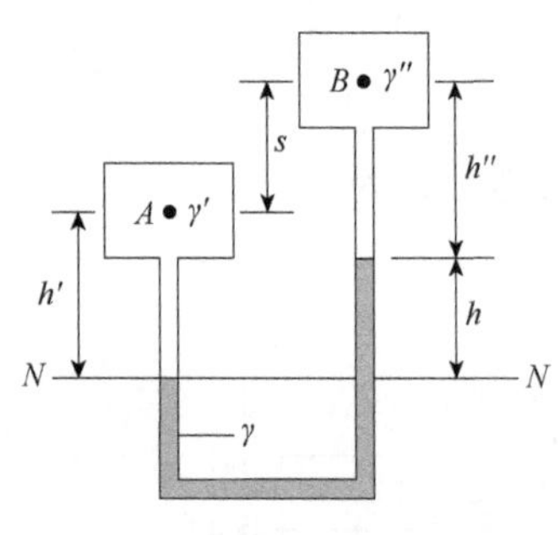

图 2-13　水银比压计示意图

在压强差（p_A-p_B）的作用下，弯管左侧的水银面下降，右侧的水银面上升，直至平衡为止。水平面 N-N 是等压面，列等压面方程得

$$p_A+\gamma'h'=p_B+\gamma''h''+\gamma h \Rightarrow p_A-p_B=\gamma''h''+\gamma h-\gamma'h'$$

$$s+h'=h''+h \Rightarrow h'=h''-s+h$$

从而得

$$p_A-p_B=(\gamma-\gamma')h+(\gamma''-\gamma')h''+\gamma's \tag{2-16}$$

当两个容器中盛有同种介质时（即 $\gamma'=\gamma''=\gamma_w$），则 A、B 之间的压差为

$$p_A-p_B=(\gamma-\gamma')h+\gamma_w s \tag{2-17}$$

从式（2-16）或（2-17）来看，水银面高差 h 的读数与水银的重度 γ 有关。为了放大 h 的读数，以提高量测精度，可针对所测压强或压强差的大小，选用具有适当重度的其他液体（如四氯化碳、三溴甲烷、乙醇等）替代水银，但要求这种工作液体的化学性质比较稳定，不易挥发，不与被测液体相混掺。

例 2-4　有一水塔如例图 2-4 所示，为了量出塔中水位，在地面上装置一 U 形水银测压计，测压计左支用软管与水塔相连通。今测出测压计左支水银面高程为$\nabla_1=502.00$m，左右两支水银面高差 $h_1=116$cm，试求此时塔中水面高程∇_2。

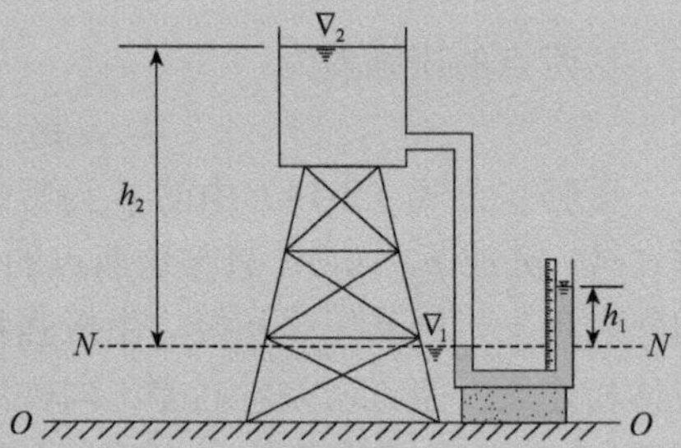

例图 2-4　水塔水位

解　令塔中水位与水银测压计左支水银面高差为 h_2，$h_2=\nabla_2-\nabla_1$

从测压计左支来看，∇_1 高程处的相对压强为

$$p=\gamma(\nabla_2-\nabla_1)=\gamma h_2$$

从测压计右支来看，∇_1 高程处的相对压强为

$$\rho=\gamma_m h_1$$

根据等压面原理有 $p=\gamma h_2=\gamma_m h_1$。所以

$$h_2=\frac{\gamma_m h_1}{\gamma}=\frac{133.28\times1.16}{9.8}=15.78\text{m}$$

塔中水位为

$$\nabla_2=\nabla_1+h_2=502.00+15.78=517.78\text{m}$$

例 2-5　如例图 2-5（a）所示，有一锥形容器，在 A 处接一 U 形水银压差计，当容器空时，A 以下注水后压差计读数为 19cm，试求当容器充满水后的压差计读数。

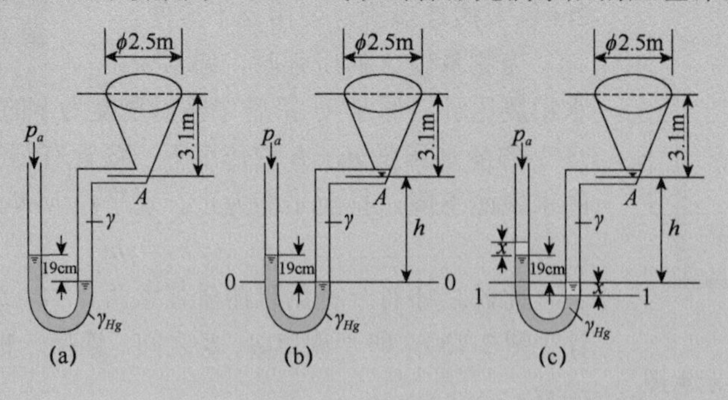

例图 2-5　锥形容器

解　(1) 计算未充水时的高度 h

如例图 2-5 (b)，取等压面 0-0，列等压面方程得

$$19\times\gamma_{Hg}=\gamma h$$

解得

$$h=\frac{\gamma_{Hg}}{\gamma}\times 19=\frac{133.28}{9.8}\times 19=13.6\times 19=258.4\text{cm}$$

(2) 计算充满水后水银压差计读数 y

如例图 2-5 (c)，充水后，压差计右侧压强增加，水银面下降，设下降高度为 x (cm)；同样压差计左侧在原水银面上升的高度为 x (cm)，取等压面 1-1，列等压面方程有

$$p_{左}=p_{右}$$

由等压面方程可得

$$p_{右}=(310+h+x)\gamma=(568.4+x)\gamma$$

$$p_{左}=(19+2x)\gamma_{Hg}$$

联立求解得

$$(568.4+x)\gamma=(19+2x)\gamma_{Hg}\Rightarrow x=\frac{568.4-19\times\dfrac{\gamma_{Hg}}{\gamma}}{2\times\dfrac{\gamma_{Hg}}{\gamma}-1}=\frac{568.4-19\times 13.6}{2\times 13.6-1}=11.83\text{cm}$$

压差计读数为

$$y=19+2x=19+2\times 11.83=42.66\text{cm}$$

五、液柱高度

用液体的重度 γ 除式 (2-14) ($p_2-p_1=\gamma\Delta h$) 中各项，并取基准面 O-O，如图 2-10 (a) 所示，令 $\Delta h=z_1-z_2$，得

$$z_1+\frac{p_1}{\gamma}=z_2+\frac{p_2}{\gamma}\quad 或\quad z+\frac{p}{\gamma}=C \tag{2-18}$$

上式是水静力学基本方程的另一重要形式。式中 z_1 是空间点 1 的位置高度，也称为位置水头。质量为 m 的质点在点 1 所具有的位能为 mgz_1，于是 z_1 是单位重力液体所具有的位能，称为单位位能。其次，如果在点 1 安装一根测压管，则在 p_1 的作用下，管中产生一个液柱高度 h_1，因 $p_1=\gamma h_1$，故

$$h_1=\frac{p_1}{\gamma}$$

这就是说，位于点 1 的单位重力液体，由于 p_1 的作用而具有与位能 h_1 等值的潜在能量。在水力学中，称 $\frac{p_1}{\gamma}$ 为点 1 的单位压强或压强水头，并称 $z_1+\frac{p_1}{\gamma}$ 为点 1 的单位势能或测管水头。同理，可理解点 2 的意义。式 (2-18) 表明，静止液体中各点间的单位势能相等，各测管总水头位于同一水平面上。

上面讨论了静力学基本方程的能量意义。在此式中，γ 是液体的重度，它是常数，h 为测压管中的液柱高度。将 h 乘以 γ 即可换算为压强 p 的数值。压强 p 与液柱高度 h 的这种换算关系表明，除了可直接采用应力单位 Pa (即 N/m^2) 作为压强的计量单位外，液柱高度 h 更能形象

地反映压强的大小，也可作为压强的一种计量单位。

此外，前已指出，工程上还习惯以“工程大气压”（即 9.8×10^4Pa 或 98kPa）作为压强的计量单位。例如，某点的压强为 160kPa，则称该点具有 1.63 个工程大气压。

这样，压强的常用计量单位共有三种：应力单位、液柱高度、工程大气压。将真空值 p_v 换算成液柱高度 $h_v=\dfrac{p_v}{\gamma}$，则称 h_v 为真空度。

例 2-6 若已知抽水机吸水管中某点的绝对压强为 80kN/m^2，试将该点绝对压强、相对压强和真空度用水柱及水银柱表示出来（已知当地大气压强为 98kPa）。

解 已知当地大气压 $p_a=98\text{kN/m}^2$，换算成水柱高度和水银柱高度，分别为

$$\frac{p_a}{\gamma}=\frac{98}{9.8}=10\,\text{mH}_2\text{O}\,,\quad \frac{p_a}{\gamma_{Hg}}=\frac{98}{133.28}=0.73529\,\text{mHg}=735.29\,\text{mmHg}$$

某点绝对压强为 $p'=80\text{kN/m}^2$，换算成水柱高度和水银柱高度，分别为

$$\frac{80}{98}\times10=8.16\,\text{mH}_2\text{O}\,,\quad \frac{80}{98}\times735.29=600.24\,\text{mmHg}$$

相对压强为 $p=p'-p_a=80-98=-18\text{kN/m}^2$，换算成水柱高度和水银柱高度，分别为

$$-\frac{18}{98}\times10=-1.84\,\text{mH}_2\text{O}\,,\quad -\frac{18}{98}\times735.29=-135.05\,\text{mmHg}$$

真空度为 $p_v=p_a-p'=98-80=18\text{kN/m}^2$，换算成水柱高度和水银柱高度，分别为

$$\frac{18}{98}\times10=1.84\,\text{mH}_2\text{O}\,,\quad \frac{18}{98}\times735.29=135.05\,\text{mmHg}$$

第四节 作用在平面壁上的静水总压力

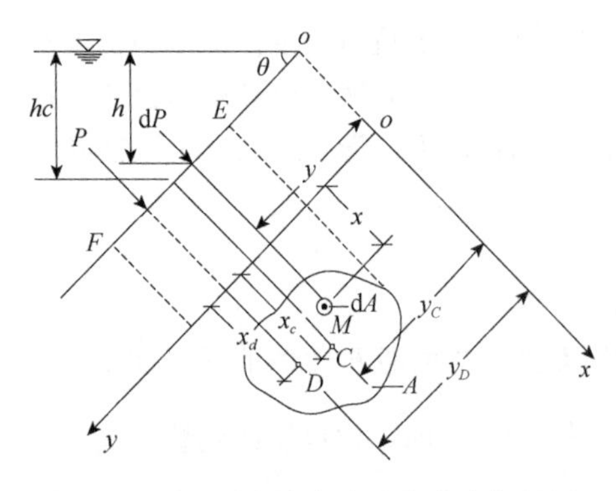

图 2-14 平面壁静水总压力公式推导图

对挡水堤坝、桥墩、闸门及其他各种水工设施，不仅要知道静水压强的分布规律，而且要知道迎水面所受静水总压力的大小、方向和作用点。下面首先讨论处于任意方位和具有任意形状的平板所受静水总压力 P 的大小。

在与自由表面成 θ 倾斜角的 xoy 平面内，有一任意形状的平板 EF（图 2-14），其总面积为 A，形心 C 点坐标为（x_C，y_C），ox 是 oy 平面与自由表面的交线。现将 xoy 平面绕 oy 轴转 90 度，以便能在图上看清该平板的形状尺寸。

该平板上任意一点 M 的水深和坐标位置分别为 h 及（x，y），则该点的静水压强为 γh，包括 M 点在内的微小面积 $\text{d}A$ 所受静水总压力为

$$\text{d}P=p\text{d}A=\gamma h\text{d}A,$$

并与平板相正交。总面积 A 所受静水总压力 P 是由许多 $\mathrm{d}P$ 所形成的平行力系的合力，即

$$P=\int_A \mathrm{d}P=\int_A \gamma h \mathrm{d}A$$

因 $h=y\sin\theta$，于是有

$$P=\int_A \mathrm{d}P=\int_A \gamma h \mathrm{d}A=\int_A \gamma y \sin\theta \cdot \mathrm{d}A=\gamma \sin\theta \int_A y \mathrm{d}A$$

注意到 $\int_A y\mathrm{d}A$ 是受压面积 A 对 ox 轴的静面矩，并且 $\int_A y\mathrm{d}A=y_C \cdot A$，故上式变为

$$P=\gamma \sin\theta \cdot y_C A$$

式中，$y_C\sin\theta$ 等于形心 C 点的水深 h_C，故得

$$P=\gamma h_C \cdot A \tag{2-19}$$

这就是说，作用在平面壁上的静水总压力 P 的大小，只与 γ、h_C 及 A 有关，而与该平面的形状及方位无关。由于 γh_C 是形心 C 点的静水压强 p_C，故静水总压力等于平面形心点上的静水压强与平面面积 A 的乘积，即

$$P=p_C \cdot A$$

静水总压力 P 的方向垂直指向平面壁。P 的作用点称为压力中心。理论力学指出，合力对某轴的力矩等于各分力对该轴的力矩之和。现用这条原理确定 D 点的坐标位置（x_D，y_D）。

合力 P 对 ox 轴的力矩为 $P \cdot y_D$。各分力 $\mathrm{d}P$ 对 ox 轴的力矩之和为

$$\int_A yp\mathrm{d}A=\int_A y\gamma h\mathrm{d}A=\int_A \gamma \sin\theta y^2 \mathrm{d}A=\gamma\sin\theta\int_A y^2\mathrm{d}A$$

综上可得

$$P \cdot y_D=\gamma\sin\theta\int_A y^2\mathrm{d}A \tag{2-20}$$

式中，$\int_A y^2\mathrm{d}A$ 为 A 对 ox 轴的惯性矩，以符号 I_{xC} 表示。

设 I_C 为 A 对通过形心 C 点而与 ox 轴平行的轴的惯性矩，根据惯性矩平行移轴定理，有

$$I_{xC}=I_C+y_C^2 A \tag{2-21}$$

将其代入式（2-20）得

$$P \cdot y_D=\gamma\sin\theta\int_A y^2\mathrm{d}A=\gamma\sin\theta \cdot I_{xC}=\gamma\sin\theta(I_C+y_C^2 A)$$

又

$$P=\gamma\sin\theta \cdot y_C A$$

整理得

$$y_D=y_C+\frac{I_C}{y_C A} \tag{2-22}$$

这就是确定 y_D 坐标的计算公式。式（2-22）表明，y_D 必大于 y_C，即压力中心 D 点的位置总是在形心 C 点之下；只有当平板为水平放置或 y_C 为无穷大时，D 点才与 C 点相重合。

表 2-1 列出了几种常见平面形状的 A、y_C、I_{xC} 值计算公式，表 2-2 列出了几种有纵向对称轴的平面静水总压力和压力中心位置的计算式，供学习参考。

表 2-1 常见平面形状 A、y_C、I_{xC} 值表

几何图形名称		面积 A	形心坐标 y_C	对通过形心轴的惯性矩 I_{xC}
矩形		bL	$\frac{1}{2}L$	$\frac{1}{12}bL^3$
等腰梯形		$\frac{1}{2}L(B+b)$	$\frac{1}{3}L\frac{B+2b}{B+b}$	$\frac{1}{36}L^3\left(\frac{B^2+4Bb+b^2}{B+b}\right)$
圆形		$\frac{1}{4}\pi D^2$	$\frac{D}{2}$	$\frac{1}{64}\pi D^4$
半圆形		$\frac{1}{8}\pi D^2$	$\frac{2D}{3\pi}$	$\frac{9\pi^2-64}{1152\pi}D^4$

表 2-2 几种常见平面静水总压力及作用点位置计算表

平面在液体中的位置	平面形式		静水总压力值	压力中心距液面的斜距
①当闸门为铅垂放置时，$\alpha=90°$，此时 $y=h$，$y_D=h_D$ ②等腰三角形平面，相当于等腰梯形平面中令 $b=0$ 的情形	矩形		$P=\frac{1}{2}\gamma Lb(2y+L)\cdot\sin\alpha$	$y_D=y+\frac{(3y+2L)L}{3(2y+L)}$
	等腰梯形		$P=\frac{[3y(B+b)+L(B+2b)]}{6}\times\gamma\sin\alpha$	$y_D=\frac{2[(B+2b)y+(B+3b)L]L}{6(B+b)y+2(B+2b)L}+y$
	圆形		$P=\frac{\pi}{8}D^2(2y+D)\cdot\gamma\sin\alpha$	$y_D=y+\frac{D(8y+5D)}{8(2y+D)}$
	半圆形		$P=\frac{D^2}{24}(3\pi y+2D)\cdot\gamma\sin\alpha$	$y_D=y+\frac{D(32y+3\pi D)}{16(3\pi y+2D)}$

如果受压面具有与 oy 轴相平行的纵向对称轴，如矩形、等腰梯形、等腰三角形、圆形、椭圆形等，必然有 $x_D=x_C$。否则，应仿照上述方法对 oy 轴取力矩

$$P\cdot x_D=\int_A xp\mathrm{d}A$$

并令 $I_{Cxy}=\int_A xy\mathrm{d}A$ 称为 EF 平面对 oy 及 ox 轴的惯性积，将其代入上式整理即可推导出 x_D：

$$x_D=\frac{\gamma\sin\theta\cdot I_{Cxy}}{\gamma\sin\theta\cdot y_C A}=\frac{I_{Cxy}}{y_C A} \tag{2-23}$$

式中，I_{Cxy} 是 A 对通过形心 C 并平行于 ox、oy 轴的惯性积。

通过以上分析，作用于任意方位和任意形状平面壁上的静水总压力的大小和压力中心，可以运用式（2-19）～式（2-22）加以确定。这种方法称为数解法或解析法。

工程上最常见的受压面是底边为水平的矩形平面壁（图 2-15），对于这种情况，也可以采用下述图解法。

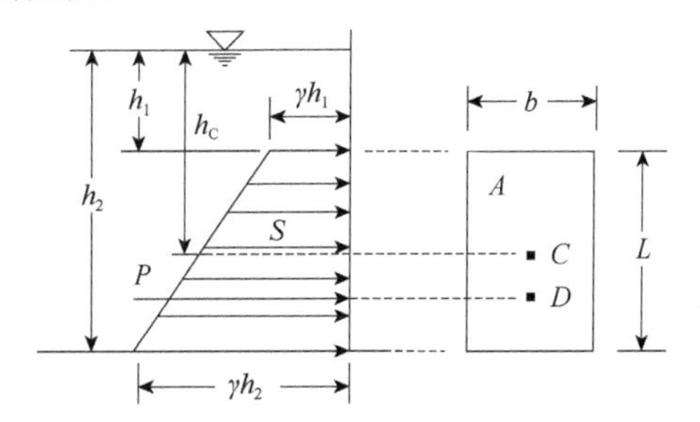

图 2-15　矩形平面壁静水总压力图解法推导图

设铅直矩形平面壁受压面的高度为 L，宽度为 b，由数解法可知，作用在受压面上的静水总压力为

$$P=p_C A=\gamma h_C A$$

对矩形平板而言：

$$h_C=\frac{h_1+h_2}{2}，\ A=bL$$

故整个受压面所受静水总压力的大小可表示为

$$P=\gamma\left(\frac{h_1+h_2}{2}\right)bL=\left(\frac{\gamma h_1+\gamma h_2}{2}\right)L\cdot b$$

注意到

$$\left(\frac{\gamma h_1+\gamma h_2}{2}\right)\cdot L$$

正好是平板受压面静水压强分布图图形的面积，以符号 ω 表示，故上式可写为

$$P=\omega b \tag{2-24}$$

上式表明，作用在底边为水平的矩形平面壁上的静水总压力 P 的大小，等于整个平面壁上的静水压强分布图的体积。这就是说，有 ωb 这样大的一块水重垂直压在受压面上，且 P 的作用线必通过这块水体的中心而指向受压面。用这种图解法确定 P 的大小、压力中心及作用方向，物理概念十分清晰，并有利于分析受压面的荷载分配。

例 2-7　路基涵洞进口有一矩形平面闸门，如例图 2-6（a）所示，长度 $L=3\text{m}$，宽度 $b=2\text{m}$，顶边水深 $h_1=1\text{m}$，底边水深 $h_2=4\text{m}$，试分别用数解法和图解法求该闸门所受静水总压力 P 的大小和压力中心。

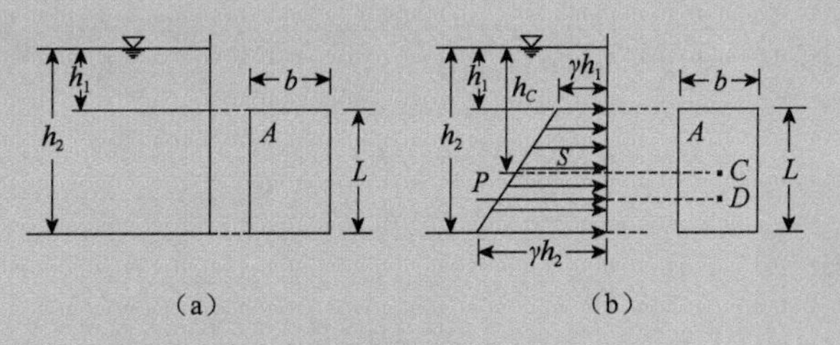

例图 2-6　路基涵洞进口的矩形平面闸门

解 1 数解法

$$h_C=\frac{h_1+h_2}{2}=\frac{1+4}{2}=2.5\,\text{m}，A=bL=2\times3=6\text{m}^2$$

由公式（2-19）得

$$P=\gamma h_C\cdot A=9.8\times2.5\times6=147.0\text{kN}$$

$$y_C=h_C=2.5\text{m}，\ I_{xC}=\frac{bL^3}{12}=\frac{2\times3^3}{12}=4.5\,\text{m}^4$$

由公式（2-22）得

$$y_D=h_D=y_C+\frac{I_{xC}}{y_C A}=2.5+\frac{4.5}{2.5\times6}=2.8\,\text{m}$$

解 2 图解法 ［例图 2-6（b）］

$$\omega=\left(\frac{\gamma h_1+\gamma h_2}{2}\right)L=\frac{1}{2}\times9.8\times(1+4)\times3=73.5\text{kN/ m}$$

$$P=\omega b=73.5\times2=147.0\text{kN}$$

$$y_D=h_D=h_1+\frac{L}{3}\left(\frac{\gamma h_1+2\gamma h_2}{\gamma h_1+\gamma h_2}\right)=h_1+\frac{L}{3}\left(\frac{h_1+2h_2}{h_1+h_2}\right)$$

$$y_D=1+\frac{3}{3}\left(\frac{1+2\times4}{1+4}\right)=2.8\,\text{m}$$

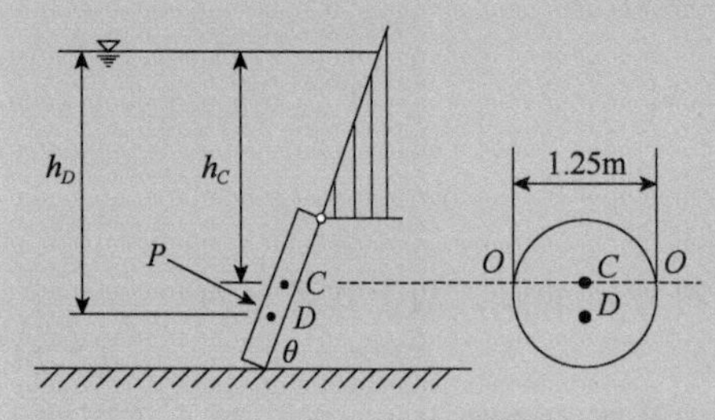

例图 2-7　蓄水池底部输水洞进口的闸门

例 2-8 在蓄水池底部输水洞进口安装一闸门，如例图 2-7 所示，与水平面成 $\theta=80°$的倾角，闸门为圆形，直径 $D=1.25\text{m}$，可绕通过其形心 C 的水平轴旋转。试证明作用于闸门上的转矩与闸门在水下的深度无关。若闸门完全被水淹没，求作用于闸门上的转矩。

解 设作用在闸门上水的总压力为 P，作用点 D 在水下的深度为 h_D，旋转轴 O-O 通过闸门的形心 C，位于水深 h_C 处。则作用在闸门上的转矩为

$$M=P\cdot DC=P\cdot\frac{h_D-h_C}{\sin\theta}$$

由静水总压力的计算公式得

$$P=\gamma h_C A=\gamma h_C\frac{\pi D^2}{4}$$

相应的压力中心的淹没深度为

$$y_D=y_C+\frac{I_{xC}}{y_C A}\Rightarrow\frac{h_D}{\sin\theta}=\frac{h_C}{\sin\theta}+\frac{I_{xC}}{\dfrac{h_C}{\sin\theta}A}\Rightarrow h_D=h_C+\frac{I_{xC}}{h_C A}\sin^2\theta$$

$$\Rightarrow h_D-h_C=\frac{I_{xC}}{h_C A}\sin^2\theta$$

圆形的惯性矩为

$$I_{xC}=\frac{\pi D^4}{64}$$

将这些数据代入转矩公式得

$$M=P\cdot\frac{h_D-h_C}{\sin\theta}=\left(\gamma h_C\frac{\pi D^2}{4}\cdot\frac{\dfrac{\pi D^4}{64}}{h_C\dfrac{\pi D^2}{4}}\sin^2\theta\right)/\sin\theta=\frac{\gamma\pi D^4}{64}\sin\theta$$

由该式可以看出，转矩仅仅与圆的直径有关，而与形心点的水深无关。

将已知数据代入上式得闸门所受的转矩为

$$M=\frac{\gamma\pi D^4}{64}\sin\theta=\frac{9.8\times\pi\times1.25^4}{64}\sin80^\circ=1.1566\mathrm{kN\cdot m}$$

第五节　作用在曲面壁上的静水总压力

因为静水压强总是处处垂直于受压面，所以任意形状曲面上各微小面积 dA 所受的静水总压力 dP，不再是平行力系，而是复杂的空间力系，不能引用平行力系代数叠加的方法求其合力。下面拟从二向柱形曲面入手，采用“先分解，后合成”的办法进行分析。

设有一弧形闸门 ABO（图 2-16），其弧长 $AB=L$，门宽为 b（垂直于纸面），现要求计算柱形受压面总面积 A 上所受静水总压力 P 的大小、方向和作用点。

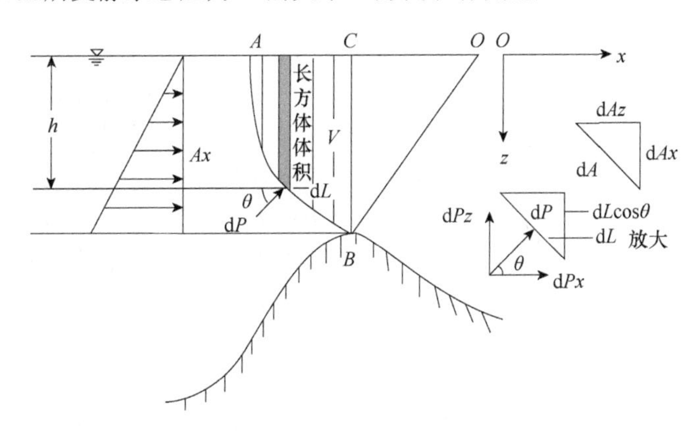

图 2-16　曲面壁静水总压力公式推导图

在水深为 h 的地方，取一长条形微小面积 dA=bdL，它所受静水总压力 dP 与水平线成 θ 角。若将 dP 分解为水平分力 dP_x 和铅直分力 dP_z，即可按平行力系的法则，用积分方法求 P 的水平分力 P_x 和铅直分力 P_z。

P 的水平分力 P_x 为

$$P_x=\int_{A_x}\gamma h\mathrm{d}A_x$$

由几何关系可知，d$L\cos\theta$ 是 dL 的铅直投影长度；bd$L\cos\theta$ 是 dA 的铅直投影面积 dA_x；dP_x 是 dA_x 面上所受静水总压力；从而上式中的 P_x 就是柱形受压面总面积 A 的铅直投影面面积 A_x 上所受的静水总压力。设 A_x 的形心水深为 h_C，上式可写为

$$P_x=\int_{Ax}\gamma h\mathrm{d}A_x=\gamma h_C A_x$$

因此，作用在曲面壁上的静水总压力的水平分力 P_x 等于作用在该曲面的铅直投影面面积

A_x上的静水总压力，并通过A_x的静水压强分布图体积的重心而水平地指向该曲面。

P的铅直分力P_z为

$$P_z=\int_{Az}\gamma h \mathrm{d}A_z$$

由几何关系可知，$\mathrm{d}L\sin\theta$是$\mathrm{d}L$的水平投影长度；$b\mathrm{d}L\sin\theta$是$\mathrm{d}A$的水平投影面面积$\mathrm{d}A_z$；$h\mathrm{d}A_z$是以$\mathrm{d}A_z$为底、以h为高的长方形体积；由这种长方形体积所组成的总体积ABC（宽度为b），称为压力体，以符号V表示。压力体的周界是：①曲面本身；②液体自由表面或其延续面；③由曲面的周界引至与液体自由表面或其延续面相交的铅直面。从而上式可写为

$$P_z=\gamma V \tag{2-25}$$

因此，作用在曲面壁上的静水总压力P的铅直分力P_z，等于压力体中的液体重量，并铅直地通过压力体的重心而指向该曲面。

求出P_x和P_z以后，可由下式求其合力P：

$$P=\sqrt{P_x^2+P_z^2} \tag{2-26}$$

P的作用线必通过P_x与P_z的交点而与水平线成α角。

$$\alpha=\mathrm{arctg}\frac{P_z}{P_x} \tag{2-27}$$

运用式（2-24）～式（2-27），即可确定曲面壁所受静水总压力的大小、方向和作用点。这一结论不仅适用于图2-17所示的典型情况，而且可在数学上和物理概念上推广到其他边界条件的二向或三向曲面，但要按上述典型情况分析压力体的周界和P_z的方向。

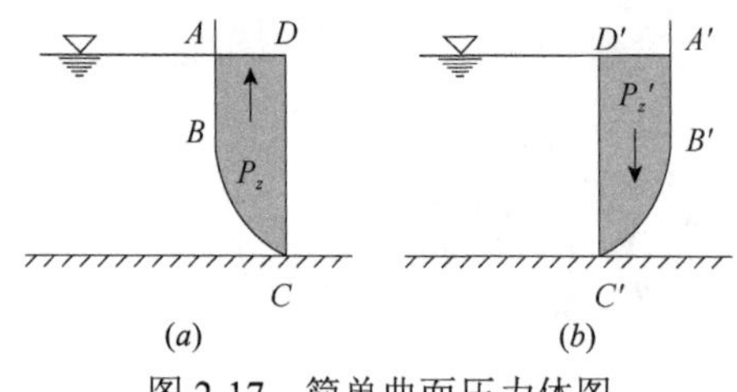

图2-17　简单曲面压力体图

压力体只是作为计算曲面上垂直压力的一个数值当量，它不一定是由实际水体所构成的。在这个问题上，应注意分清两种情况：一种是压力体与受压面不在同一侧，称为虚压力体，如图2-17（a）所示，这时铅直分力P_z的方向朝上；另一种情况是压力体与受压面位于同一侧，称为实压力体，如图2-17（b），这时铅直分力P_z的方向朝下。

对于凹凸相间的复杂曲面，则按上述两种情况进行分段处理。

例如，位于倾斜壁面上的圆柱体（图2-18），其受压面为$ABCD$柱形曲面，应将它分为AB、BC、CD三段。AB段的压力体ABF是实压力体，铅直分力的方向朝下。BC段的压力体$ACBF$和CD段的压力体$ACDE$都是虚压力体，铅直分力的方向朝上。这三段曲面的三个压力体相互抵消的结果，是虚压力体$ABCDE$，故该圆柱体所受静水总压力的铅直分力P_z的大小，等于该虚压力体中的水重，方向朝上，并通过压力体的重心。

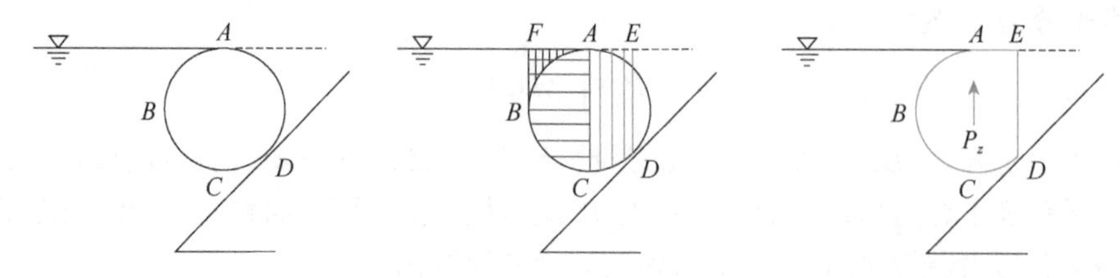

图2-18　复杂曲线压力体图

例 2-9　有一弧形闸（例图 2-8），半径 $R=10\text{m}$，门宽（垂直于纸面）$b=8\text{m}$，$\alpha=30°$，闸门轴心 O 距水面 4m，试求该闸门所受静水总压力。

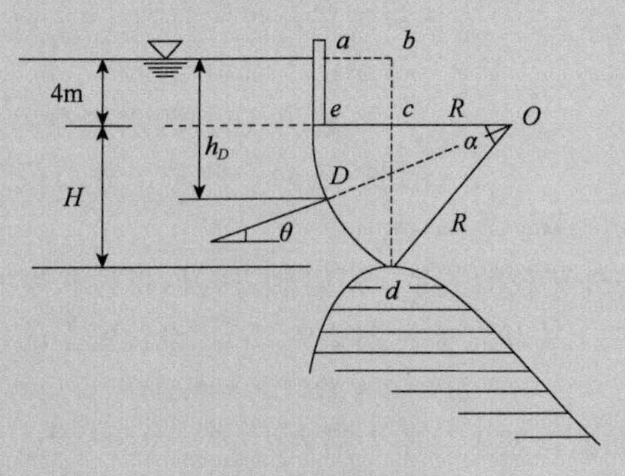

例图 2-8　弧形闸

解　（1）静水总压力的水平分力

$$P_x=\gamma h_c A_x=\gamma\left(4+\frac{H}{2}\right)\cdot(bH)$$

其中，$H=R\sin\alpha=10\times0.5=5\text{m}$。

代入上式可得

$$P_x=\gamma\left(4+\frac{H}{2}\right)\cdot(bH)=98\times\left(4+\frac{5}{2}\right)\times(5\times8)=25480\text{kN}$$

（2）静水总压力的铅直分力

$$P_z=\gamma V=\gamma A_{abcde}\cdot b$$

$$A_{abcde}=A_{abcd}+A_{cde}$$

$$A_{cde}=\text{扇形面积 } Ode-\text{三角形面积 } Ocd$$

$$=\pi R^2\frac{\alpha}{360}-\frac{1}{2}R\sin30°\cdot R\cos30°$$

$$=3.14\times10^2\times\frac{30}{360}-\frac{1}{2}\times10\times0.5\times10\times0.866=4.52\text{m}^2$$

$$A_{abcd}=4\times\overline{ce}=4\times(R-R\cos30°)=5.36\text{m}^2$$

$$A_{abcde}=A_{abcd}+A_{cde}=5.36+4.52=9.88\text{ m}^2$$

$$P_z=\gamma A_{abcde}\cdot b=9.8\times9.88\times8=7745.92\text{kN}$$

（3）静水总压力

$$P=\sqrt{P_x^2+P_z^2}=\sqrt{25480^2+7745.92^2}=26631.37\text{kN}$$

（4）合力作用线与水平方向的夹角

$$\theta=\text{arctg}\frac{P_z}{P_x}=\text{arctg}\frac{7745.92}{25480}=16.91°$$

合力 P 与闸门的交点 D 到水面的距离为

$$h_D=4+R\sin\theta=4+10\times\sin16.91°=6.91\text{m}$$

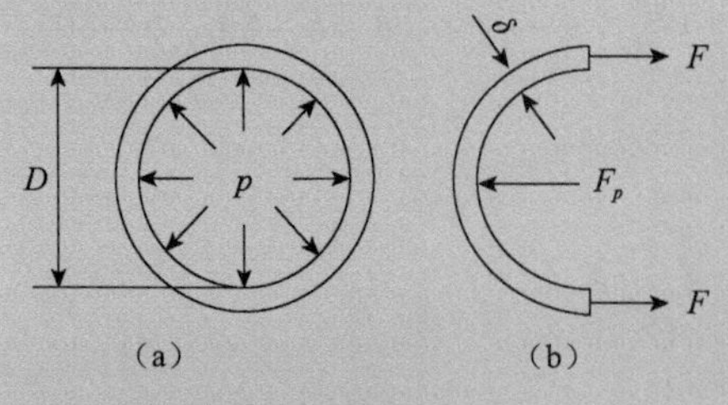

例图 2-9 薄壁金属压力管

例 2-10 有一薄壁金属压力管，管中受均匀水压力，其压强为 p（如例图 2-9 所示），管内径为 D，当管壁允许拉应力为［σ］时，求管壁厚 δ 为多少（不考虑由于管道自重和水重而产生的应力）？

解 （1）因水管在内水压力作用下，管壁将受到拉应力，此时，外荷载为水管内壁（曲面）上的水压力。

为了分析水管内力与外荷载的关系，沿管轴方向取单位长度的管段，从直径方向剖开，在该剖面上管壁所受总内力为 $2F$，如例图 2-9（b），设管壁上的拉应力为σ，则：

$$2F=2\times\delta\times1\times\sigma=2\delta\sigma$$

（2）令 F_p 为作用在曲面内壁上总压力沿内力 F 方向的分力，由曲面总压力水平分力计算公式得

$$F_p=p_cA_x=p\times D\times1=pD$$

（3）因外荷载与总内应力相等，则：

$$2\delta\sigma=pD$$

（4）若令管壁所受拉应力恰好等于其允许拉应力［σ］，则所需要的管壁厚度为

$$\delta=\frac{pD}{2[\sigma]}$$

附　本章例题详解

本章所有的例题详解，请扫描下方二维码查看。例题的 Excel 计算过程与结果，请阅读附录二并下载 Excel 表格的压缩文件，解压后查看并运行。

第三章　水动力学基础

教学内容

液体运动要素的概念；水流运动的分类和基本概念；总流连续性方程；元流与总流能量方程及其应用；总流动量方程及其应用。

教学要求

掌握流线、微小流束、总流、流量、断面平均流速等重要的基本概念；了解各种流动（如恒定流与非恒定流、均匀流与非均匀流）的基本特征及相互联系；熟练掌握一维水流的连续性方程、能量方程、动量方程并能应用解决实际工程问题。理解测压管水头线、总水头线、水力坡度的概念，以及测压管水头、流速水头、总水头三者间的关系。

教学建议

连续性方程、能量方程、动量方程是对一维水流问题分析、计算的基础，是本章重点；应反复说明、强调三大方程应用的方法、适用条件与范围，并应强调指出，脱离下一章水头损失分析与计算的内容，能量方程不能解决实际水流问题；动量方程应讲清楚方程的矢量性和影响水体动量变化的作用力，应用时注意控制体的选定与矢量投影关系。

实验要求

通过能量方程实验，在测试水流运动过程中，观察测压管水头、流速水头与总水头的变化。观测流动与边界条件变化的对应关系，绘制测压管水头线与总水头线。通过动量方程实验，率定动量修正系数。

流动性是液体最基本的特征。在自然界和实际工程中，液体通常处于运动状态。本章的任务是从欧拉法描述液体运动的基本观点出发，建立液体运动所遵循的三个基本方程：根据质量守恒原理导出的连续性方程，根据能量守恒原理导出的能量方程，根据动量守恒定理导出的动量方程，为后续各章分析各类水力计算，如管道、明渠流、堰、闸、涵洞等，奠定理论基础。

表征液体运动的物理量，如流速、流量、压强、切应力等，统称为液体的运动要素。液体运动的三个基本方程所描述的就是这些运动要素随时间和空间变化的规律。

实际液体都具有黏滞性，为了使问题简化，本章中的讨论先以忽略黏滞性的理想液体模型作为研究对象，在建立了理想液体各运动要素间的关系式之后，再讨论修正，使其适用于解决实际液体的流动问题。对于理想液体，切应力处处为零，表面力只有与作用面正交的动水压力。

一般来说，流动是在三维空间范围内进行的，按三维水流运动进行分析，往往不易研究，难度较大。但在常见的工程问题中，液体的运动往往可简化为沿一个主要方向流动，如管道中的水流，将管道中水流的运动简化为一维流动。河道、渠道中的水流，除了沿主流运动外，水面高程也会不断发生变化，我们可以对河流的研究划分为若干时段，在某一时段范围内，水面高程的变化很小，仍然可看作是沿主流运动的一维流动。

沿主流方向研究液体运动要素变化规律的方法，称为一维流动分析法。本章着重讨论一维流动中的三个基本方程。在推导这些基本方程之前，下面先介绍有关液体运动的一些基本概念。

第一节 液体运动的基本概念

一、拉格朗日法和欧拉法

液体是一种连续介质，描述液体运动的方法有拉格朗日（Lagrange）法和欧拉（Euler）法两种。

（一）拉格朗日法

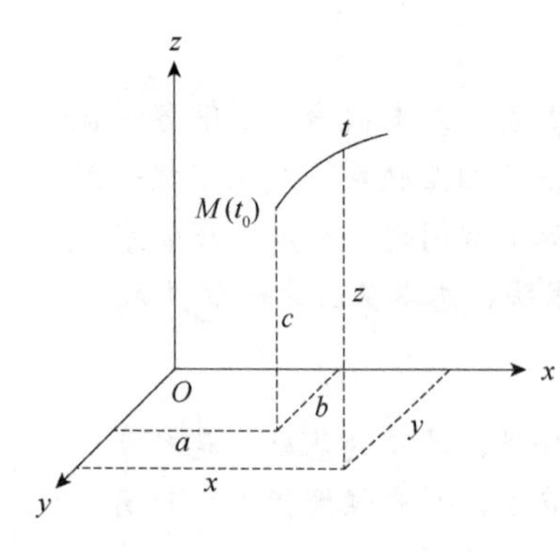

图 3-1 液体质点运动的拉格朗日法示意图

拉格朗日法以研究单个液体质点的运动过程作为基础，综合所有质点的运动，构成整个液体的运动，这和固体力学描述质点系运动的方法是一致的。

在直角坐标系中（图 3-1），单个液体质点所处的位置（x、y、z），一方面随时间 t 变化，同时与该质点在初始时刻的位置（a、b、c）有关，即

$$\left.\begin{aligned} x&=x\,(a,\ b,\ c,\ t)\\ y&=y\,(a,\ b,\ c,\ t)\\ z&=z\,(a,\ b,\ c,\ t)\end{aligned}\right\} \tag{3-1}$$

对于确定的质点，a、b、c 是给定常数，故质点运动的速度和加速度可分别表示为

$$\left.\begin{aligned} &u_x=\frac{\partial x}{\partial t},\ u_y=\frac{\partial y}{\partial t},\ u_z=\frac{\partial z}{\partial t}\\ &a_x=\frac{\partial^2 x}{\partial t^2},\ a_y=\frac{\partial^2 y}{\partial t^2},\ a_z=\frac{\partial^2 z}{\partial t^2}\end{aligned}\right\} \tag{3-2}$$

拉格朗日法是跟踪液体的具体质点，分析其运动状况，其物理概念简明。但实际液体是由无数液体质点组成的，对所有液体质点进行数学处理是比较复杂的，甚至是不可能的。

（二）欧拉法

工程上往往只关心某些固定空间位置上的液体运动状况，故水力学中主要采用流动空间场（流场）运动状况的描述方法，即欧拉法。

欧拉法以研究流场中各个空间点上运动要素的变化情况作为基础，综合所有空间点的情况，构成整个液体的运动。至于在某一瞬间通过各空间点的液体质点由何处来、向何处去，则不去探究。

在欧拉法中，空间点的运动要素既随空间位置（x、y、z）而异，也随时间 t 变化，如对流速和压强而言，有

$$\left.\begin{aligned} u_x&=u_x\,(x,\ y,\ z,\ t)\\ u_y&=u_y\,(x,\ y,\ z,\ t)\\ u_z&=u_z\,(x,\ y,\ z,\ t)\\ p&=p\,(x,\ y,\ z,\ t)\end{aligned}\right\} \tag{3-3}$$

采用欧拉法描述液体运动时的加速度，由于流速本身是多元函数，故可表示为

$$\frac{\mathrm{d}u_x}{\mathrm{d}t}=\frac{\partial u_x}{\partial t}+\frac{\partial u_x}{\partial x}\cdot\frac{\mathrm{d}x}{\mathrm{d}t}+\frac{\partial u_x}{\partial y}\cdot\frac{\mathrm{d}y}{\mathrm{d}t}+\frac{\partial u_x}{\partial z}\cdot\frac{\mathrm{d}z}{\mathrm{d}t} \tag{3-4}$$

即

$$\frac{\mathrm{d}u_x}{\mathrm{d}t}=\frac{\partial u_x}{\partial t}+u_x\frac{\partial u_x}{\partial x}+u_y\frac{\partial u_x}{\partial y}+u_z\frac{\partial u_x}{\partial z}$$

同理可得

$$\begin{aligned}\frac{\mathrm{d}u_y}{\mathrm{d}t}&=\frac{\partial u_y}{\partial t}+u_x\frac{\partial u_y}{\partial x}+u_y\frac{\partial u_y}{\partial y}+u_z\frac{\partial u_y}{\partial z}\\ \frac{\mathrm{d}u_z}{\mathrm{d}t}&=\frac{\partial u_z}{\partial t}+u_x\frac{\partial u_z}{\partial x}+u_y\frac{\partial u_z}{\partial y}+u_z\frac{\partial u_z}{\partial z}\end{aligned}\tag{3-5}$$

上式中等号右侧第一项（$\frac{\partial u_x}{\partial t}$，$\frac{\partial u_y}{\partial t}$或$\frac{\partial u_z}{\partial t}$）表示在空间点位置上因时间变化而发生的加速度，称为当地加速度；等号右侧的其他三项之和表示固定时刻因空间位置变化而形成的加速度，称为迁移加速度。

为了对欧拉法加速度表达式中的这两个组成部分有一个更直观的认识，现以水箱中液体出流的例子解释如下。

设图 3-2（a）中的水箱水位是固定不变的，则变直径短管中的 A 点和 B 点都没有当地加速度，但存在迁移加速度；设图 3-2（b）中的水箱水位是逐步下降的，则等直径短管中的 A 点和 B 点都存在当地加速度，但是没有迁移加速度；如果将等直径短管接在水箱水位不变的泄出口上，则管中各点既没有当地加速度，也没有迁移加速度。

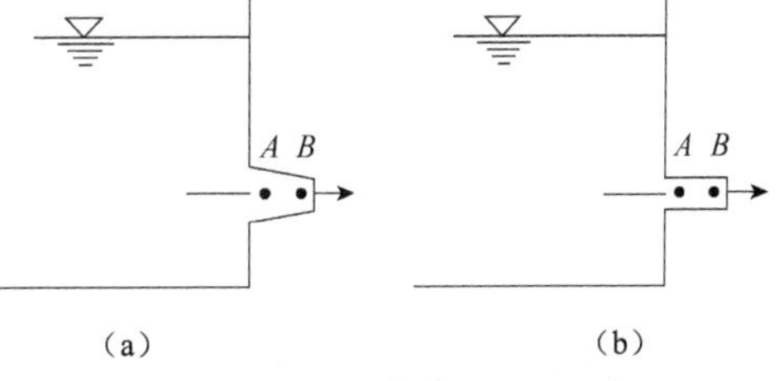

图 3-2　当地加速度和迁移加速度示意图

如果流场中所有空间点上的运动要素值都不随时间变化，如图 3-2（a）中水箱水位固定不变的情况，称为恒定流动。在恒定流动中，各空间点上的当地加速度处处为 0，即

$$\frac{\partial u_x}{\partial t}=\frac{\partial u_y}{\partial t}=\frac{\partial u_z}{\partial t}=0\tag{3-6}$$

反之，当流场中的运动要素值随时间推移而发生变化的流动，则称为非恒定流动。

二、迹线和流线

用拉格朗日法描述液体运动时，单个液体质点的运动轨迹线，称为迹线。

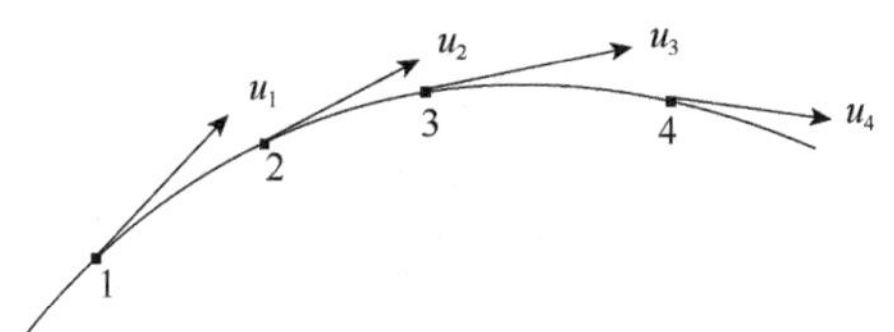

图 3-3　液体运动的流线示意图

用欧拉法描述液体运动时，在某一瞬时的流动空间场中，表示该瞬时各液体质点流动方向的曲线，称为流线。流线上的所有液体质点在该瞬时的流速矢量都和该流线相切（图 3-3）。如果绘出流场中同一瞬时的所有流线，则该瞬时的流动全貌就一目了然了（图 3-4）。

迹线和流线是两个不同的概念。迹线是单个液体质点在某一时段内的流动轨迹线，而流线是一定瞬时由连续的一系列液体质点构成的曲线。在恒定流条件下，即便时间变化，流线的形状也不会随时间变化，流线上的任一液体质点始终沿着该流线的切线方向运动，从而始终离不开这条流线，故恒定流中的流线和迹线是互相重合的。在非恒定流条件下，由于流线的形状因时而异，液体质点在某瞬时的流线运动，在另一瞬时又沿着形状变化了的另一瞬时的流线运动，故非恒定流中的流线和迹线往往是形状不同的。

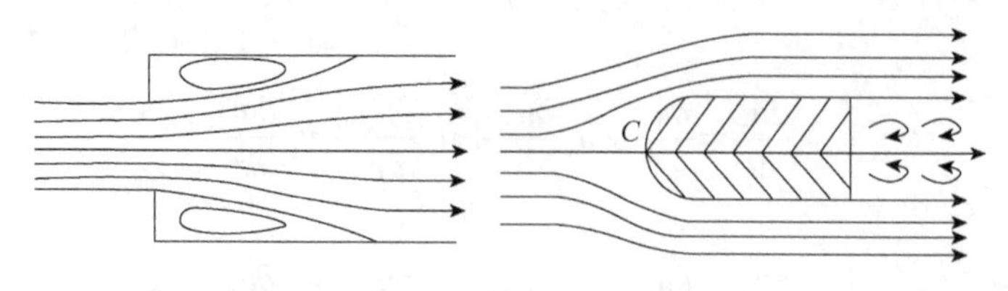

图 3-4 流场实际流线图

流经流场中任一空间点的液体质点在给定的瞬时，必定有一个确定流线的切线方向，故流线必定是平滑曲线，不可能有折转点，不同流线也不可能相交（在流速为 0 的停滞点是例外情况，流线在停滞点转折，如图 3-4 中绕物体正前方的 C 点）。

三、元流和总流

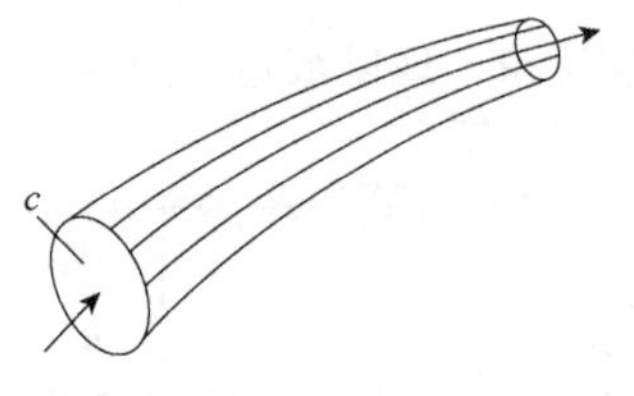

图 3-5 流管示意图

在流场中任取一封闭曲线 C，通过此封闭曲线上的每一点作流线，由这些流线所构成的管状曲面称为流管（图 3-5）。

流管是由一簇流线所围成的，但在流动中的作用好像是真正的管壁，液体沿着流管流动，既不会从流管内部穿越到外部，也不会从流管外部穿越到内部。当封闭曲线 C 所包围的面积无限小时，充满微小流管内的液流称为元流；当封闭曲线 C 所包围的面积具有一定尺寸时，充满流管内的液流称为总流。总流是无数元流的总和。

四、流量和断面平均流速

与流管中所有流线相正交的截面称为过水断面。元流过水断面的面积为无限小，故元流过水断面上各点的运动要素值可认为是相同的。总流过水断面的面积具有一定大小，故总流过水断面上各点的运动要素值一般是不相同的。

单位时间内通过过水断面的液体体积称为流量，以符号 Q 表示，单位 m^3/s 或 L/s。

若元流过水断面面积为 dA，流速为 u，则元流流量为

$$dQ = u dA \tag{3-7}$$

对过水断面面积为 A 的总流，其流量为

$$Q = \int_A dQ = \int_A u dA \tag{3-8}$$

由于总流过水断面上各点的流速 u 一般是不相同的，取其平均值 v 称为总流的断面平均流速（图 3-6）。

$$v = \frac{\int_A u dA}{A} = \frac{Q}{A} \tag{3-9}$$

在今后的定量计算中，断面平均流速是非常有用的，由断面平均流速算得的流量与真实流量是相同的。

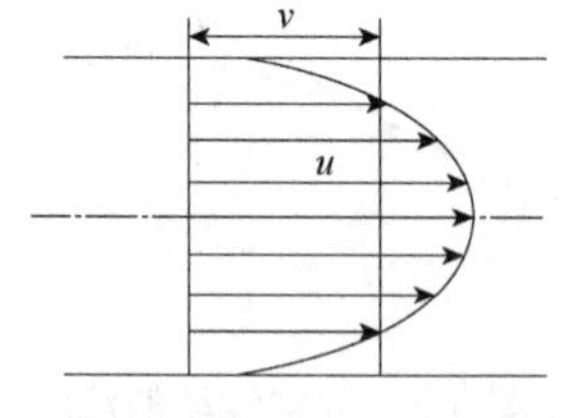

图 3-6 圆管断面平均流速示意图

五、水流分类

1．恒定流与非恒定流 前已指出，在恒定流中，一切运动要素均不随时间变化，只与空间位置有关，故恒定流的求解比非恒定流简易得多。严格地说，自然界和实际工程中的液体流动极少是真正的恒定流，但我们遇到的大多数流动情况，又可以近似地当作恒定流处理。如在

涵管或渠道中的流动，在一般情况下，几乎察觉不到流动场的情况随时间有什么变化，即使对一年中可能有几度洪水和枯水起伏的河流，在不太长的一个观测时段内，也可近似地按恒定流进行分析和计算。本课程的讨论范围，仅限于恒定流。

2．均匀流与非均匀流　如果总流的流线族为彼此平行的直线族，这种流动称为均匀流（图 3-7 中断面 3 和 4 之间的流动），否则称为非均匀流。在非均匀流中，如果总流的流线族近于彼此平行的直线族，这种流动称为渐变流，否则称为急变流（图 3-7 中断面 1 和 2 之间、4 和 5 之间的流动都属于急变流）。

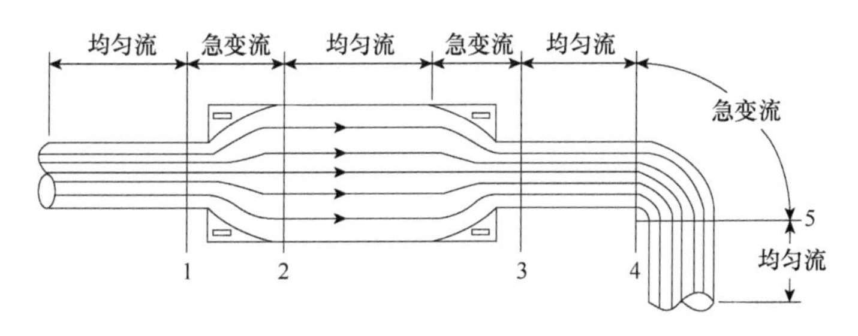

图 3-7　均匀流与非均匀流流线示意图

渐变流是工程上常见的流动情况，它和急变流之间并没有严格的定量界限，但渐变流概念的引入，对一维流动的分析方法起了很重要的作用（详见本章第五节）。

3．有压流与无压流　凡过水断面的部分周线为自由表面的液流称为无压流（或明渠流）。凡过水断面的全部周线均与固体壁面相接触的液流称为有压流（或有压管流）。根据运动要素值是否随时间而改变的情况，无压流与有压流均可能为恒定流或非恒定流。根据过水断面的方向和形状是否沿流程改变的情况，无压流与有压流均可能为均匀流、渐变流或急变流。

第二节　总流连续性方程

在恒定总流中，任意截取两个过水断面 1 和 2，对通过流段 1-2 的液体进行质量守恒分析（图 3-8）。在这段总流中，任意截取一根元流，设该元流上，通过断面 $\mathrm{d}A_1$ 的流速为 u_1，通过断面 $\mathrm{d}A_2$ 的流速为 u_2。

在恒定流条件下，元流的形状及其内含的液体质量，都不会随时间改变，因此在 $\mathrm{d}t$ 时段内，由断面 1 流进流段的液体质量 $\rho u_1\mathrm{d}A_1\mathrm{d}t$ 和由断面 2 流出流段的液体质量 $\rho u_2\mathrm{d}A_2\mathrm{d}t$，必定互等。对于不考虑压缩性的液体，密度 $\rho=\rho_1=\rho_2$，可得

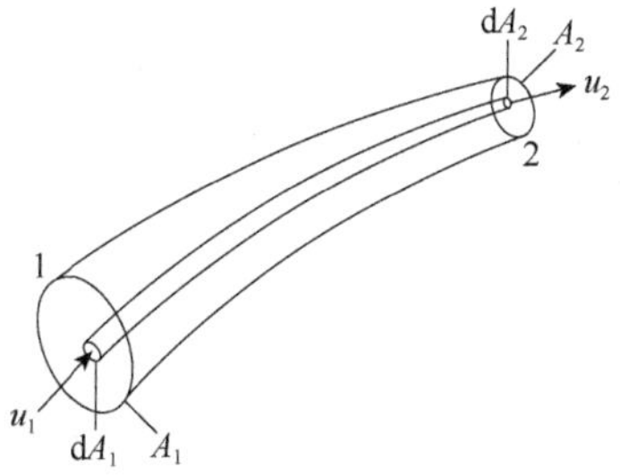

图 3-8　总流连续性方程推导图

$$u_1\mathrm{d}A_1=u_2\mathrm{d}A_2 \tag{3-10}$$

对上式进行积分得

$$\int_{A_1}u_1\mathrm{d}A_1=\int_{A_2}u_2\mathrm{d}A_2$$

由式（3-9），总流的连续性方程可写为

$$v_1A_1=v_2A_2 \tag{3-11}$$

$$Q_1=Q_2 \tag{3-12}$$

式（3-11）和（3-12）都称为总流连续性方程，它表明：总流各过水断面所通过的流量都

是相同的；总流各过水断面上的断面平均流速 v 和断面面积 A 成反比关系，即 A 增大时 v 减小，A 减小时 v 增大，A 不变时 v 不变。

总流连续性方程适用于连续的（内部无孔隙）不可压缩液体作恒定流的情况。由于没有涉及作用于液体上的力，因此，其对理想液体和实际液体都适用。

例 3-1 已知例图 3-1 中输水管各段的直径为 $d_1=2.5\text{cm}$，$d_2=5\text{cm}$，$d_3=10\text{cm}$，求流量 $Q=4\text{L/s}$ 时各管段的断面平均流速。

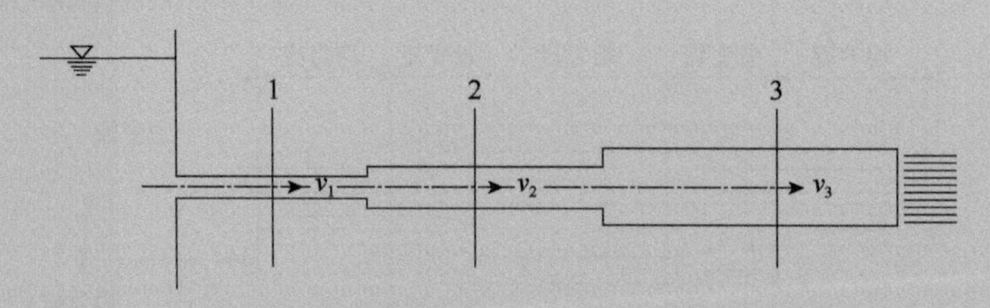

例图 3-1 输水管

解 根据断面平均流速的定义可得

$$v_1=\frac{Q}{A_1}=\frac{4Q}{\pi d_1^2}=\frac{4\times4\times10^{-3}}{\pi\times0.025^2}=8.15\text{m/s}$$

根据连续性方程可得

$$v_2=v_1\left(\frac{A_1}{A_2}\right)=v_1\left(\frac{d_1}{d_2}\right)^2=8.15\times\frac{1}{4}=2.04\text{m/s}$$

$$v_3=v_1\left(\frac{A_1}{A_3}\right)=v_1\left(\frac{d_1}{d_3}\right)^2=8.15\times\frac{1}{16}=0.51\text{m/s}$$

第三节 理想液体的运动微分方程

前面介绍的液流基本概念和总流连续性方程均属于运动学的范畴，没有涉及外力和运动之间的联系，而液体总是在一定的外力推动下才发生运动的。本节以牛顿第二定律为基础，推导理想液体做三维运动时的运动微分方程。

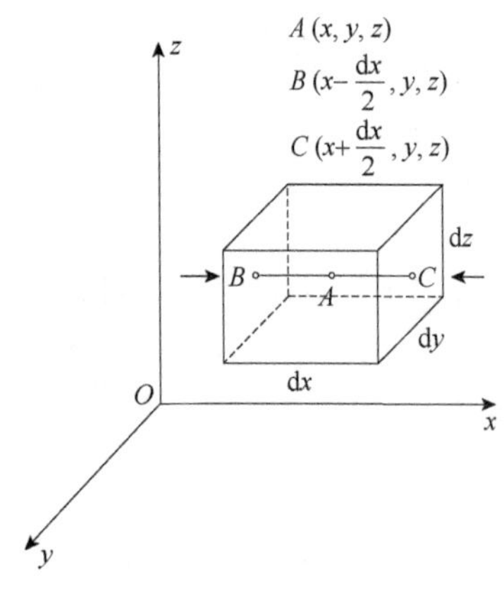

图 3-9 理想液体欧拉运动微分方程推导图

在运动着的理想液体中取出一个以 A 点为中心的微元正六面体，其边长 dx、dy、dz 分别与三个坐标轴相平行（图 3-9）。

微元体的质量为 $\rho\text{d}x\text{d}y\text{d}z$，设微元体所受的单位质量力在三个坐标轴方向的分量为 X，Y，Z，则在 x 方向的全部质量力可表示为 $X\rho\text{d}x\text{d}y\text{d}z$。微元体的六个表面上都作用有表面力，对于不计黏滞性作用的理想液体，表面力只有与作用面正交的动水压力。设 A 点的压强为 p，由于压强是空间坐标的连续函数，故作用在微元体左侧和右侧沿 x 方向的动水压强可按泰勒级数展开，略去高阶无穷小后，分别可表示为

$$p-\frac{1}{2}\frac{\partial p}{\partial x}\mathrm{d}x \text{ 和 } p+\frac{1}{2}\frac{\partial p}{\partial x}\mathrm{d}x$$

在微元体的其他四个表面上，表面力没有沿 x 方向的分量，故微元六面体在 x 方向所受的全部表面力之和为

$$\left(p-\frac{1}{2}\frac{\partial p}{\partial x}\mathrm{d}x\right)\mathrm{d}y\mathrm{d}z-\left(p+\frac{1}{2}\frac{\partial p}{\partial x}\mathrm{d}x\right)\mathrm{d}y\mathrm{d}z=-\frac{\partial p}{\partial x}\mathrm{d}x\mathrm{d}y\mathrm{d}z \tag{3-13}$$

根据牛顿第二定律，物体所受外力的合力等于其质量和加速度的乘积，因此有

$$X\rho\mathrm{d}x\mathrm{d}y\mathrm{d}z-\frac{\partial p}{\partial x}\mathrm{d}x\mathrm{d}y\mathrm{d}z=\rho\mathrm{d}x\mathrm{d}y\mathrm{d}z\cdot\frac{\mathrm{d}u_x}{\mathrm{d}t} \tag{3-14}$$

从而有

$$X-\frac{1}{\rho}\frac{\partial p}{\partial x}=\frac{\mathrm{d}u_x}{\mathrm{d}t} \tag{3-15}$$

同理可得

$$\begin{aligned}Y-\frac{1}{\rho}\frac{\partial p}{\partial y}=\frac{\mathrm{d}u_y}{\mathrm{d}t}\\ Z-\frac{1}{\rho}\frac{\partial p}{\partial z}=\frac{\mathrm{d}u_z}{\mathrm{d}t}\end{aligned} \tag{3-16}$$

综合得

$$\begin{cases}X-\frac{1}{\rho}\frac{\partial p}{\partial x}=\frac{\mathrm{d}u_x}{\mathrm{d}t}\\ Y-\frac{1}{\rho}\frac{\partial p}{\partial y}=\frac{\mathrm{d}u_y}{\mathrm{d}t}\\ Z-\frac{1}{\rho}\frac{\partial p}{\partial z}=\frac{\mathrm{d}u_z}{\mathrm{d}t}\end{cases} \tag{3-17}$$

式（3-17）就是理想液体运动微分方程，也称为欧拉运动微分方程。它建立了液体运动状况与外力之间的关系，表明液体所受的质量力和表面力在某一方面互相不平衡，则液体沿该方向发生加速或减速运动。当液体所受的质量力和表面力在各个方向都互相平衡时，即

$$\frac{\mathrm{d}u_x}{\mathrm{d}t}=\frac{\mathrm{d}u_y}{\mathrm{d}t}=\frac{\mathrm{d}u_z}{\mathrm{d}t}=0 \tag{3-18}$$

式（3-17）就转化为第二章所讲的液体平衡微分方程了。

第四节　理想液体的元流能量方程

一、由伯努利积分推导元流能量方程

为了推导元流能量方程，假定在下述条件下，对式（3-17）进行积分。

（1）恒定流　　由于各空间点的运动要素值均不随时间改变，故

$$\frac{\partial u_x}{\partial t}=\frac{\partial u_y}{\partial t}=\frac{\partial u_z}{\partial t}=0,\ \frac{\partial p}{\partial t}=0$$

$$\mathrm{d}p=\frac{\partial p}{\partial x}\mathrm{d}x+\frac{\partial p}{\partial y}\mathrm{d}y+\frac{\partial p}{\partial z}\mathrm{d}z$$

（2）液体不可压缩　　密度 ρ 为固定常数。

（3）质量力只有重力　即单位质量力的分力为 $X=Y=0$，$Z=-g$。

（4）沿流线对式（3-17）积分　由于恒定流的流线和迹线相重合，故

$$dx=u_x dt,\ dy=u_y dt,\ dz=u_z dt$$

将式（3-17）分别乘以 dx、dy、dz 后相加，可得

$$(X dx+Y dy+Z dz)-\frac{1}{\rho}\left(\frac{\partial p}{\partial x}dx+\frac{\partial p}{\partial y}dy+\frac{\partial p}{\partial z}dz\right)=\frac{du_x}{dt}dx+\frac{du_y}{dt}dy+\frac{du_z}{dt}dz$$

引用上述 4 个条件，并考虑到

$$u_x du_x+u_y du_y+u_z du_z=d\left(\frac{u_x^2+u_y^2+u_z^2}{2}\right)=d\left(\frac{u^2}{2}\right)$$

从而可将上式简化为

$$d\left(-gz-\frac{p}{\rho}\right)=d\left(\frac{u^2}{2}\right)$$

或

$$d\left(gz+\frac{p}{\rho}+\frac{u^2}{2}\right)=0$$

积分后可得

$$\left(gz+\frac{p}{\rho}+\frac{u^2}{2}\right)=C \tag{3-19}$$

或

$$\left(z+\frac{p}{\gamma}+\frac{u^2}{2g}\right)=C \tag{3-20}$$

由于流线是断面无限小的元流极限情况，式（3-20）可看作是理想液体沿流线的伯努利（Bernoulli）积分。式中的每一项都具有能量意义，故习惯上称之为理想液体元流的能量方程。

能量方程是水力学中最重要的基本方程。为了进一步加深对它的能量含义的理解，下面再从动能守恒的角度来推导上式。

二、由动能定理推导元流能量方程

根据动能定理，运动物体在某一时段内的动能增量等于全部外力对此物体所做之功的代数和。

在理想液体中，任意截取一段元流（图 3-10），其起始端过水断面 1 的面积 dA_1 的流速为 u_1，位置高程为 z_1；终端过水断面 2 的面积 dA_2 的流速为 u_2，位置高程为 z_2。

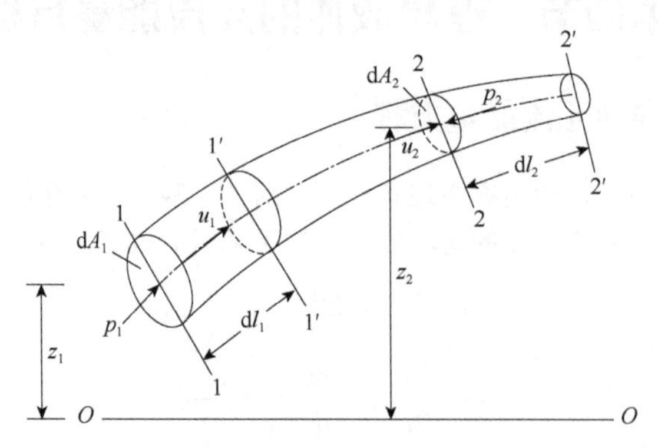

图 3-10　元流能量方程推导图

根据连续性方程有

$$dQ=u_1dA_1=u_2dA_2$$

在恒定流中，元流流管的形状是不随时间改变的，液体在元流流管内相继推进，经过 dt 时段后，原来位于 1-2 段的全部液体移动到 1′-2′段的新位置。其中 1′-2 段中所包含液体的质量和动能在 dt 时段的前后是等值的，因此 1-1′段中所包含的液体质量 m_1，必和 2-2′段中所包含的液体质量 m_2 等值，即

$$m_1=m_2=\rho dQdt$$

但 1-1′中所包含的液体动能却不同于 2-2′段，经过 dt 时段后，整个元流段的动能增量为

$$\frac{1}{2}m_2u_2^2-\frac{1}{2}m_1u_1^2=\rho dQdt\left(\frac{u_2^2}{2}-\frac{u_1^2}{2}\right) \tag{3-21}$$

理想液体元流所受到的外力只有重力和压力，它们在 dt 时段内所做的功分述于下。

1．重力做功　和以上分析动能的方法类似，在 dt 时段内液体由位置 1-2 移动到新位置 1′-2′，重力做功相当于把质量为 m_1 的液体从位置 1-1′移动到 2-2′所做的功，即

$$m_1g(z_1-z_2)=\rho dQdtg(z_1-z_2) \tag{3-22}$$

2．压力做功　元流流段的所有表面上都受到压力的作用。但流管侧壁上所受的压力与流动方向相正交，在液体沿流线推进的过程中不做功，只有流段两端过水断面上的压力做功，其中 p_1dA_1 做的是正功，p_2dA_2 则做的是负功，其代数和为

$$p_1dA_1dl_1-p_2dA_2dl_2=p_1dA_1(u_1dt)-p_2dA_2(u_2dt)=(p_1-p_2)dQdt \tag{3-23}$$

由动能定理和式（3-21）、式（3-22）、式（3-23），可得液流运动的动能守恒关系为

$$\rho dQdt\left(\frac{u_2^2}{2}-\frac{u_1^2}{2}\right)=\rho dQdtg(z_1-z_2)+(p_1-p_2)dQdt$$

将上式各项除以 $\gamma dQdt$，并适当整理，可得

$$z_1+\frac{p_1}{\gamma}+\frac{u_1^2}{2g}=z_2+\frac{p_2}{\gamma}+\frac{u_2^2}{2g} \tag{3-24}$$

由于断面 1 和 2 是任取的，故对元流的所有过水断面，式（3-20）是成立的。

三、元流能量方程的能量意义和几何表示

重力为 mg 的液体，其位能为 mgz，故 $z=\dfrac{mgz}{mg}$ 表示每单位重力液体所具有的位能，简称单位位能。

重力为 mg 的液体，其动能为 $\dfrac{1}{2}mu^2$，故 $\dfrac{u^2}{2g}=\dfrac{\frac{1}{2}mu^2}{mg}$ 表示每单位重力液体所具有的动能，简称单位动能。

$\dfrac{p}{\gamma}$ 在上述能量方程中的地位是和 z、$\dfrac{1}{2}mu^2$ 相并列的，可理解为每单位重力液体以压强形式保持的一种能量，简称单位压能。

$H_p=z+\dfrac{p}{\gamma}$ 称为单位势能，$H=z+\dfrac{p}{\gamma}+\dfrac{u^2}{2g}$ 称为单位总机械能。

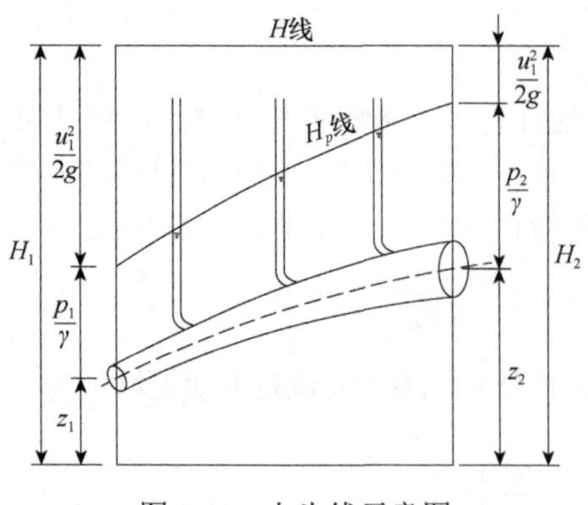

图 3-11　水头线示意图

理想液体元流能量方程式（3-20）或式（3-24）表明：液体机械能有三种存在形式，即位能、压能和动能，这三种形式的机械能运动过程中可以互相转化，但其总和是守恒的。

能量方程式（3-20）或式（3-24）中的每一项都具有长度的因次，故可直观地用一段几何长度来表示。各段几何长度的名称规定如下：z 为位置水头，$u^2/2g$ 为流速水头，p/γ 为压强水头，H_p 为测管水头，H 为总水头。三种形式水头在流动过程中可以互相转化，但总水头沿流程守恒。用以表示液流三种水头沿流程变化情况的图形称为水头线图（图 3-11）。

由图 3-11 可见，理想液体元流的总水头线 H 线必为水平线。测管水头 H_p 线沿流程可升可降，由于 $H_p=H-\frac{u^2}{2g}$，故断面减小、流速增大段的 H_p 线向下倾斜，断面增大、流速减小段的 H_p 线向上倾斜，等流速段的 H_p 线则和 H 线相平行。水头线图可以形象而全面地描绘三种机械能沿流程的互为消长情况，因而很有实用价值。

四、毕托管

毕托（Pitot）管是根据元流能量方程设计的一种测量液体点流速的仪器。其装置如图 3-12 所示。

设图 3-12（a）中 A 点的流速为 u，用测压管中的液柱高度 p_A/γ 可算得该点的压强 p_A。现在 A 点前方插入一个开口正对着来流方向的 90°弯管，称为测速管，液流在测速管的管口 B 点受阻，该点的流速为 0。测速管中液柱上升的高度代表 B 点的压强水头 p_B/γ。应用元流能量方程于 A 和 B 点得

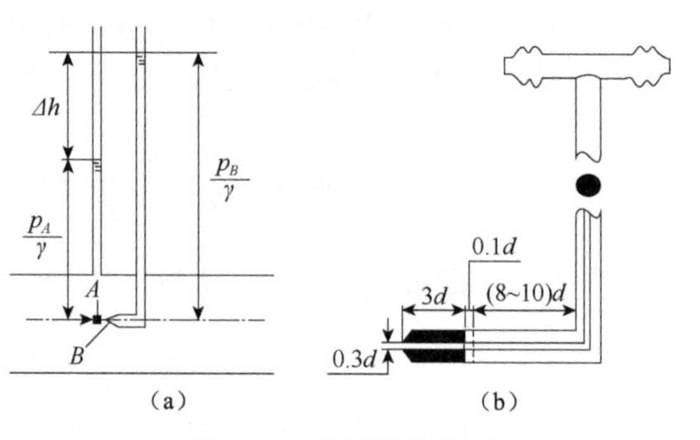

图 3-12　毕托管装置图

$$\frac{u^2}{2g}+\frac{p_A}{\gamma}=0+\frac{p_B}{\gamma}$$

$$u=\sqrt{2g\frac{p_B-p_A}{\gamma}}$$

或

$$u=\sqrt{2g\Delta h} \tag{3-25}$$

由此可见，量测测速管和测压管中的液面高程差 Δh，就可利用式（3-25）方便地算得 A 点的流速 u。

将测速管和测压管组合在一起而形成的测速仪器，如图 3-12（b）所示，称为毕托管。由于毕托管构造上的差别，实际应用理论公式（3-25）时，应考虑适当的仪器校正系数 C（C 值需预先率定，其值通常在 0.99～1.01 之间），即

$$u=C\sqrt{2g\Delta h} \tag{3-26}$$

例 3-2　利用毕托管原理测量输水管中的流量（例图 3-2），已知输水管直径 d 为 200mm，测得水银压差计读数 h_p 为 60mm，若此时断面平均流速 $v=0.84u_A$，式中 u_A 是毕托管前管轴上未受扰动之水流的 A 点的流速。问输水管中的流量 Q 多大？

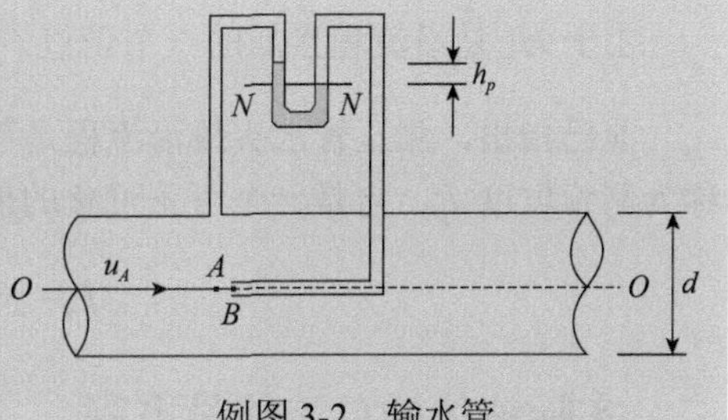

例图 3-2　输水管

解　以管轴线 $O\text{-}O$ 为基准面，列 $A\rightarrow B$ 的元流能量方程得

$$0+\frac{p_A}{\gamma}+\frac{u_A^2}{2g}=0+\frac{p_B}{\gamma}+0+0$$

$$\Rightarrow\frac{u_A^2}{2g}=\frac{p_B-p_A}{\gamma} \tag{例 3-1}$$

设 $N\text{-}N$ 面到 $O\text{-}O$ 面的距离为 h_n，列水银压差计的等压面 $N\text{-}N$ 方程：

$$p_A-\gamma(h_n+h_p)+\gamma' h_p=p_B-\gamma h_p$$

整理得

$$\frac{p_B-p_A}{\gamma}=\frac{\gamma'-\gamma}{\gamma}h_p \tag{例 3-2}$$

将式（例 3-2）代入式（例 3-1）得

$$\frac{u_A^2}{2g}=\frac{\gamma'-\gamma}{\gamma}h_p=\frac{133.3-9.8}{9.8}h_p=12.6h_p$$

$$\Rightarrow u_A=\sqrt{2g\times 12.6h_p}=\sqrt{2\times 9.8\times 12.6\times 0.06}=3.85\,\mathrm{m/s}$$

输水管中的流量为

$$Q=vA=0.84u_A\times\frac{1}{4}\pi d^2=0.84\times 3.85\times\frac{1}{4}\times 3.14\times 0.2^2=0.102\,\mathrm{m^3/s}$$

第五节　实际液体的总流能量方程

一、实际液体的元流能量方程

实际液体都具有黏滞性，由于质点之间及液体与边壁之间的相互作用，在流动过程中，液体的部分机械能将转化为热能而散失，单位重力液体从断面 1 流至断面 2（图 3-10）所损失的机械能 H'_w 称为水头损失。考虑水头损失的实际，液体元流能量方程可写为

$$z_1+\frac{p_1}{\gamma}+\frac{u_1^2}{2g}=z_2+\frac{p_2}{\gamma}+\frac{u_2^2}{2g}+H'_w \tag{3-27}$$

实际液体在流动过程中，其总机械能是沿流程逐渐减少的，因此，总水头线不再是水平线。每单位长度流程内的水头损失（也就是总水头线的坡度）称为水力坡度 J，即

$$J=\frac{\mathrm{d}H'_w}{\mathrm{d}l}=-\frac{\mathrm{d}H}{\mathrm{d}l} \tag{3-28}$$

由于 H'_w 是沿流程累加的一个正值，故水力坡度 J 也总是正值，$\frac{dH}{dl}$ 则必定是负值。

前已指出，测压管水头线沿流程是可升可降的，每单位长度流程内测管水头 H_p 的减小值，称为测管坡度 J_p，它是一个可正可负的值。

$$J_p=-\frac{dH_p}{dl}=-\frac{d}{dl}\left(z+\frac{p}{\gamma}\right) \tag{3-29}$$

二、实际液体的总流能量方程

单位时间内通过元流的液体重力为 γdQ，故单位时间内元流 1、2 两断面间（图 3-10）的能量关系可写为

$$\left(z_1+\frac{p_1}{\gamma}+\frac{u_1^2}{2g}\right)\gamma dQ=\left(z_2+\frac{p_2}{\gamma}+\frac{u_2^2}{2g}\right)\gamma dQ+H'_w\gamma dQ$$

将 $dQ=u_1dA_1=u_2dA_2$ 代入上式，并对整个总流断面进行积分得

$$\int_{A_1}\left(z_1+\frac{p_1}{\gamma}+\frac{u_1^2}{2g}\right)\gamma u_1dA_1=\int_{A_2}\left(z_2+\frac{p_2}{\gamma}+\frac{u_2^2}{2g}\right)\gamma u_2dA_2+\int_Q H'_w\gamma dQ$$

上式可改写为

$$\int_{A_1}\left(z_1+\frac{p_1}{\gamma}\right)u_1dA_1+\int_{A_1}\frac{u_1^3}{2g}dA_1=\int_{A_2}\left(z_2+\frac{p_2}{\gamma}\right)u_2dA_2+\int_{A_2}\frac{u_2^3}{2g}dA_2+\int_Q H'_w\gamma dQ \tag{3-30}$$

由于通常不知道 p、u 等运动要素在过水断面上的具体分布，无法用数学因数表达并进行积分，因此对式（3-30）中的三种类型积分式分别做如下处理。

（一）关于 $z+\frac{p}{\gamma}$ 的积分

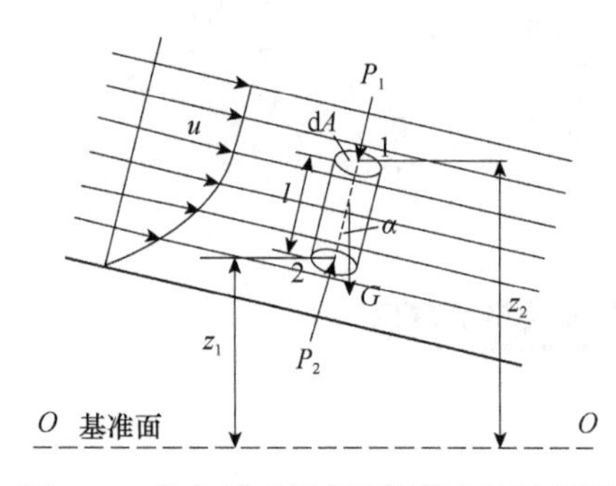

图 3-13 均匀流或渐变流测管水头计算图

为了讨论总流过水断面上测管水头 $z+\frac{p}{\gamma}$ 的分布规律，现从总流中截取一个符合均匀流或渐变流条件的过水断面，并在断面上任取相距为 l 的 1、2 两点，以该两点的连线为轴线作一个截面积为 dA 的小圆柱体，如图 3-13 所示。

由于穿过均匀流或渐变流断面的流线簇完全或基本上是平行直线簇，故过水断面可认为是平面，并且沿过水断面这个平面上没有流速分量或加速度分量。因此，小圆柱体在轴向所受的外力，即压力和重力必定互相平衡。

小圆柱体两端所受的压力分别为 $P=p_1A_1$ 和 $P=p_2A_2$，小圆柱体自重为 $G=\gamma l dA$，小圆柱体侧表面上所受的压力无沿小圆柱体轴向的分量，由此可得轴向外力平衡关系式为

$$p_1dA+\gamma l\cos\alpha dA=p_2dA$$

由几何关系可知：$l\cos\alpha=z_1-z_2$，故

$$z_1+\frac{p_1}{\gamma}=z_2+\frac{p_2}{\gamma}$$

或

$$z+\frac{p}{\gamma}=C \tag{3-31}$$

由此可见，在均匀流或渐变流中，同一个过水断面上各点的测压管水头相同，即各点动水压强的分布与静水压强分布规律相同。

在图 3-14 中，断面 1-1 为均匀流断面，各点接出的测压管中的液面高程（即测管水头 $H_p=z+\dfrac{p}{\gamma}$）相同；断面 2-2 为急变流断面，由于沿断面存在离心惯性力，各点接出的测压管中的液面高程不相同。

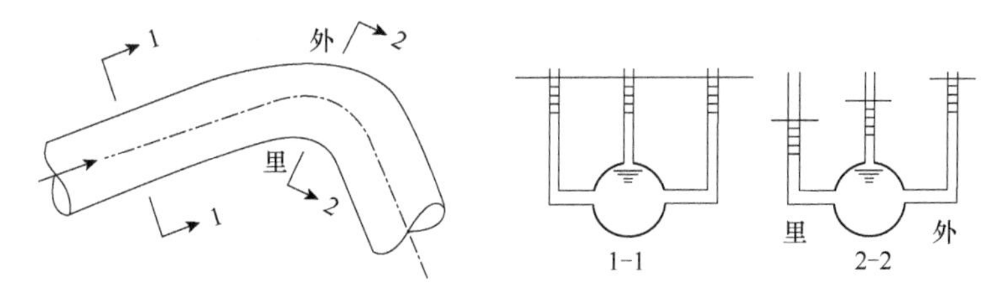

图 3-14　均匀流与非均匀流测管水头比较

在应用能量方程于总流时，我们限定所选取的计算过水断面 1 和 2 都符合均匀流或渐变流条件，这样一来，同一个计算断面上的 $z+\dfrac{p}{\gamma}$ 值是固定常数，可从积分号中提出，从而完成这一类型积分式的积分

$$\int_A\left(z+\frac{p}{\gamma}\right)u\mathrm{d}A=\left(z+\frac{p}{\gamma}\right)\int_A u\mathrm{d}A=\left(z+\frac{p}{\gamma}\right)Q$$

（二）关于 $\int_A u^3\mathrm{d}A$ 的积分

设总流过水断面上各点的流速 u 与断面平均流速 v 的差值 $\Delta u=\pm(u-v)$（Δu 有正有负），则

$$\begin{aligned}\int_A u^3\mathrm{d}A&=\int_A(v+\Delta u)^3\mathrm{d}A=\int_A[v^3+3v^2(\Delta u)+3v(\Delta u)^2+(\Delta u)^3]\mathrm{d}A\\&=v^3A+3v^2\int_A\Delta u\mathrm{d}A+3v\int_A(\Delta u)^2\mathrm{d}A+\int_A(\Delta u)^3\mathrm{d}A\end{aligned}$$

根据平均值的数学性质，$\int_A\Delta u\mathrm{d}A=0$，并忽略不计 $(\Delta u)^3$ 的积分项，则上式可改写为

$$\int_A u^3\mathrm{d}A=v^3A+3v\int_A(\Delta u)^2\mathrm{d}A=\alpha v^3A \tag{3-32}$$

由于 $\int_A(\Delta u)^2\mathrm{d}A$ 总是正值，故 $\alpha\geqslant1$，称为动能修正系数。过水断面上的点流速完全均匀分布时，流速 u 处处等于 v，故 $\Delta u=0$，$\alpha=1$；流速 u 在断面上的分布越不均匀，$\int_A(\Delta u)^2\mathrm{d}A$ 项就越大，α 值也越大于 1。在管道和明渠的直段流动中，一般 $\alpha=1.05\sim1.10$，故在一般的计算中，也可近似取 $\alpha=1.0$。

（三）关于 $\int_Q H_w'\mathrm{d}Q$ 的积分

H_w' 为元流的水头损失，设其在总流上的平均值用 H_w 表示，则

$$\int_Q H_w'\mathrm{d}Q=H_wQ \tag{3-33}$$

以上讨论了三种类型积分式的积分方法，现汇总代入式（3-27），可得

$$z_1+\frac{p_1}{\gamma}+\frac{\alpha_1 v_1^2}{2g}=z_2+\frac{p_2}{\gamma}+\frac{\alpha_2 v_2^2}{2g}+H_w \tag{3-34}$$

这就是实际液体总流的能量方程。

总流能量方程中每一项的能量意义类似于元流能量方程中的对应项。$z+\frac{p}{\gamma}$表示过水断面上单位重力液体具有的势能，$\frac{\alpha v^2}{2g}$表示过水断面上单位重力液体具有的平均动能，H_w表示在1、2两过水断面之间单位重力液体的平均水头损失。

对于有压管流，一般可取断面中心点作为过水断面上的代表点计算z和$\frac{p}{\gamma}$值；对于具有自由表面的无压流，一般可取自由表面上的点作为过水断面上的代表点计算z和$\frac{p}{\gamma}$值。只要过水断面符合均匀流或渐变流的条件，代表点是可以任取的。

三、总流能量方程的应用条件

液体在流动过程中，总伴随产生能量形式的转化和机械能的损失，因此总流能量方程式（3-34）是水力学中应用最广泛的基本方程。从推导该式的过程可以看出，它的适用条件如下。

1）恒定流。

2）液体不可压缩。

3）作用在液体上的质量力只有重力。

4）所选取的两个计算过水断面，必须符合均匀流或渐变流的条件（两个计算断面之间允许存在急变流）。

5）两个计算断面之间没有机械能的输入或输出。如果两个计算断面之间装有水泵或水轮机等水力机械时，能量方程应改写为如下更一般的形式，即

$$z_1+\frac{p_1}{\gamma}+\frac{\alpha_1 v_1^2}{2g}\pm\Delta H=z_2+\frac{p_2}{\gamma}+\frac{\alpha_2 v_2^2}{2g}+H_w \tag{3-35}$$

式中，ΔH为水力机械与单位重力液流交换的机械能。对于机械能输入（如水泵），ΔH取正值；对于机械能输出（如水轮机），ΔH取负值。

6）两个计算断面之间没有流量的汇入或分出。如果总流在两个计算断面之间有汊道，如图3-15所示。

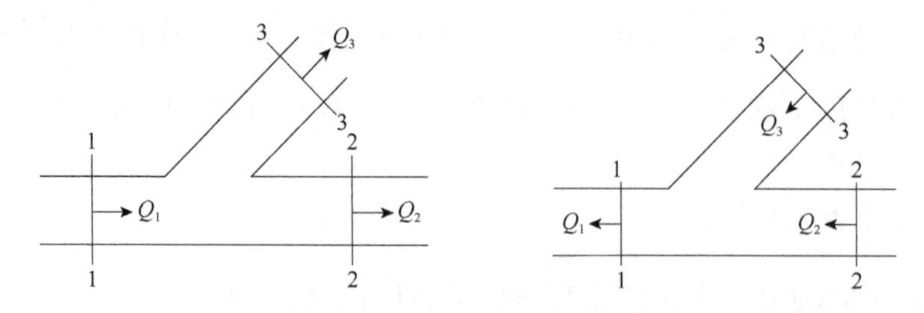

图3-15　流量分出或汇入示意图

则应分别列写能量方程为

$$\left.\begin{aligned}z_1+\frac{p_1}{\gamma}+\frac{\alpha_1 v_1^2}{2g}=z_2+\frac{p_2}{\gamma}+\frac{\alpha_2 v_2^2}{2g}+H_{w1\text{-}2}\\z_1+\frac{p_1}{\gamma}+\frac{\alpha_1 v_1^2}{2g}=z_3+\frac{p_3}{\gamma}+\frac{\alpha_3 v_3^2}{2g}+H_{w1\text{-}3}\end{aligned}\right\}\tag{3-36}$$

连续性方程应为

$$Q_1=Q_2+Q_3\tag{3-37}$$

式（3-36）中的 $H_{w1\text{-}2}$ 表示流向断面 2 的单位重力液体在 1-2 流段内产生的水头损失，$H_{w1\text{-}3}$ 表示流向断面 3 的单位重力液体在 1-3 流段内产生的水头损失。

例 3-3　一虹吸管从高位水池越过堤岸向池外泄水（例图 3-3），管道直径 $d=50\text{mm}$，不计沿程的水头损失，求虹吸管的流量 Q 和 1、2、3、4 各点的单位位能、压能、动能和总机械能。

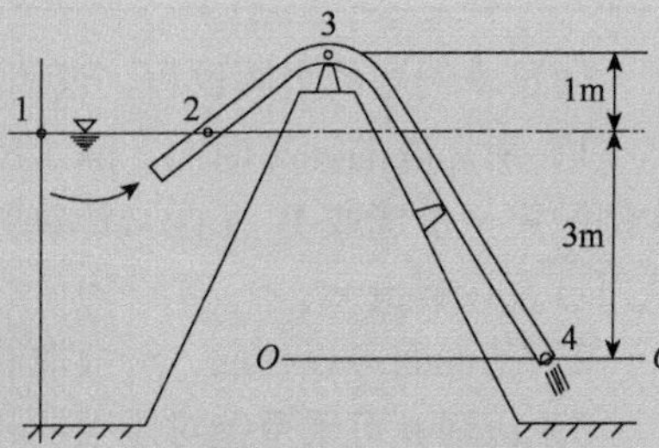

例图 3-3　高位水池

解（1）选择基准面 $O\text{-}O$（例图 3-3）。

（2）过 1、2、3、4 各点做过水断面 1-1、2-2、3-3、4-4。

（3）选择代表点，即图中 1、2、3、4 各点。

（4）取通过水池水面 1 点的垂直断面的流量和虹吸管的出口断面 4 作为计算断面，写能量方程为

$$z_1+\frac{p_1}{\gamma}+\frac{\alpha_1 v_1^2}{2g}=z_4+\frac{p_4}{\gamma}+\frac{\alpha_4 v_4^2}{2g}+H_{w1\text{-}4}$$

以通过虹吸管出口的水平面作为计算高程的基准面，则 $z_4=0$，$z_1=3\text{m}$，设 $\alpha_1=\alpha_4\approx1.0$；由于水池断面比管口断面大得多，可认为 $v_1\approx0$；且 $p_1=p_4=0$（相对压强）。将以上各值代入上述能量方程，可得

$$3+0+0=0+0+\frac{v_4^2}{2g}$$

$$v_4=\sqrt{2g\times3}=\sqrt{19.6\times3}=7.67\,\text{m/s}$$

$$Q=v_4A_4=v_4\cdot\frac{\pi d^2}{4}=7.67\times\frac{\pi\cdot0.05^2}{4}=0.015\,\text{m}^3/\text{s}$$

（5）连续性方程为

$$v_2=v_3=v_4\Rightarrow\frac{v_2^2}{2g}=\frac{v_3^2}{2g}=\frac{v_4^2}{2g}$$

（6）对断面 3-3 和 4-4 的代表点写能量方程为

$$z_3+\frac{p_3}{\gamma}+\frac{v_3^2}{2g}=0+0+\frac{v_4^2}{2g}$$

$$\frac{p_3}{\gamma}=-z_3=-4\text{m}$$

用同样的方法可得

$$\frac{p_2}{\gamma}=-z_2=-3\text{m}$$

现将各断面的单位能量分配依次列表，见例表 3-1。

例表 3-1 各断面的单位能量分配 （单位：m）

断面序号	z	$\frac{p}{\gamma}$	$\frac{v^2}{2g}$	H
1	3	0	0	3
2	3	−3	3	3
3	4	−4	3	3
4	0	0	3	3

通过本例题的求解过程，说明在运用能量方程解题时，应注意以下各点。

1）所选取的计算断面，除了应符合均匀流或渐变流条件外，还应力求使未知数较少。本例题第一步选取 1、4 两个计算断面列写能量方程，是因为除了 v_4 外，其他项的值已知，从而可直接解出 v_4。

2）基准面可以任取，一般取在较低处，使高程 z 不致出现负值为宜。

3）压强 p 可采用绝对压强或相对压强，但一般以相对压强较为方便，此时，凡是与大气相接触的 p 值均为 0。

4）在工程应用中，可近似取各断面的动能修正系数 $\alpha \approx 1$。

四、文丘里管

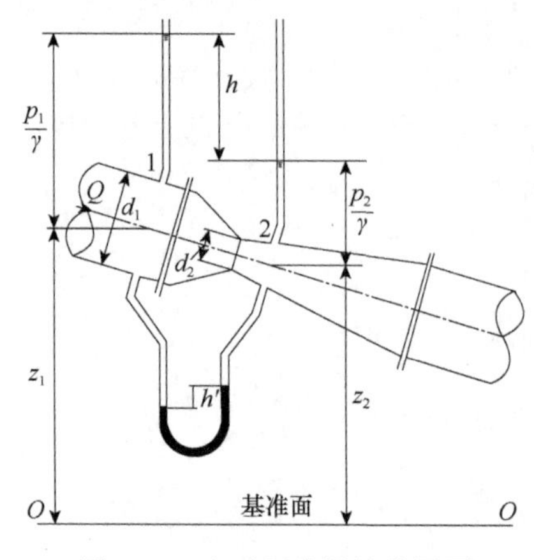

图 3-16 文丘里流量计装置图

文丘里（Venturi）管是一种测量管道液体流量的常用仪器，图 3-16 为其构造示意图，它由渐缩段、喉管段和渐扩段 3 部分组成。在渐缩段之前的 1-1 断面和喉部 2-2 断面上，均装有测压管。若不计流段 1-2 间的水头损失，并设 $\alpha_1 = \alpha_2 = 1$，则能量方程可写为

$$z_1 + \frac{p_1}{\gamma} + \frac{\alpha_1 v_1^2}{2g} = z_2 + \frac{p_2}{\gamma} + \frac{\alpha_2 v_2^2}{2g}$$

由于两个计算断面的流速和动能不同，故测管水头也不同。设测管水头的示差为 h，由图 3-16 可知

$$\left(z_2 + \frac{p_2}{\gamma}\right) - \left(z_1 + \frac{p_1}{\gamma}\right) = h$$

由连续性方程 $v_1 A_1 = v_2 A_2$ 得

$$v_1 \cdot \frac{1}{4}\pi d_1^2 = v_2 \cdot \frac{1}{4}\pi d_2^2 \Rightarrow v_2 = \left(\frac{d_1}{d_2}\right)^2 v_1$$

解得

$$v_1 = \frac{\sqrt{2gh}}{\sqrt{\left(\frac{d_1}{d_2}\right)^2 - 1}}$$

由 $Q=v_1A_1$，有

$$Q=C\sqrt{h} \tag{3-38}$$

式中，C 是由文丘里管的主要尺寸所确定的常数，称为文丘里管的仪器常数。

$$C=\frac{\pi}{4}d_1^2\frac{\sqrt{2g}}{\sqrt{\left(\frac{d_1}{d_2}\right)^2-1}} \tag{3-39}$$

实际应用式（3-38）进行流量计算时，应考虑忽略两计算断面间的水头损失和假定$\alpha_1=\alpha_2=1$ 所引起的误差，因此应修正为

$$Q=\mu C\sqrt{h} \tag{3-40}$$

式中，μ称为文丘里流量计的流量系数，其值需通过试验率定，一般$\mu=0.9\sim0.99$。

如果简单测压管中的示差 h 值太大，不便于进行测读时，可在断面 1 和 2 之间安装水银比压计，如图 3-16 中管道的下侧所示。

若管内流动液体的重度为γ_1，水银的重度为γ_2，则水银比压计中两分液面的高程示差 h'将比同一流量条件下简单测压管中的示差 h 小得多，其计算公式为

$$Q=\mu C\sqrt{\left(\frac{\gamma_2-\gamma_1}{\gamma_1}\right)h'} \tag{3-41}$$

当管内流动液体为常温的水时，上式可写为

$$Q=\mu C\sqrt{12.6h'} \tag{3-42}$$

例 3-4　一水池通过直径有改变的管道系统泄水（例图 3-4）。已知管道直径 $d_1=125\text{mm}$，$d_2=100\text{mm}$，喷嘴出口直径 $d_3=75\text{mm}$，水银比压计中读数 $\Delta h=175\text{mm}$，不计管道小流动的液体水头损失。求管道流量 Q 和喷嘴上游管道中的压力表读数 p。

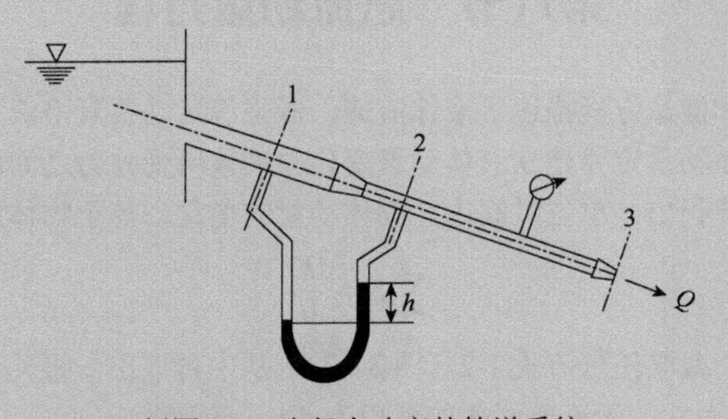

例图 3-4　直径有改变的管道系统

解　(1) 对断面 1 和 2 写能量方程为

$$z_1+\frac{p_1}{\gamma}+\frac{\alpha_1v_1^2}{2g}=z_2+\frac{p_2}{\gamma}+\frac{\alpha_2v_2^2}{2g}$$

其中，

$$\left(z_2+\frac{p_2}{\gamma}\right)-\left(z_1+\frac{p_1}{\gamma}\right)=12.6\Delta h$$

$$v_1=\left(\frac{d_2}{d_1}\right)^2 v_2$$

故有

$$v_1=\sqrt{\frac{2g\times 12.6\Delta h}{\left(\frac{d_1}{d_2}\right)^4-1}}=\sqrt{\frac{19.6\times 12.6\times 0.175}{1.25^4-1}}=5.48\ \mathrm{m/s}$$

从而有

$$Q=v_1\cdot\frac{\pi}{4}d_1^2=5.48\times\frac{\pi}{4}\times 0.125^2=0.0672\ \mathrm{m^3/s}$$

（2）由连续性方程计算断面2、3的断面平均流速

$$v_2=\left(\frac{d_1}{d_2}\right)^2 v_1=5.48\times 1.25^2=8.56\ \mathrm{m/s}$$

$$v_3=\left(\frac{d_1}{d_3}\right)^2 v_1=5.48\times\left(\frac{125}{75}\right)^2=15.22\ \mathrm{m/s}$$

（3）对喷嘴出口断面3和装有压力表的断面写能量方程（忽略其间高程差别）为

$$\frac{p}{\gamma}+\frac{v_2^2}{2g}=\frac{v_3^2}{2g}$$

故有

$$p=\gamma\left(\frac{v_3^2-v_2^2}{2g}\right)=9.8\times\left(\frac{15.22^2-8.56^2}{19.6}\right)=79.19\ \mathrm{kPa}$$

第六节 总流动量方程

总流连续性方程和能量方程描述了液体流速、压强等运动要素沿流程的变化规律，下面根据理论力学中的质点系动量定律建立液体动量变化与液体所受外力之间的关系式。

质点系的动量定律指出：单位时间内，物体动量的增量，等于物体所受外力的合力。

$$\sum \boldsymbol{F}=\frac{\mathrm{d}\boldsymbol{K}}{\mathrm{d}t} \tag{3-43}$$

在恒定流总流中，截取任意流段1-2（图3-17），从中再取出一根元流进行分析。元流断面1的面积为$\mathrm{d}A_1$，流速为u_1；元流断面2的面积为$\mathrm{d}A_2$，流速为u_2。

经过$\mathrm{d}t$时段后，流段由位置1-2移动到新位置1′-2′。对于固定流，1′-2段内部所含液体的动量在$\mathrm{d}t$时段前后并没有变化，故元流1-2段经过$\mathrm{d}t$时段后的动量增量，等于2-2′段元流的动量减去1-1′段元流的动量，即

$$m_2\boldsymbol{u}_2-m_1\boldsymbol{u}_1=\rho u_2\mathrm{d}A_2\mathrm{d}t\boldsymbol{u}_2-\rho u_1\mathrm{d}A_1\mathrm{d}t\boldsymbol{u}_1$$

通过对总流上所有元流动量增量的积分，可得到总流1-2段经过$\mathrm{d}t$时段后的动量增量为

$$\mathrm{d}\boldsymbol{K}=\rho\mathrm{d}t\left(\int_{A_2}u_2\mathrm{d}A_2\boldsymbol{u}_2-\int_{A_1}u_1\mathrm{d}A_1\boldsymbol{u}_1\right)$$

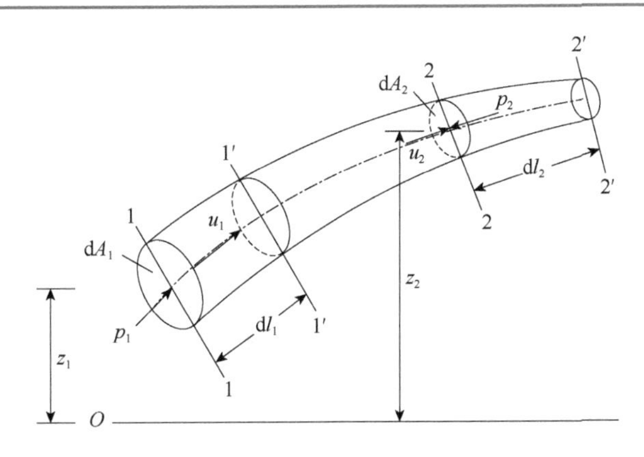

图 3-17　总流动量方程推导图

总流过水断面上的流速分布，一般很难用数学函数表示，故只能类似于总流能量方程中动能项的积分那样，用平均流速 v 来代替 u，并加适当的修正。现限定所选取的计算断面 1-1 和 2-2 符合渐变流条件，这时各点流速 u 都和其平均值 v 在方向上基本一致，于是有

$$\int_A u^2 \mathrm{d}A=\int_A (v+\Delta u)^2 \mathrm{d}A=\int_A [v^2+2v\Delta u+(\Delta u)^2]\mathrm{d}A=\int_A v^2 \mathrm{d}A+\int_A 2v\Delta u \mathrm{d}A+\int_A (\Delta u)^2 \mathrm{d}A$$

$$\Rightarrow \int_A u^2 \mathrm{d}A=v^2 A+\int_A (\Delta u)^2 \mathrm{d}A=\alpha' v^2 A \tag{3-44}$$

式中，α'称动量修正系数；其值与断面上流速分布的均匀程度有关，一般 $\alpha'=1.02\sim1.05$，在粗略计算中近似取 $\alpha'=1.0$。

总流 1-2 段的动量增量用平均流速表示时，可得

$$\mathrm{d}\boldsymbol{K}=\rho \mathrm{d}t(\alpha_2' v_2 A_2 \boldsymbol{v}_2-\alpha_1' v_1 A_1 \boldsymbol{v}_1)=\rho Q \mathrm{d}t(\alpha_2' \boldsymbol{v}_2-\alpha_1' \boldsymbol{v}_1)$$

代入动量方程式（3-43），可得

$$\sum \boldsymbol{F}=\rho Q \mathrm{d}t(\alpha_2' \boldsymbol{v}_2-\alpha_1' \boldsymbol{v}_1) \tag{3-45}$$

上式中的 $\sum \boldsymbol{F}$、$\boldsymbol{v}_1$、$\boldsymbol{v}_2$ 均为矢量，在进行代数运算时，可分解为以下三个标量方程：

$$\left.\begin{aligned}\sum F_x&=\rho Q(\alpha_2' v_{2x}-\alpha_1' v_{1x})\\ \sum F_y&=\rho Q(\alpha_2' v_{2y}-\alpha_1' v_{1y})\\ \sum F_z&=\rho Q(\alpha_2' v_{2z}-\alpha_1' v_{1z})\end{aligned}\right\} \tag{3-46}$$

式（3-45）和（3-46）就是液体总流的动量方程的矢量式和标量式。

在应用总流动量方程解题时，必须注意以下一些要点。

1）首先应根据解题要求，划定液流隔离体的范围，使其能包括动量发生变化的整个流段，并使流出和流入隔离体的两端过水断面（控制断面）符合渐变流条件。

2）式中，$\sum \boldsymbol{F}$ 指作用在总流隔离体上的全部外力；除了固体边壁的反作用力（包括摩擦阻力在内）外，还有两端控制断面上的压力和隔离体内液体的重量。

3）式中右侧表示液流的动量增加率，应为流出动量减去流入动量，两者切不可颠倒。

4）$\sum \boldsymbol{F}$、$\boldsymbol{v}_1$、$\boldsymbol{v}_2$ 都是矢量，它们在坐标轴上的投影分量可正可负，必须先明确规定坐标轴的正方向，再确定各个分力或流速分量是正值还是负值。

例 3-5 一过水堰，上游断面 1-1 的水深 $h_1=1.5\text{m}$，下游断面 2-2 的水深 $h_2=0.6\text{m}$，断面 1-1 和 2-2 之间的水头损失略去不计，求水流对每米宽过水堰的水平推力，见例图 3-5(a)。

解 （1）取符合渐变流条件的断面 1-1 和 2-2 为控制断面，如例图 3-5（b）所示，分析总流流段 1-2 所受的外力及水流经过该流段的动量变化（单宽范围内）。

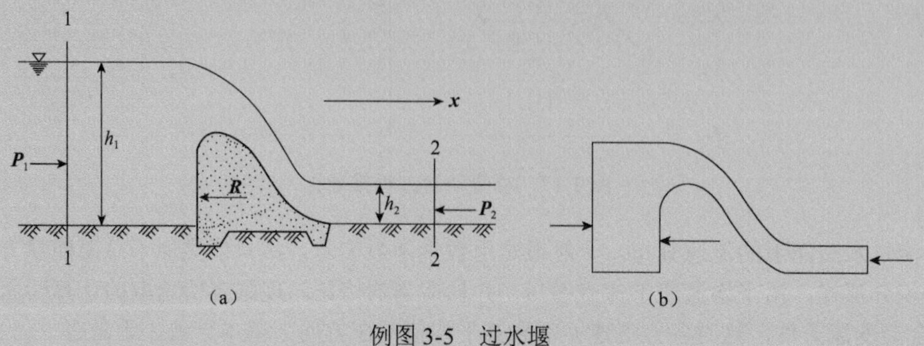

例图 3-5 过水堰

（2）总流所受外力包括：上游控制断面上的压力 $\boldsymbol{P}_1=\dfrac{1}{2}\gamma h_1^2$，下游控制断面上的压力 $\boldsymbol{P}_2=\dfrac{1}{2}\gamma h_2^2$，过水堰的反作用力 $\boldsymbol{R}$。重力在水平方向没有分力，在分析水平方向的动量变化关系时无须考虑。

（3）单宽范围内的流量 $Q=v_1h_1=v_2h_2$。

（4）由能量方程

$$h_1+\frac{v_1^2}{2g}=h_2+\frac{v_2^2}{2g}$$

得

$$Q=\sqrt{\frac{2g(h_1-h_2)}{\left(\dfrac{1}{h_2^2}-\dfrac{1}{h_1^2}\right)}}=\sqrt{\frac{19.6(1.5-0.6)}{\left(\dfrac{1}{0.6^2}-\dfrac{1}{1.5^2}\right)}}=2.75\,\text{m}^3/\text{s}$$

$$v_1=\frac{Q}{h_1}=\frac{2.75}{1.5}=1.83\,\text{m/s}$$

$$v_2=\frac{Q}{h_2}=\frac{2.75}{0.6}=4.58\,\text{m/s}$$

（5）规定水平 x 轴的正方向，并令 $\alpha'_1=\alpha'_2\approx1.0$，列写 x 方向的总流动量方程为

$$\boldsymbol{P}_1-\boldsymbol{P}_2-\boldsymbol{R}=\rho Q(\boldsymbol{v}_2-\boldsymbol{v}_1)$$

$$\boldsymbol{R}=\boldsymbol{P}_1-\boldsymbol{P}_2-\rho Q(\boldsymbol{v}_2-\boldsymbol{v}_1)=\frac{9.8}{2}(1.5^2-0.6^2)-1\times2.75\times(4.58-1.83)=1.70\,\text{kN}$$

算得的反作用力 $\boldsymbol{R}$ 为正值，说明 $\boldsymbol{R}$ 的初设方向是正确的（向左），水流对过水堰的推力则与 $\boldsymbol{R}$ 大小相等，方向相反（向右）。

例 3-6 如图所示水电站的引水分叉管路平面图，管路在分叉处用镇墩固定（例图 3-6）。已知主管直径 $D=3.0\text{m}$，分叉管直径 $d=2.0\text{m}$，通过的流量 $Q=35\text{m}^3/\text{s}$，转角 $\alpha=60°$，断面 1-1 处的相对压强 $p_1=3p_a$。求水流对镇墩的作用力。

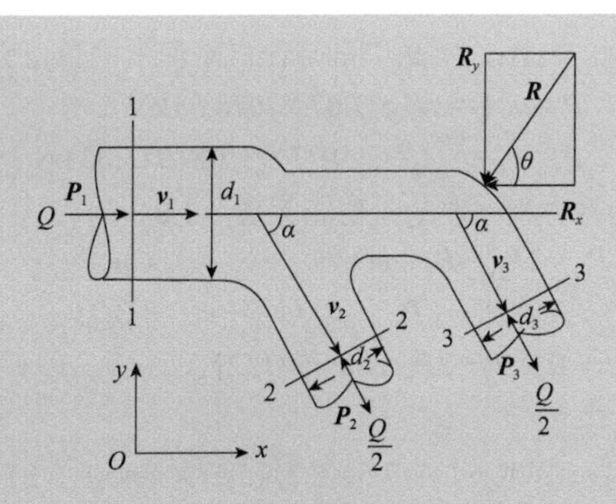

例图 3-6　水电站的引水分叉管路

解　（1）以管轴线为基准面，取过水断面 1-1、2-2、3-3（如图所示）。取 1-1、2-2、3-3 三个断面内的液体为隔离体。作用于其上的外力有镇墩对水流的反作用力 $\boldsymbol{R}$，三个控制断面上的压力 $\boldsymbol{P}_1$、$\boldsymbol{P}_2$和 $\boldsymbol{P}_3$。由于管道是水平放置的，重力对管轴平面内的液体动量变化没有影响。

（2）规定水平面内 x、y 轴的坐标正方向如图中所示。

（3）由质量守恒定律可知：

$$Q_1=Q_2+Q_3=2Q_2=2Q_3$$

$$Q_2=Q_3=\frac{Q_1}{2}=\frac{35}{2}=17.5\,\mathrm{m^3/s}$$

（4）各过水断面面积为

$$A_1=\frac{1}{4}\pi D^2=\frac{1}{4}\times\pi\times3^2=7.07\,\mathrm{m^2}$$

$$A_2=A_3=\frac{1}{4}\pi d^2=\frac{1}{4}\times\pi\times2^2=3.14\,\mathrm{m^2}$$

（5）利用连续性方程计算各断面平均流速和相应的流速水头，可得

$$v_1=\frac{Q_1}{A_1}=\frac{4\times35}{9\pi}=4.95\,\mathrm{m/s}$$

$$v_2=v_3=\frac{Q_2}{A_2}=\frac{17.5}{\pi}=5.57\,\mathrm{m/s}$$

$$\frac{\alpha_1v_1^2}{2g}=\frac{1\times4.95^2}{2\times9.8}=1.25\mathrm{m}$$

$$\frac{\alpha_2v_2^2}{2g}=\frac{\alpha_3v_3^2}{2g}=\frac{1\times5.57^2}{2\times9.8}=1.58\,\mathrm{m}$$

（6）列 1-1、2-2 断面的能量方程（不计能量损失）为

$$z_1+\frac{p_1}{\gamma}+\frac{v_1^2}{2g}=z_2+\frac{p_2}{\gamma}+\frac{v_2^2}{2g}+h_w$$

代入数据得

$$0+\frac{294}{9.8}+1.25=0+\frac{p_2}{9.8}+1.58+0\Rightarrow p_2=290.77\text{ kPa}$$

同理可得 $p_3=p_2=290.77\text{kPa}$。由此可得两计算断面上的总压力为

$$P_1=p_1A_1=294\times7.07=2078.58\,\text{kN}$$

$$P_2=P_3=p_2A_2=290.77\times3.14=913.02\,\text{kN}$$

（7）写出 x 方向的动量方程（取动量修正系数≈1.0）为

$$\boldsymbol{P}_{1x}-2\boldsymbol{P}_{2x}-\boldsymbol{R}_x=\rho Q_2(\boldsymbol{v}_{2x}+\boldsymbol{v}_{3x})-\rho Q_1\boldsymbol{v}_{1x}$$

$$\Rightarrow \boldsymbol{R}_x=\boldsymbol{P}_{1x}-2\boldsymbol{P}_{2x}-\rho Q_2(\boldsymbol{v}_{2x}+\boldsymbol{v}_{3x})+\rho Q_1\boldsymbol{v}_{1x}$$

$$\Rightarrow \boldsymbol{R}_x=\boldsymbol{P}_1-2\boldsymbol{P}_2\cos\alpha-\rho Q_2(2\boldsymbol{v}_2\cos\alpha)+\rho Q_1\boldsymbol{v}_1$$

代入数据得

$$\boldsymbol{R}_x=2078.58-2\times913.02\times\cos60°-1\times17.5\times(2\times5.57\times\cos60°)+1\times35\times4.95=1241.34\text{kN}$$

（8）列出 y 方向的动量方程为

$$\boldsymbol{P}_{1y}+2\boldsymbol{P}_{2y}-\boldsymbol{R}_y=-\rho Q_2(\beta_2\boldsymbol{v}_{2y}+\beta_3\boldsymbol{v}_{3y})-\rho Q_1(\beta_1\boldsymbol{v}_{1y})$$

$$\Rightarrow \boldsymbol{R}_y=\boldsymbol{P}_{1y}+2\boldsymbol{P}_{2y}+\rho Q_2(\beta_2\boldsymbol{v}_{2y}+\beta_3\boldsymbol{v}_{3y})+\rho Q_1(\beta_1\boldsymbol{v}_{1y})$$

$$\boldsymbol{R}_y=0+2\boldsymbol{P}_2\sin\alpha+2\rho Q_2\boldsymbol{v}_2\sin\alpha+0$$

代入数据得

$$\boldsymbol{R}_y=0+2\times913.02\times\sin60°+2\times1\times17.5\times5.57\times\sin60°+0=1750.18\text{kN}$$

（9）由于算得的 $\boldsymbol{R}_x$ 和 $\boldsymbol{R}_y$ 均为正值，说明初设的反作用力 $\boldsymbol{R}$ 的方向是正确的，总反作用力的大小和作用力方向分别为

$$\boldsymbol{R}=\sqrt{\boldsymbol{R}_x^2+\boldsymbol{R}_y^2}=\sqrt{1241.34^2+1750.18^2}=2145.71\text{kN}$$

$$\theta=\text{arctg}\left(\frac{\boldsymbol{R}_y}{\boldsymbol{R}_x}\right)=\text{arctg}\left(\frac{1750.18}{1241.34}\right)=54.65°$$

水流对弯头的作用力则与其大小相等、方向相反。

附　本章例题详解

本章所有的例题详解，请扫描下方二维码查看。例题的 Excel 计算过程与结果，请阅读附录二并下载 Excel 表格的压缩文件，解压后查看并运行。

第四章　流动形态及水头损失

教学内容

液体运动的两种形态；均匀流基本方程；沿程水头损失通用公式；圆管中的层流运动；紊流特征；紊流沿程阻力系数；局部水头损失；短管的水力计算。

教学要求

理解水流阻力和水头损失产生的原因及分类，掌握水力半径等概念；掌握均匀流沿程水头损失计算的达西公式和沿程水头损失系数 λ 的表达形式；理解雷诺实验现象和液体流动两种流态的特点，掌握层流与紊流的判别方法及雷诺数 Re 的物理含义，弄清楚判别明渠水流和管流临界雷诺数不同的原因；了解紊流的成因和特征，紊流黏性底层和边界粗糙程度对水流运动的影响，理解紊流光滑区、粗糙区和过渡区的概念；理解尼古拉兹实验中沿程水头损失系数 λ 的变化规律，掌握紊流 3 个流区沿程水头损失系数 λ 的确定方法；理解当量粗糙度的概念，会运用莫迪（Moody）图查找 λ 的值；掌握计算沿程水头损失的经验公式——谢才公式和曼宁公式，能正确选择糙率 n；理解局部水头损失产生的原因，能正确选择局部水头损失系数进行局部水头损失计算；掌握短管的水力计算。

教学建议

本章重点：掌握流态的判别方法和雷诺数的物理意义；掌握沿程水头损失系数在各流区的变化规律，并能正确计算；熟练掌握应用达西公式计算沿程水头损失；熟练掌握谢才公式和曼宁公式的应用；掌握短管的水力计算。

实验要求

观察层流、紊流的流态及其转换特征；测定临界雷诺数，掌握圆管流态判别准则；加深理解圆管层流和紊流的沿程水头损失随平均流速变化的规律，验证沿程水头损失与平均流速的关系，绘制 $\lg h_f$-$\lg v$ 关系曲线；掌握管道沿程阻力系数的量测技术；测定不同雷诺数 Re 时的沿程阻力系数 λ，将测得的 λ-Re 关系值与莫迪图对比，分析其合理性，进一步提高实验成果分析能力；掌握量测局部阻力系数的技能；学习用测压管测量压强和用体积法测流量的实验技能；加深对局部阻力损失机理的理解。

由于液体具有黏滞性，在液体流动时，紧贴固体壁面的液体质点将黏附其上，液体流速从固体壁面上的零值增加到主流流速，形成一定的流速梯度。根据牛顿内摩擦定律，由于流速梯度的存在，引起相邻流层间的摩擦切力，称之为水流阻力。掌握水头损失的机理分析和计算方法，才能利用第三章中建立的能量方程解决实际液流的各种水力计算问题，本章的任务就是要讨论水头损失的形成原因和建立水头损失的计算公式。

液体流动时所受到的阻力，按其边界情况分为沿程阻力和局部阻力两种形式。以图 4-1 中的管道流动为例，水流先后经过阀门 1、直管 2、突然扩大段 3、直管段 4、突然缩小段 5、直管段 6、弯管段 7、直管段 8，然后流向下游。水流经过 2、4、6、8 诸顺直管段时，因克服沿程摩擦力而消耗的机械能，称之为沿程水头损失，用 h_f 表示。水流经过 1、3、5、7 诸异形管时，由于固体边界情况的急剧变化，流速的大小或方向改变显著，并往往伴随产生一定的漩涡区，为克服这些局部地段阻力而消耗的机械能，称为局部水头损失，用符号 h_j 表示。

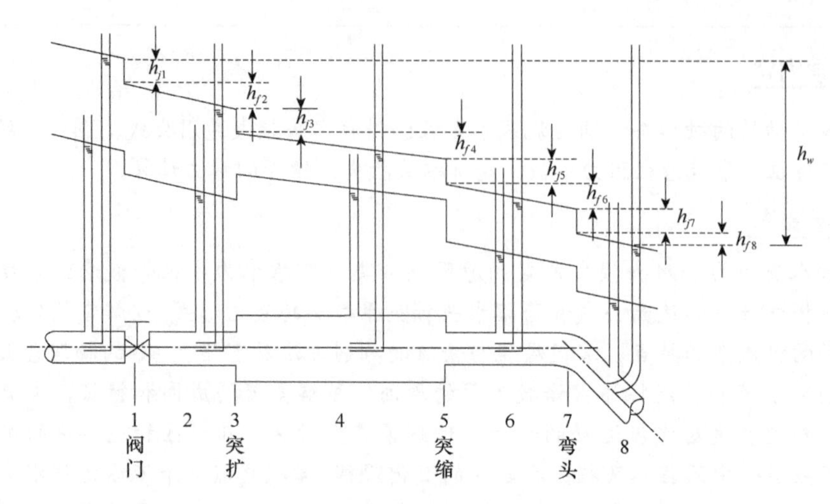

图 4-1 两种水流阻力分布示意图

流动的全过程可能包括相继发生的一系列沿程水头损失和局部水头损失，在各部分水头损失彼此独立的情况下，总水头损失应为各部分沿程水头损失和局部水头损失的代数和，即

$$h_w=\sum h_f+\sum h_j \tag{4-1}$$

本章将以大部分篇幅讨论沿程水头损失，然后在第六节中讨论局部水头损失，在第七节中介绍利用水头损失计算公式进行有压管道水力计算的方法。

第一节 液体运动的两种形态——层流和紊流

水流阻力和水头损失的形成原因，不仅与固体边界情况有关，而且与水流的流动形态有关。1883 年，英国科学家雷诺（Reynolds）通过系统的实验研究，首先证实了液流的流动有层流和紊流两种形态。流动形态不同时，其阻力规律和水头损失公式也不相同。

图 4-2 为雷诺实验装置图。水箱 A 由溢流板 B 使箱中水位保持稳定，通过调节阀 D 的开度控制玻璃管 C 中的水流流速。水箱 A 上部有一小容器 E，内盛重度与水相近的红颜色水，它通过细管 F 向 C 管排出纤细的红色水股。

当阀门 D 的开度很小，C 管中的流速也很小时，红色水股排出后，在 C 管中保持为一条线状的细直红色股流前进，不与周围的无色水掺混，如图 4-3（a）所示，它表明 C 管内所有的无色水也是呈线状流动，这种流动形态称为层流。逐渐开启阀门 D，当流速增至某一临界值后，红色水股开始摆动，如图 4-3（b）所示；随着阀门的继续开大，红色水股一从细管 F 排出，就立刻与周围的无色水相混掺，如图 4-3（c）所示，它表明 C 管内的无色水在沿主流方向前进的同时，都发生这样杂乱无章的横向混掺运动，这种流动形态称为紊流。层流和紊流的微观结构既然有这样的差别，其阻力规律显然也应当有所不同。

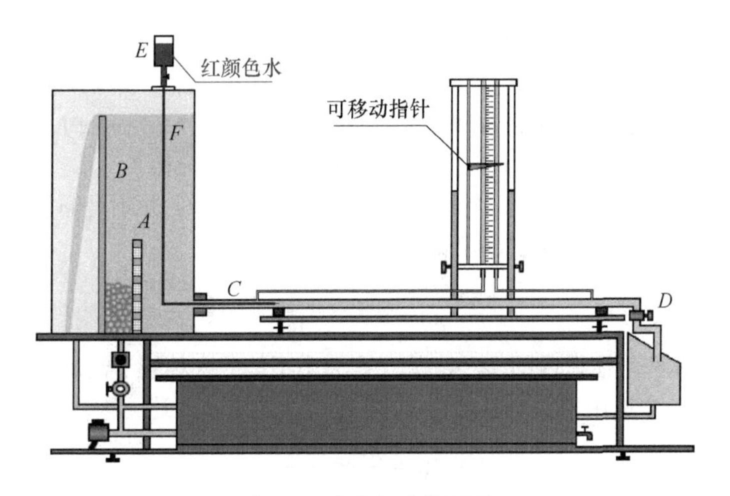

图 4-2　雷诺实验装置图

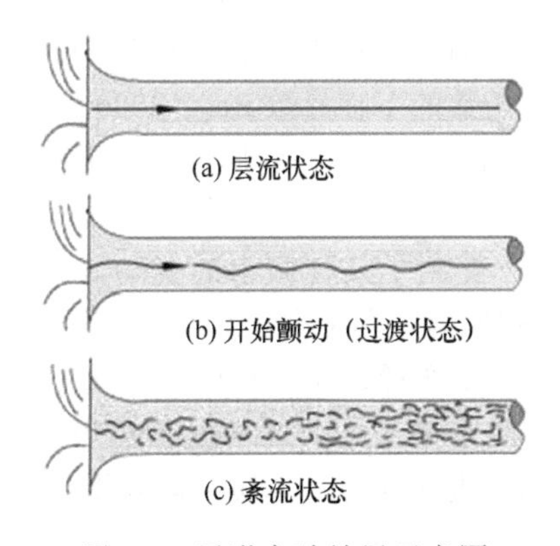

图 4-3　雷诺实验结果示意图

现以图 4-4（a）中所示的一段简单直管进行沿程水头损失实验。由于断面 1 和 2 是等面积的，单位动能相同，两断面间的测管水头差，也等于其间发生的沿程水头损失 h_f。用阀门调节管中的流速，进行有系统的测定，可得沿程水头损失 h_f 随断面平均流速 v 变化的实验曲线，如图 4-4（b）中所示。

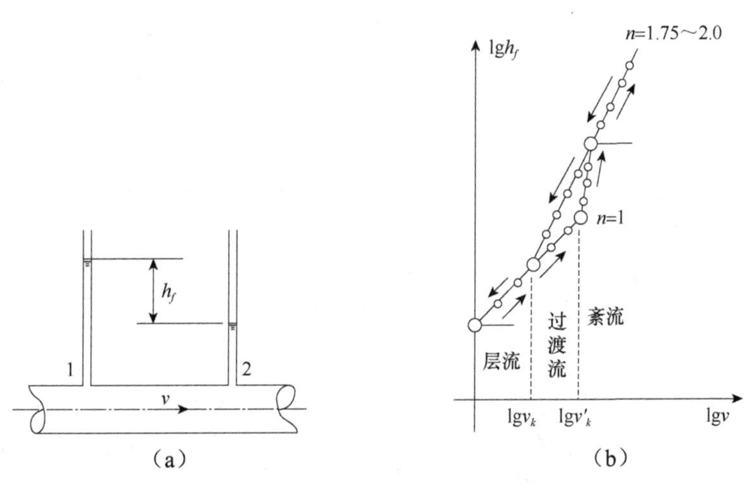

图 4-4　沿程水头损失实验结果图

实验结果表明：当 $v<v_k$时，实测点位于一条45°的倾斜直线上，h_f和 v 呈线性关系变化，即 $h_f \propto v$；当 $v>v_k'$ 时实测点位于一曲线上，其斜率为1.75～2.0，即 $h_f \propto v^{1.75\sim2.0}$。雷诺实验通过形态观察和阻力测定表明：当 $v<v_k$时，为层流形态流动；当 $v>v_k'$ 时，为紊流形态流动；$v_k<v<v_k'$ 时，为形态过渡阶段，水头损失实测点的分布比较分散。

理论和实验均已证实：流动形态转变的临界流速 v_k（或 v_k'）并不是通用常数，它与液体的动力黏滞系数 μ 成正比，而与管道直径 d 和密度 ρ 成反比，即

$$v_k \propto \frac{\mu}{\rho d} \quad 或 \quad \frac{\rho d v_k}{\mu}=C$$

通过对包括液体和气体在内的多种流体，在大小不等的各种管道流动的阻力进行测定，证明了上式中的 C 是一个通用常数，其值为2000左右。现定义下述无因次参数为雷诺数：

$$\mathrm{Re}=\frac{\rho d v}{\mu}=\frac{vd}{\upsilon} \tag{4-2}$$

当 Re≤2000 时，液流为层流形态；Re≥4000 时，液流为紊流；2000<Re<4000 时，既可以是紊流，也可以是层流，但这时的层流是相当不稳定的，很容易受外界的微小扰动影响而转变为紊流。因此，工程上均以雷诺数的下临界数 $\mathrm{Re_k}=2000$ 为指标。

为什么雷诺数可作为判别液流流动形态的通用标准数呢?下面我们从紊流发生的微观机理进行定性的分析。

假设原为层流形态的液流，受到了某种微小的扰动，其中的一层可能发生微小的摆动（图4-5），这种摆动发生后，某些地点（图中有⊖号处）的流线变密、流速变大、压强降低，而另一些地点（图中有⊕号处）的流线变稀、流速减小、压强升高。在这种压强差的作用下，流线摆动将进一步地加剧，直至最终形成一个个破碎的旋转着的小涡团，在各液层之间做横向的混掺运动。涡团的形成随流速的增大而加强，本质上可看作是一种惯性作用的结果。

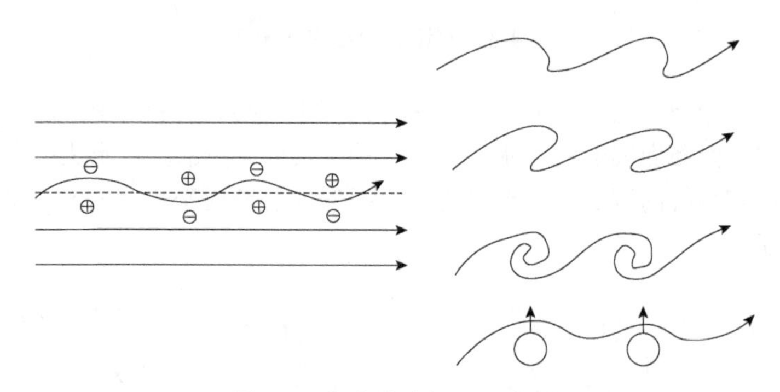

图4-5 紊流发生机理示意图

另一方面，液体又具有黏滞性，黏滞性的作用是抑制流线的摆动，使紊流涡团不易形成。雷诺数的这种性质可借助于以下的因次分析法来说明：

$$\frac{[F]}{[T]}=\frac{[ma]}{\left[\rho\upsilon A\dfrac{\mathrm{d}u}{\mathrm{d}y}\right]}=\frac{[M][LT^{-2}]}{[ML^{-3}][L^2T^{-1}][L^2][LT^{-1}L^{-1}]}=\frac{[LT^{-1}][L]}{[L^2T^{-1}]}=[\mathrm{Re}]$$

由上式可以看出，雷诺数 Re 的大小反映了惯性力 F 和黏滞切力 T 的相对比值。惯性力占优势，液流趋于紊流方向发展；黏滞力占优势，液流趋于层流方向发展。这也就解释了为什么可以用雷诺数的大小来判别水流的形态。

例 4-1　某输水管道的直径 $d=100\text{mm}$。①当管中通过的流量为 $Q=0.004\text{m}^3/\text{s}$，水温为20℃时，其管道中的水流流态是层流还是紊流？②若流量不变，管中输送的是黏度为 $\upsilon=1.5\text{cm}^2/\text{s}$ 的重燃油，其流态是层流还是紊流？

解　（1）计算管中流速。因管道直径和流量没有变化，故管中断面平均流速是一致的，即

$$v=\frac{Q}{A}=\frac{4Q}{\pi d^2}=\frac{4\times0.004}{\pi\times0.1^2}=0.51\text{m/s}$$

（2）计算不同液体的临界雷诺数，判别管中流态。由第一章式（1-20）计算 20℃时水的运动黏滞系数得

$$\upsilon_{水}=\frac{0.01775}{1+0.0337t+0.000221t^2}=\frac{0.01775}{1+0.0337\times20+0.000221\times20^2}=0.01007\text{ cm}^2/\text{s}$$

故有

$$\text{Re}_{水}=\frac{vd}{\upsilon_{水}}=\frac{0.51\times0.1}{1.007\times10^{-6}}=50645>2000\text{，流态为紊流}$$

已知 $\upsilon_{油}=1.5\text{cm}^2/\text{s}$，故有

$$\text{Re}_{油}=\frac{vd}{\upsilon_{油}}=\frac{0.51\times0.1}{1.5\times10^{-4}}=340<2000\text{，流态为层流}$$

由此例可以看出，管道特性不变，流量不变，但输送不同性质的液体，其流动形态也是不一样的。

第二节　均匀流基本方程及沿程水头损失通用公式

一、均匀流基本方程

为了探讨沿程水头损失 h_f 的影响因素，在断面为任意形状的均匀流中，截取长度为 l 的流段 1-2 作为隔离体进行受力分析（图 4-6）。

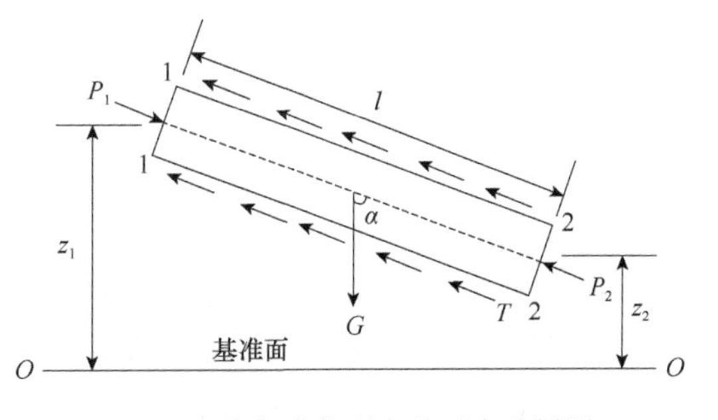

图 4-6　均匀流段隔离体受力分析图

设流动轴线与铅直线的夹角为 α，流段所受的轴向外力有：1-1 断面和 2-2 断面两端的动水压力 $P_1=p_1A_1$，$P_2=p_2A_2$；重力沿轴线方向的分量 $G\cos\alpha=\gamma Al\cos\alpha=\gamma A(z_1-z_2)$；流段边壁的摩擦切力 T。

为了推导均匀流基本方程，这里引入两个术语。

术语 1：湿周

过水断面上液体与固体壁面接触的周长，称为湿周，以符号χ表示。对于有自由表面的过水断面，自由表面上的切应力可忽略不计，自由表面周长不计入湿周。

术语 2：水力半径

过水断面面积 A 与湿周χ的比值称为水力半径，以符号 R 表示，即 $R=A/\chi$。

设边壁的平均切应力为τ_0，则边壁的摩擦切力可表示为

$$T=\tau_0 \cdot A=\tau_0 \cdot l \cdot \chi$$

因均匀流是等速直线流动，故流段所受的轴向力必定互相平衡，即

$$P_1+G\cos\alpha-P_2-T=0$$

就均匀流而言，$A_1=A_2=A$，从而有

$$(p_1-p_2)A+\gamma A(z_1-z_2)-\tau_0 l\chi=0$$

用γAl除上式中各项，可得

$$\frac{(p_1-p_2)}{\gamma l}+\frac{(z_1-z_2)}{l}-\frac{\tau_0\chi}{\gamma A}=0$$

$$\Rightarrow \frac{\left[\left(z_1+\frac{p_1}{\gamma}\right)-\left(z_2+\frac{p_2}{\gamma}\right)\right]}{l}=\frac{\tau_0\chi}{\gamma A}$$

上式中的左侧为均匀流沿程单位长度上的测管水头差或总水头差，即等于水力坡度 J。注意到$R=A/\chi$，得

$$\frac{h_f}{l}=\frac{\tau_0}{\gamma R} \tag{4-3}$$

这样，上式可简化为

$$h_f=\frac{\tau_0 l}{\gamma R} \tag{4-4}$$

或

$$\tau_0=\gamma RJ \tag{4-5}$$

式（4-4）或（4-5）称为均匀流基本方程，它表明沿程水头损失与流程长度 l、湿周χ及平均切应力 τ_0成正比，与过水断面的水力半径 R 成反比。均匀流基本方程对有压流和无压流、层流和紊流都是适应的。

水力半径 R 是反映过水断面输水能力大小的一个特征长度，在其他因素相同的前提下，R愈大，流动所引起的 h_f愈小。故对于非圆形断面的流动，可以用水力半径 R 作为特征长度计算雷诺数。

对于圆周断面，$A=\pi r^2$，$\chi=\pi d$，故 $R=d/4$。雷诺数可定义为

$$\mathrm{Re}=\frac{vR}{\upsilon} \tag{4-6}$$

此时，$\mathrm{Re_k}=500$。

根据水力半径 R 等于圆管直径 d 的 1/4 的关系，圆断面和非圆断面的流动都可以用式（4-6）计算雷诺数，这时判别流动形态下的临界雷诺数应为 500 左右。

二、沿程水头损失通用公式

根据均匀流基本方程，h_f是由于τ_0的存在而产生的。液流的摩擦切应力τ_0从物理性质上分析，与下列一些因素有关：流速 v、水力半径 R、固体表面的粗糙凸起 Δ（称绝对粗糙度）、液体密度 ρ 及动力黏滞系数 μ。应用量纲和谐原理，将以上各因素的作用，综合表示为以下单项指数关系式

$$\tau_0=kv^aR^b\rho^c\mu^d\Delta^e$$

式中，k 为无因次系数，a、b、c、d、e 为未知指数。

根据物理方程应当在因次关系上和谐一致的原理，可列出上式中各物理量的因次关系式为

$$[ML^{-1}T^{-2}]=[LT^{-1}]^a\ [L]^b\ [ML^{-3}]^c\ [ML^{-1}T^{-1}]^d\ [L]^e$$

对质量因次 M、长度因次 L 及时间因次 T 列平衡关系式为

$$M：1=c+d$$

$$L：-1=a+b-3c+d+e$$

$$T：2=a+d$$

由以上三式可解得 $a=2-d$，$b=-d-e$，$c=1-d$

于是

$$\tau_0=kv^{2-d}R^{-d-e}\rho^{1-d}\mu^d\Delta^e$$

或

$$\tau_0=k\left(\frac{vR\rho}{\mu}\right)^{-d}\left(\frac{\Delta}{R}\right)^e\rho v^2=f\left(\mathrm{Re},\frac{\Delta}{R}\right)\rho v^2$$

若表示为

$$\tau_0=\frac{\lambda}{8}\rho v^2 \tag{4-7}$$

则其中

$$\lambda=f\left(\mathrm{Re},\frac{\Delta}{R}\right) \tag{4-8}$$

λ 称为沿程阻力系数。将式（4-7）代入均匀流基本方程式（4-5），可得

$$h_f=\lambda\frac{l}{4R}\frac{v^2}{2g} \tag{4-9}$$

对于圆管，$4R=d$，故可写作

$$h_f=\lambda\frac{l}{d}\frac{v^2}{2g} \tag{4-10}$$

式（4-9）和式（4-10）就是计算沿程水头损失的通用公式，也称达西公式。利用上述通用公式，计算 h_f 问题就转化为求 λ 的问题了。式（4-8）告诉我们，λ 与液流的雷诺数 Re 及相对粗糙度（Δ/R）有关，这将在以后的几节中进行详细的讨论。

第三节 圆管中的层流运动

虽然层流运动在工程上很少遇到，但由于层流切应力可以用牛顿内摩擦定律表述，代入均匀流基本方程后，很容易获得沿程水头损失的理论解，有助于加深对紊流的理解，故拟对圆管中的层流运动进行介绍。

圆管中的点流速 u 是随离开管轴线的径向长度 r 的增大而减小的（图 4-7），即 $\frac{\mathrm{d}u}{\mathrm{d}r}$ 为负值。牛顿内摩擦定律应用于圆管层流运动时可写为

$$\tau=\mu\frac{\mathrm{d}u}{\mathrm{d}y}=-\mu\frac{\mathrm{d}u}{\mathrm{d}r} \tag{4-11}$$

代入均匀流基本方程式（4-4），可得

$$-\mu\frac{\mathrm{d}u}{\mathrm{d}r}=\gamma\frac{r}{2}J$$

$$\mathrm{d}u=-\frac{\gamma J}{2\mu}r\mathrm{d}r$$

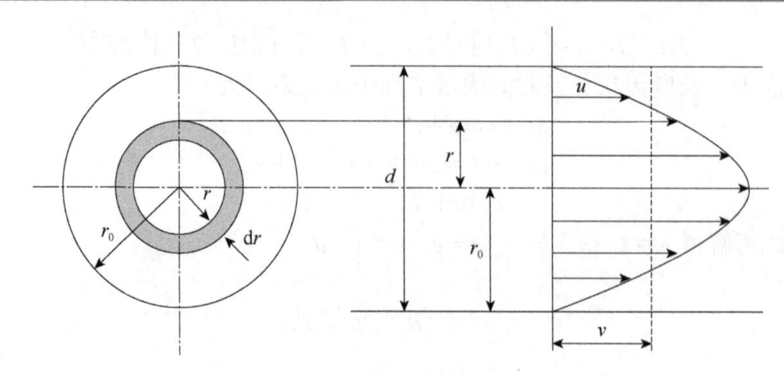

图 4-7 圆管层流流速分布图

对上式沿过水断面进行积分，由于液体黏性系数和重度是常数，过水断面上各点的水力坡度 J 相同，故积分后可得

$$u=-\frac{\gamma J}{4\mu}r^2+C$$

当 $r=r_0$ 时，黏附于壁面的液流速度 $u=0$，以此代入上式，可得常数 C 值为

$$C=\frac{\gamma J}{4\mu}r^2$$

因此有

$$u=\frac{\gamma J}{4\mu}(r_0^2-r^2) \tag{4-12}$$

上式表明，圆管层流运动的断面流速分布呈旋转抛物面形状（图 4-7）。

在过水断面上取一系列同心圆环，其微元面积为 $\mathrm{d}A=2\pi r\mathrm{d}r$。由于轴对称的缘故，微元圆环上各点的流速 u 是相同的，利用上一章式（3-9）计算断面平均流速 v 得

$$v=\frac{\int_A u\mathrm{d}A}{A}=\frac{1}{\pi r_0^2}\int_0^{r_0}\frac{\gamma J}{4\mu}(r_0^2-r^2)2\pi r\mathrm{d}r=\frac{\gamma J}{8\mu}r_0^2$$

故有

$$J=\frac{32\mu v}{\gamma d^2}$$

$$h_f=\frac{32\mu vl}{\gamma d^2} \tag{4-13}$$

理论公式（4-13）表明，层流沿程水头损失 h_f 是和流速 v 的一次方成正比变化的，这和雷诺实验的结果相一致。

若将式（4-13）改写为沿程水头损失通用公式（4-10）的形式，则有

$$h_f=\frac{64\mu}{\rho vd}\cdot\frac{l}{d}\cdot\frac{v^2}{2g}=\frac{64}{\mathrm{Re}}\cdot\frac{l}{d}\cdot\frac{v^2}{2g}$$

故圆管层流运动的沿程阻力系数为

$$\lambda=\frac{64}{\mathrm{Re}} \tag{4-14}$$

例 4-2　为了确定某圆管的直径，在管中通水，温度为 15℃，实测流量为 $Q=10\text{cm}^3/\text{s}$，管长 $l=6\text{m}$，水头损失 $h_f=0.22\text{mH}_2\text{O}$，试求圆管的直径 d。

解　（1）由沿程水头损失通用公式得

$$h_f=\lambda\cdot\frac{l}{d}\cdot\frac{v^2}{2g}=0.22\,\text{mH}_2\text{O}$$

（2）计算断面平均流速为

$$v=\frac{Q}{A}=\frac{4Q}{\pi d^2}$$

（3）假设水流流态为层流，则：

$$\lambda=\frac{64}{\text{Re}}=\frac{64\upsilon}{vd}$$

（4）由经验公式计算水温为 15℃时的运动黏滞系数得

$$\upsilon=\frac{0.01775}{1+0.0337t+0.000221t^2}=0.01141\,\text{cm}^2/\text{s}$$

将（2）～（4）步统一单位，计算后代入（1）得

$$h_f=\frac{64\times0.01141}{\dfrac{40}{\pi d^2}\times d}\cdot\frac{600}{d}\cdot\frac{\left(\dfrac{40}{\pi d^2}\right)^2}{2g\times100}=22\,\text{cm}\Rightarrow d=1.9\,\text{cm}$$

（5）检验流态可得

$$d=1.9\,\text{cm}\Rightarrow v=\frac{4Q}{\pi d^2}=\frac{4\times10}{3.14\times1.9^2}=3.53\,\text{cm/s}$$

$$\text{Re}=\frac{vd}{\upsilon}=\frac{3.53\times1.9}{0.01141}=587.82<2000$$

故流动形态为层流，假设正确。所求圆管的直径为 1.9cm。

在水力计算中，常常会采用这种计算方法，即当未知量多于方程个数时，可先假设某一未知量，将该未知量作为已知量代入方程中，计算出结果后将结果反代入原方程式中验算，验证假设条件的正确性。这种计算方法在工程实际中非常有用，在后续的章节计算中常用到，应加以掌握应用。

第四节　紊 流 特 征

一、紊流运动要素的脉动与时均化

紊流的内部微观结构比层流复杂，紊流中有大量做杂乱无章混掺运动的微小涡团，这些涡团的不断产生、发展、衰减和消失，使固定空间点上的各种运动要素值，如流速、压强、切应力等都随时间不断波动。

图 4-8 中所示为用高灵敏度的电测仪器测得的主流方向流速随时间的波动过程。这种波动称为脉动。

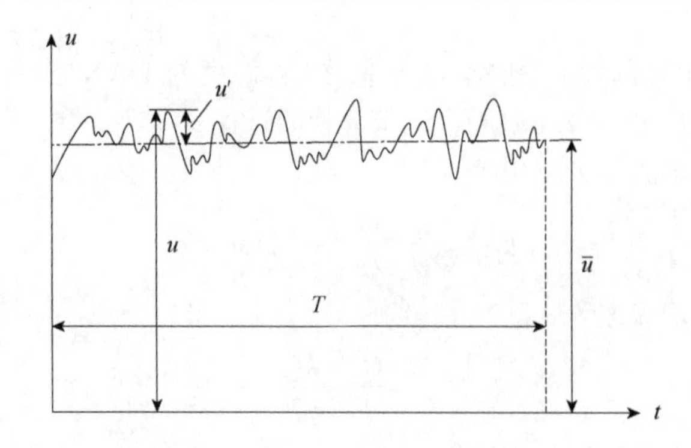

图 4-8 紊流脉动流速分布示意图

脉动是一种随机过程，脉动的幅度时大时小，脉动的方向有正有负，一般没有必要了解它精确的变化过程。紊流中的各运动要素值，往往围绕着某一时间平均值而波动。以流速为例，某点流速 u 在一定时段 T 内的时间平均流速定义为

$$\overline{u}=\frac{\int_0^T u\mathrm{d}t}{T} \tag{4-15}$$

瞬时真实流速 u 和时间平均流速 $\overline{u}$ 之差，称为脉动流速 $u'=u-\overline{u}$，脉动流速是随机变量，代入式（4-15）可得

$$u=\frac{\int_0^T(\overline{u}+u')\,\mathrm{d}t}{T}=\overline{u}+\frac{1}{T}\int_0^T u'\mathrm{d}t$$

$$\int_0^T u'\mathrm{d}t=0 \text{ 或 } \overline{u'}=0 \tag{4-16}$$

亦即紊流中任何运动要素脉动值的时间平均值皆为 0。

事实上，紊流中的脉动紊流不存在严格意义的恒定流，但工程上通常并不关心瞬时紊流的真实运动要素值，而是关心一定时段内的平均运动要素值。因此，如果时间平均值 $\overline{p}$、$\overline{u}$、$\overline{v}$、$\overline{Q}$ 等都恒定不变，这种紊流就可看作是时间平均恒定紊流。利用时间平均参数替代有脉动的真实参数进行分析和计算，就可使第三章中的流线、一维流、恒定流等基本概念和恒定总流的各项基本方程推广应用到紊流中来了。

当然，紊流中实际存在有涡团的混掺，使相邻的液体层间产生质量、动量、热量和悬浮物含量的交换，使各运动要素在断面上的分布平均化，并大大增加流动阻力。因此，在研究紊流阻力和紊流断面流速分布这一类问题时，仍应直接从紊流涡团混掺的真实过程出发，才能获得和实际相符的结论。

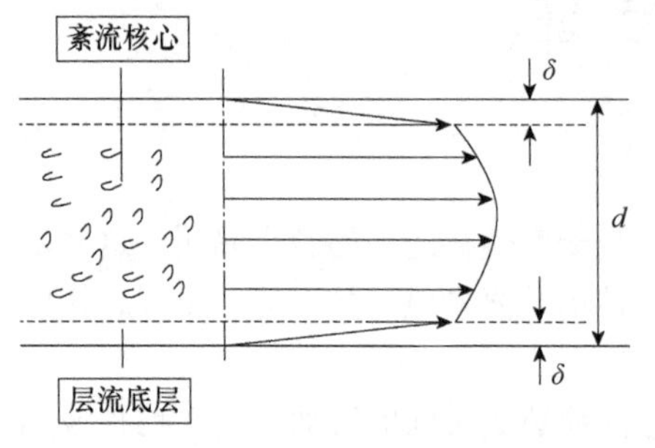

图 4-9 层流底层示意图

二、层流底层

液体做紊流运动时，紧邻壁面液体层的流速很小，流速梯度较大，黏滞力处于主导地位，且质点的横向混掺受到很大约束，因此总存在保持层流的薄层，称为层流底层（图 4-9）。

雷诺数愈大，紊流愈强烈时，层流底层的厚度 δ 愈小。根据前人的研究成果，δ 值可用下式估算：

$$\delta=\frac{32.8d}{\mathrm{Re}\sqrt{\lambda}} \tag{4-17}$$

层流底层的厚度 δ 虽然很小，但对紊流阻力却有重要的影响。任何固体壁面，都有微小的起伏变化，绝对光滑的壁面是不存在的。现以 Δ 表示壁面粗糙凸起的代表性平均高度，称为壁面材料的绝对粗糙度。

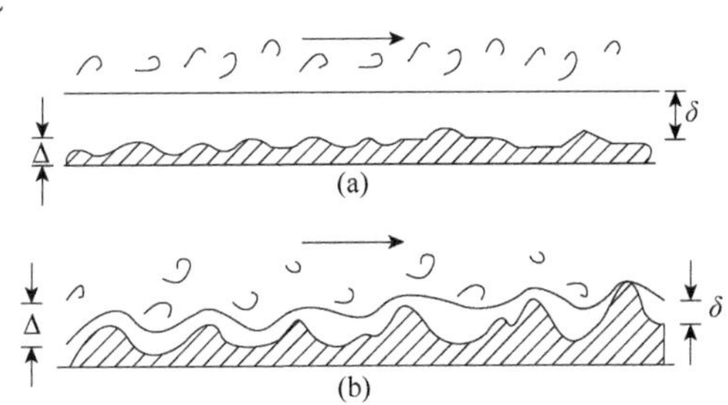

图 4-10　固体壁面粗糙凸起与层流底层的关系示意图

当层流底层厚度 δ 比 Δ 大得多时[图 4-10(a)]，壁面的粗糙凸起完全被层流底层所掩盖，绝对粗糙度 Δ 不能影响紊流阻力，沿程阻力系数 λ 仅与雷诺数 Re 有关，这样的壁面称为水力光滑壁面。

当层流底层厚度 δ 小于 Δ 时［图 4-10（b）］，壁面粗糙凸起中的一部分甚至全部都伸入紊流区域中，成为产生紊流涡团的重要场所，壁面绝对粗糙度 Δ 对紊流阻力有重要的影响，沿程阻力系数 $\lambda=f\left(\mathrm{Re},\frac{\Delta}{R}\right)$，这样的壁面称为水力粗糙壁面。

由于层流底层厚度 δ 是随液流雷诺数 Re 的增大而减小的，因此，对于一定的固体壁，在某些雷诺数范围内属于水力光滑壁面，而在更大的雷诺数条件下又可能转化为水力粗糙壁面。

三、紊流切应力

紊流内部机理十分复杂，迄今仍处于继续探索的过程中。本节介绍 1925 年德国科学家普朗特（Prandtl）提出的混合长度理论，作为一种代表性的半经验理论来分析紊流涡团所引起的附加切应力。

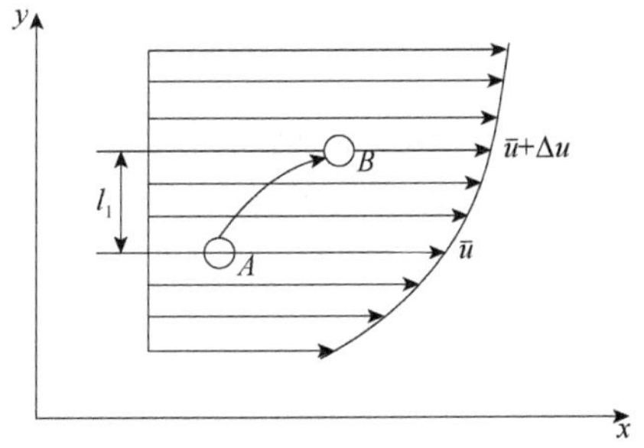

图 4-11　紊流附加切应力产生机理示意图

设图 4-11 中紊流流场在 A 点的时间平均流速为 $\bar{u}$，A 点在某一瞬时产生一涡团，并横向跃移至时间平均流速为 $\bar{u}+\Delta u$ 的 B 点，这时的横向脉动流速为正值的 u_y'，单位时间单位面积流层间交换的质量为 $\rho u_y'$，交换的动量可设想为 $\rho u_y'\Delta u$。流层间的动量交换使流速较快的流层受到阻滞，流速较慢的流层受到拖动，这种流层间的相互牵制力，就是紊流涡团交换所引起的附加切力。根据动量定律，单位面积上的动量交换率应等于层面上的紊流附加切应力 τ_2，即

$$\tau_2=\rho u_y'\Delta u$$

由于 B 点接受了自 A 点跃来并带着 A 点原有较低的 x 向流速的质点，因此可设想 B 点在该瞬时会产生一个 x 向的负值脉动流速 u_x'，即 $u_x'=-\Delta u$，于是可改写紊流附加切应力为

$$\tau_2=-\rho u_x'u_y' \tag{4-18}$$

在紊流中，同样存在着用牛顿内摩擦定律计算的黏性切应力 τ_1，故紊流的全部切应力为

$$\tau=\tau_1+\tau_2=\mu\frac{\mathrm{d}u}{\mathrm{d}y}-\rho u_x'u_y' \tag{4-19}$$

式中，τ 值同样是有脉动的瞬时参数，其时间平均值可写为

$$\overline{\tau}=\mu\frac{\mathrm{d}\overline{u}}{\mathrm{d}y}-\rho\overline{u_x'u_y'} \tag{4-20}$$

式中，虽然脉动流速的时间平均值 $\overline{u_x'}=0, \overline{u_y'}=0$，但脉动流速乘积的时间平均值 $\overline{u_x'u_y'}$ 却不为 0。根据前面的分析，$\overline{u_x'}$、$\overline{u_y'}$ 一般是异号，故其乘积的瞬时值或时间平均值都应为负值，$\overline{\tau_2}$ 则为正值。

紊流中的黏性切应力一般很小（壁面附近除外），在计算中常忽略不计。

为了进一步用时间平均参数替代式（4-20）中的 u_x' 和 u_y'，普朗特借用气体分子运动中自由行程的概念，假设涡团的横向跃移距离在统计上有一个平均值 l_1，即涡团形成后，向上或向下横移距离 l_1 后，就在新地点与周围液体相混合，从而失去其原有特性。此横向距离 l_1 称为混合长度。涡团从初始位置跃至新位置的两处时间平均流速差 $\Delta u=l_1\frac{\mathrm{d}\overline{u}}{\mathrm{d}y}$，普朗特进一步假定

$$|\overline{u_x'}|=c_1l_1\frac{\mathrm{d}\overline{u}}{\mathrm{d}y},\ |\overline{u_y'}|=c_2l_1\frac{\mathrm{d}\overline{u}}{\mathrm{d}y},\ |\overline{u_x'u_y'}|=c_3|\overline{u_x'}|\cdot|\overline{u_y'}|$$

$$\overline{\tau_2}=-\rho\overline{u_x'u_y'}=\rho c_1c_2c_3l_1^2\left(\frac{\mathrm{d}\overline{u}}{\mathrm{d}y}\right)^2$$

$$\overline{\tau_2}=\rho l^2\left(\frac{\mathrm{d}\overline{u}}{\mathrm{d}y}\right)^2 \tag{4-21}$$

式中，$l^2=c_1c_2c_3l_1{}^2$，l 仍称为混合长度，但已不具有直接的几何意义了，这样就实现了用时间平均参数表示 $\overline{\tau_2}$ 值的目的，进一步的问题就是如何用理论或实验的方法确定 l 值了。

请注意：以后为了叙述的方便，紊流各时间平均参数 $\overline{\tau_2}$、$\overline{u}$、$\overline{p}$ 等，仍以符号 τ_2、u、p 等表示，不再在符号上方标记横线。当雷诺数很大时，由于 $\overline{\tau_1}\ll\overline{\tau_2}$，可认为 $\overline{\tau}=\overline{\tau_1}+\overline{\tau_2}\approx\overline{\tau_2}$。

四、紊流断面流速分布

普朗特为了利用式（4-21）推求紊流的断面流速分布，进一步假定：①壁面附近的切应力 τ 与壁面上的切应力 τ_0 相等；②壁面附近的混合长度 l 与离开壁面的距离 y 成正比，即 $l=Ky$，式中 K 称为卡门通用常数。于是式（4-21）可改写为

$$\frac{\mathrm{d}u}{\mathrm{d}y}=\frac{1}{l}\sqrt{\frac{\tau_0}{\rho}}=\frac{v_*}{Ky} \tag{4-22}$$

式中，$v_*=\sqrt{\frac{\tau_0}{\rho}}$，称为阻力流速（摩阻流速），其大小反映切应力的大小，其单位与流速相同。

对式（4-22）分离变量后积分可得

$$\mathrm{d}u=\frac{v_*}{K}\cdot\frac{\mathrm{d}y}{y}$$

$$u=\frac{v_*}{K}\ln y+C \tag{4-23}$$

这就是紊流断面流速分布的对数公式。虽然它是根据壁面附近的条件推导出来的，但实验研究表明，这种对数公式的形式，可适用于描述管道和河渠中整个紊流过水断面上的流速分布（层流底层范围不适用）。

将紊流对数流速分布公式和层流抛物线流速分布公式对比，可以看出，紊流过水断面上的流速分布要均匀得多。

利用对数公式（4-23）的形式，通过实验建立了一系列半经验的紊流流速分布计算公式，列举部分如下。

圆管紊流的尼古拉兹公式为

$$\frac{u}{v_*}=5.75\lg\frac{v_* y}{\nu}+5.5 \text{（水力光滑管）} \tag{4-24}$$

$$\frac{u}{v_*}=5.75\lg\frac{y}{\Delta}+8.48 \text{（水力粗糙管）} \tag{4-25}$$

宽渠道紊流均匀流的范诺尼（Vannoni）公式为

$$u=v+\frac{1}{K}\sqrt{gHi}\left(1+2.3\lg\frac{y}{H}\right) \tag{4-26}$$

式（4-26）中，v 为断面平均流速；i 为渠道底坡；H 为渠道水深；y 为离开渠底的高度；K 值对清水为 0.4，对挟沙水流，随含沙浓度的增加可减少至 0.2。式（4-25）也可近似应用于宽渠道中。

例 4-3　试求在宽阔渠道中存在均匀流时，紊流点流速 u 与断面平均流速 v 相同的空间点位于自由表面以下的深度 h_c（例图 4-1）。

解　（1）用式（4-25）求解

$$\frac{u}{v_*}=5.75\lg\frac{y}{\Delta}+8.48=2.5\ln\frac{y}{\Delta}+8.48$$

$$v=\frac{\int_0^H u\mathrm{d}y}{H}=\frac{v_*}{H}\left(2.5H\ln\frac{H}{\Delta}+5.98H\right)$$

设 $\boldsymbol{y}=\boldsymbol{y}_0$ 时，$\boldsymbol{u}=\boldsymbol{v}$，则

$$2.5\ln\frac{y_c}{\Delta}+8.48=2.5\ln\frac{H}{\Delta}+5.98$$

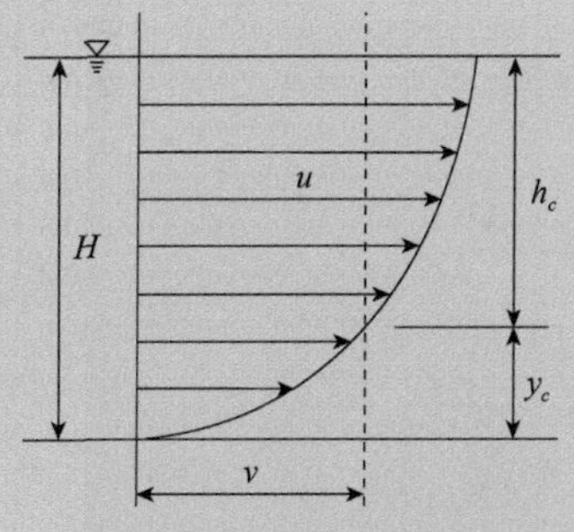

例图 4-1　宽阔渠道中的均匀流

由此解得

$$y_c=0.368H$$

故

$$h_c=H-y_c=0.633H$$

（2）用式（4-26）求解

当 $u=v$ 时，$1+2.3\lg\frac{y_c}{H}=0$

由此解得

$$y_c=0.367H$$

故

$$h_c=H-y_c=0.633H$$

第五节　紊流沿程阻力系数

前已指出，沿程阻力系数 λ 一般与雷诺数 Re 及相对粗糙度 $\frac{\Delta}{R}\left(\text{或}\frac{\Delta}{d}\right)$ 两者有关。

在紊流中，迄今仍不能像层流那样用纯数学方法推导 λ 的具体关系式，前人已做过大量实验研究探求 λ 的经验公式。

一、尼古拉兹实验

1933 年，德国科学家尼古拉兹（Nikuradse）在人工均匀粗糙圆管中完成的实验，对 λ 值的变化规律首先进行了系统的分析。

他用经过筛分的比较均匀的砂粒（其直径为 Δ，即绝对粗糙度）粘贴到直径为 d 的管道内壁面上，实验设计了六种相对粗糙度的管道（d/Δ＝30、61、120、252、504、1014），安装在雷诺实验装置上，用不同的流量通过这六种管道，实验的雷诺数范围为 Re＝500～10^6。尼古拉兹将测得的 λ 值和 Re 值整理在对数坐标纸上，如图 4-12 所示。

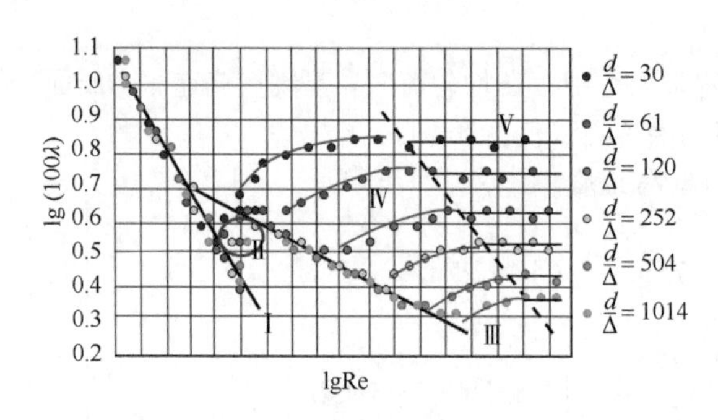

图 4-12　尼古拉兹实验结果图

（一）λ 的变化规律

根据图 4-12 的实验结果，尼古拉兹将 λ 的变化规律划分为以下不同的区域。

1．当 Re＜2000 时　对各种相对粗糙度的管道，其实验点都集中在同一条直线 Ⅰ 上，说明这时的 λ 值不受相对粗糙度 $\frac{\Delta}{d}$ 值变化的影响，仅仅是雷诺数 Re 的函数，$\lambda=f$（Re）。这条直线的方程与理论公式相一致，即 $\lambda=\frac{64}{\text{Re}}$。

2．当 2000＜Re＜4000 时　为层流到紊流的形态转化区（层紊过渡区）。这个区域范围Ⅱ较窄，实验点不很集中，实用意义不大。

3．当 Re>4000 时　液流形态已完全转化为紊流，沿程阻力系数取决于层流底层的厚度和相对粗糙度的关系，划分为以下三种情况。

（1）当雷诺数 Re 较小时　层流底层的厚度 δ 掩盖了管壁的相对粗糙度 Δ，相当于 $\Delta<0.3\delta$，为紊流水力光滑区。对各种相对粗糙度的管道，其实验点都集中在一条曲线Ⅲ上，说明这时的 λ 值仍不受 $\frac{\Delta}{d}$ 值变化的影响，仅仅是雷诺数 Re 的函数，$\lambda=f$（Re）。

（2）当雷诺数 Re 逐渐增大　层流底层的厚度已经不能完全掩盖管壁的相对粗糙度，相当于 $0.3\delta<\Delta<6\delta$ 时，对各种相对粗糙度不同的管道，具有不同的阻力系数曲线Ⅳ，说明这时的 λ 值与雷诺数 Re 及相对粗糙度值均相关，是雷诺数 Re 和相对粗糙度的函数，$\lambda=f\left(\mathrm{Re},\dfrac{\Delta}{d}\right)$。

（3）当雷诺数 Re 继续增大　相对粗糙度完全掩盖了层流底层的厚度，相当于 $\Delta>6\delta$ 时，层流底层的黏滞阻力几乎可以忽略不计，对给定的管道，得到不同的阻力系数曲线Ⅴ，此时 λ 值为不依 Re 而变的常数。实验表明，液流在完全粗糙区流动时，对给定的管道，λ 值为固定常数，由沿程水头损失通用公式（4-10）可见 $h_f\propto v^2$，故这个区又称阻力平方区。

（二）沿程阻力系数的经验公式

根据尼古拉兹的实验结果，尼古拉兹和后来的研究人员总结出了不同分区的沿程阻力系数计算的经验公式。

1．层流区　$\mathrm{Re}\leqslant 2000$

$$\lambda=\frac{64}{\mathrm{Re}} \tag{4-14}$$

2．紊流区

（1）紊流光滑区　$4000<\mathrm{Re}<\dfrac{13.1d}{\sqrt{\lambda}\Delta}$（相当于 $\Delta<0.3\delta$ 时）。

尼古拉兹经验公式：

$$\frac{1}{\sqrt{\lambda}}=2\lg\frac{\mathrm{Re}\sqrt{\lambda}}{2.51} \tag{4-27}$$

布拉休斯（Blasius）经验公式（适用于 $\mathrm{Re}<10^5$）：

$$\lambda=\frac{0.3164}{\mathrm{Re}^{0.25}} \tag{4-28}$$

（2）紊流过渡区　$\dfrac{13.1d}{\sqrt{\lambda}\Delta}<\mathrm{Re}<\dfrac{196.8d}{\sqrt{\lambda}\Delta}$（相当于 $0.3\delta<\Delta<6\delta$ 时）。

柯列勃洛克-怀特（Cole-brook & White）经验公式：

$$\frac{1}{\sqrt{\lambda}}=-2\lg\left(\frac{\Delta}{3.7d}+\frac{2.51}{\mathrm{Re}\sqrt{\lambda}}\right) \tag{4-29}$$

（3）紊流粗糙区（紊流阻力平方区）　$\mathrm{Re}>\dfrac{196.8d}{\sqrt{\lambda}\Delta}$（相当于 $\Delta>6\delta$ 时）。

尼古拉兹经验公式：

$$\frac{1}{\sqrt{\lambda}}=2\lg\frac{3.7d}{\Delta} \tag{4-30}$$

在应用上述经验公式进行水头损失计算时，判别紊流区的标准中本身就含有 λ 值，无法直接进行判别，只能采取试算的方法，最后加以检验，我们在后面的例题中讲述。

二、莫迪图

尼古拉兹实验是在人工均匀粗糙管道中进行的，对人工砂粒可用砂粒直径来代表管壁的绝对粗糙度，但实际工程中，工业管道壁面的粗糙凸起是大小不相等、形状不规则、排列有疏密的，管壁粗糙度是无法直接进行测量的，由于工业管道壁面粗糙凸起的不均匀性质，它的紊流过渡区范围比人工均匀粗糙管要宽。也就是说，它的阻力系数曲线在更小的雷诺数值条件下就偏离了水力光滑区曲线。因为在雷诺数较小、层流底层厚度 δ 较大时，粗糙凸起中可能有一部分较大的凸起物将首先影响紊流阻力，因而工业管道紊流三流区的划分不能直接采用尼古拉兹的实验成果。为了解决工业管道管壁的粗糙度问题，可以使工业管道在雷诺数很大的阻力平方区条件下通过液流，量测其 λ 值，用式（4-30）反算出绝对粗糙度 Δ，把具有同一沿程阻力系数 λ 值的砂粒粗糙度作为相当于工业管道的粗糙度，称为当量粗糙度，仍以符号 Δ 表示。表 4-1 是常用管道的粗糙度值，可供估算时参考。

表 4-1 当量粗糙度 Δ 值

序号	壁面种类	Δ/mm	序号	壁面种类	Δ/mm
1	钢或玻璃的无缝管	0.0015～0.01	7	木管或清洁的水泥管	0.25～1.25
2	涂有沥青的钢管	0.12～0.24	8	磨光的水泥管	0.33
3	白铁皮管	0.15	9	未刨光的木槽	0.35～0.70
4	一般状况的钢管	0.19	10	旧的生锈金属管	0.6
5	清洁的镀锌铁管	0.25	11	污秽的金属管	0.75～0.97
6	新的生铁管	0.25～0.40	12		

莫迪在尼古拉兹实验的基础上，采用工业管道进行实验，将实验 λ 值、Re 值和当量粗糙度值点绘在对数坐标纸上，形成了如图 4-13 所示的工业用各种不同相对粗糙度圆管的 λ-Re 关系曲线，称为莫迪图。根据该图查得的 λ 值与工程实际较为符合。

例 4-4 一直径 $d=300\text{mm}$ 的新钢管，当量粗糙度 $\Delta=0.15\text{mm}$，输送 20℃的清水，运动黏滞系数 $\upsilon=1.01\times10^{-6}\text{m}^2/\text{s}$，已知流量 $Q=0.1\text{m}^3/\text{s}$，求在 100m 长的直管段内的沿程水头损失。

解一 经验公式法

（1）判别水流形态

$$\text{Re}=\frac{vd}{\upsilon}=\frac{4Qd}{\pi d^2\upsilon}=\frac{4\times0.1\times0.3}{\pi\times0.3^2\times1.01\times10^{-6}}=4.2\times10^5$$

$$\text{Re}=4.2\times10^5>4000\Rightarrow \text{紊流}$$

（2）判别流区　　假设 $\lambda=0.1$，则层流底层的厚度为

$$\delta=\frac{32.8d}{\text{Re}\sqrt{\lambda}}=\frac{32.8\times300}{4.2\times10^5\times\sqrt{0.1}}=0.074\text{mm}$$

$$\frac{\Delta}{\delta}=\frac{0.15}{0.074}=2.027\Rightarrow 0.3<\frac{\Delta}{\delta}<6\text{，属于紊流过渡区}$$

用式（4-29）计算 λ 值：

$$\frac{1}{\sqrt{\lambda}}=-2\lg\left(\frac{\Delta}{3.7d}+\frac{2.51}{\text{Re}\sqrt{\lambda}}\right)$$

$$\lambda=g(\lambda)=0.25\left[\lg\left(\frac{\Delta}{3.7d}+\frac{1.97\upsilon d}{Q\sqrt{\lambda}}\right)\right]^{-2}$$

通过上述公式试算或迭代计算，解得近似值 $\lambda=0.01670$。

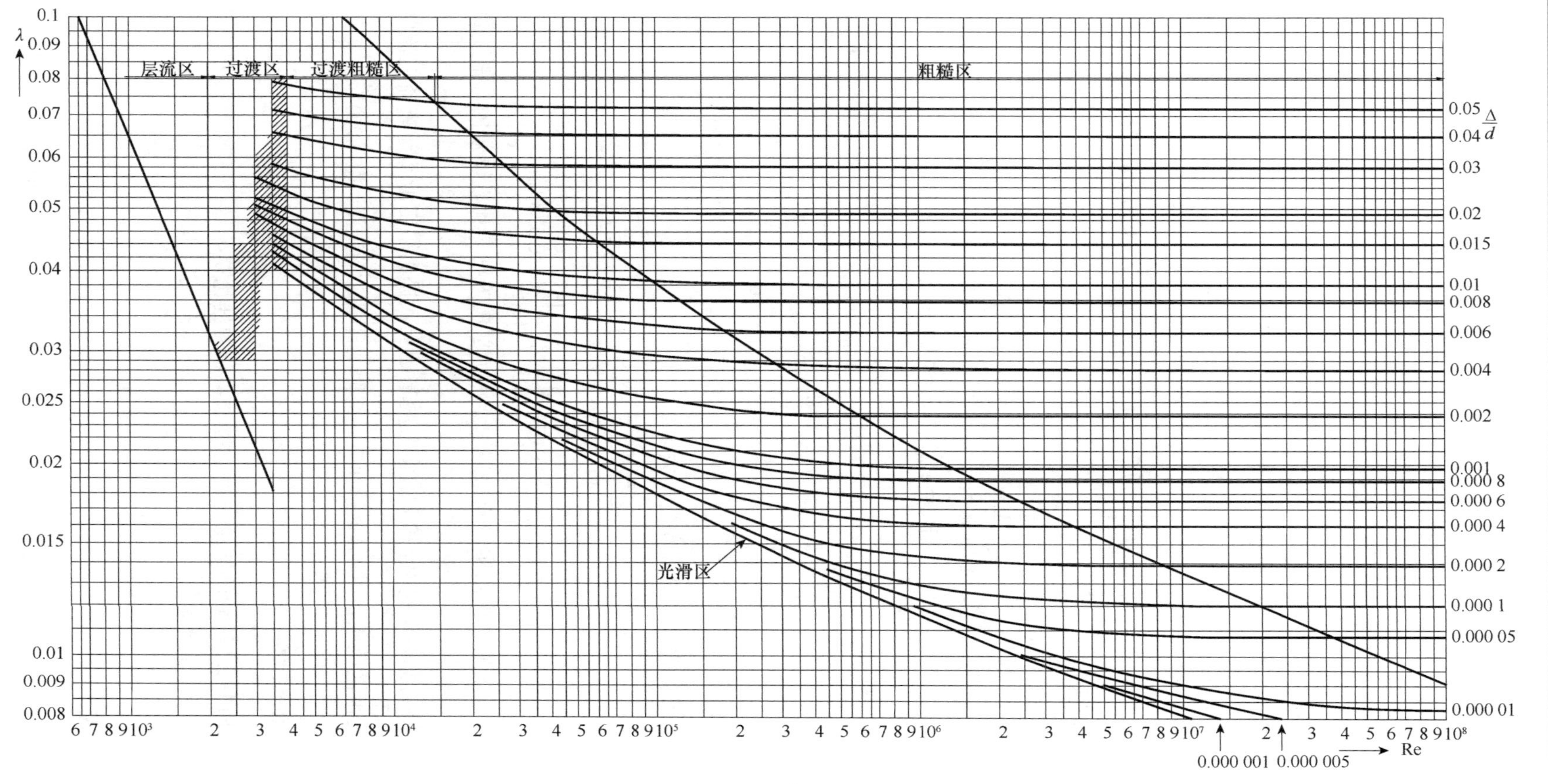

λ
0.1
0.09
0.08
0.07
0.06
0.05
0.04
0.03
0.025
0.02
0.015
0.01
0.009
0.008
层流区
过渡区
过渡粗糙区
粗糙区
光滑区
0.05
0.04
Δ/d
0.03
0.02
0.015
0.01
0.008
0.006
0.004
0.002
0.001
0.000 8
0.000 6
0.000 4
0.000 2
0.000 1
0.000 05
0.000 01
6 7 8 9 10³ 2 3 4 5 6 7 8 9 10⁴ 2 3 4 5 6 7 8 9 10⁵ 2 3 4 5 6 7 8 9 10⁶ 2 3 4 5 6 7 8 9 10⁷ 2 3 4 5 6 7 8 9 10⁸
0.000 001
0.000 005
Re

图 4-13　莫迪图

由 $\lambda=0.01670$ 重新计算层流底层的厚度，判别流区：

$$\delta=\frac{32.8d}{\mathrm{Re}\sqrt{\lambda}}=\frac{32.8\times300}{4.2\times10^5\times\sqrt{0.01670}}=0.18\,\mathrm{mm}$$

$$\frac{\Delta}{\delta}=\frac{0.15}{0.18}=0.83\Rightarrow0.3<\frac{\Delta}{\delta}<6\text{，属于紊流过渡区}$$

与假设相符，故所求 $\lambda=0.01670$。

（3）用通用公式计算沿程水头损失

$$v=\frac{4Q}{\pi d^2}=\frac{4\times0.1}{\pi\times0.3^2}=1.415\,\mathrm{m/s}$$

$$h_f=\lambda\frac{l}{d}\frac{v^2}{2g}=0.01670\times\frac{100}{0.3}\times\frac{1.415^2}{19.6}=0.579\,\mathrm{m}$$

解二 莫迪图法

（1）判别水流形态

$$\mathrm{Re}=\frac{vd}{\upsilon}=\frac{4Qd}{\pi d^2\upsilon}=\frac{4\times0.1\times0.3}{\pi\times0.3^2\times1.01\times10^{-6}}=4.2\times10^5$$

$$\mathrm{Re}=4.2\times10^5>4000\Rightarrow\text{紊流}$$

（2）计算 $\frac{\Delta}{d}$

$$\frac{\Delta}{d}=\frac{0.15}{300}=0.0005$$

由 $\frac{\Delta}{d}$ 和 Re 查莫迪图 4-13 得 $\lambda=0.017$。

（3）用通用公式计算沿程水头损失

$$v=\frac{4Q}{\pi d^2}=\frac{4\times0.1}{\pi\times0.3^2}=1.415\,\mathrm{m/s}$$

$$h_f=\lambda\frac{l}{d}\frac{v^2}{2g}=0.017\times\frac{100}{0.3}\times\frac{1.415^2}{19.6}=0.5789\,\mathrm{m}$$

事实上，采用尼古拉兹实验成果判别紊流流区的方法是比较麻烦的，需要进行假设、试算和检验。

后人在总结尼古拉兹实验和莫迪实验的基础上，提出了工业管道紊流三流区的划分标准：①水力光滑区范围，$4000<\mathrm{Re}<10\frac{d}{\Delta}$；②阻力平方区范围，$\mathrm{Re}>1000\frac{d}{\Delta}$；③紊流过渡区范围，$10\frac{d}{\Delta}<\mathrm{Re}<1000\frac{d}{\Delta}$。

用上述判别标准得到的结论与尼古拉兹实验的结论是一致的。同学们可以用这个判别标准，重新做一下例 4-4。

三、谢才公式

从前述可以看出，对于工业管道、人工渠道或天然河道要应用尼古拉兹经验公式或莫迪图，必须求出相应的当量粗糙度，但目前尚缺乏这方面完整的资料，所以这些经验公式并没有得到广泛的应用。

1769 年，法国土木工程师谢才（Chezy）总结了明渠均匀流的实测资料，提出了计算明渠均匀流的经验公式，即谢才公式。该公式应用非常广泛，且与工程实际相符合。下式就是谢才提出的计算明渠均匀流流速的经验公式：

$$v=C\sqrt{RJ} \tag{4-31}$$

或

$$h_f=\frac{v^2 l}{C^2 R} \tag{4-32}$$

式中，C 称为谢才系数。

谢才公式和沿程水头损失通用公式（4-10）实质上是一致的，由

$$\frac{v^2 l}{C^2 R}=\frac{\lambda}{4R}\cdot\frac{v^2}{2g}$$

可得

$$C=\sqrt{\frac{8g}{\lambda}} \tag{4-33}$$

上式建立了系数 C 和系数 λ 的联系，但 C 是有因次的系数（单位为 $m^{0.5}/s$），故使用谢才公式时，必须取规定单位，流速以 m/s 为单位，水力半径以 m 为单位。

谢才公式建立于 1775 年，二百多年来，已积累了丰富的计算谢才系数 C 的经验公式。其中比较广泛应用的有以下两种。

1．曼宁公式

$$C=\frac{1}{n}R^{\frac{1}{6}} \tag{4-34}$$

式中，R 为水力半径，以 m 为单位；n 为粗糙系数，其值可参考表 4-2 中的数据。此式对 $n<0.02$、$R<0.5\text{m}$ 的管道和小河渠，适用情况更好。

2．巴甫洛夫斯基公式

$$C=\frac{1}{n}R^{y} \tag{4-35}$$

其中，

$$y=2.5\sqrt{n}-0.13-0.75\sqrt{R}\left(\sqrt{n}-0.10\right) \tag{4-35a}$$

或可取近似值为

$$\left.\begin{aligned} y&=1.5\sqrt{n}\,,\ R<1\text{m}\\ y&=1.3\sqrt{n}\,,\ R>1\text{m}\end{aligned}\right\} \tag{4-35b}$$

式中，R 为水力半径，以 m 为单位；n 为粗糙系数，其值也可参考表 4-2 中的数据。此式适用于 $0.011\leqslant n\leqslant 0.40$ 和 $0.1\text{m}\leqslant R\leqslant 5\text{m}$ 的范围。

表 4-2 中的粗糙系数 n 值，仅与河渠或管道壁面的粗糙情况有关，并没有反映出雷诺数对流动阻力的影响，因此，谢才公式原则上只适用于流速较大的阻力平方区液流。河渠水力计算的实际课题，一般都接近或处于阻力平方区，故常常不加验证地直接采用谢才公式计算沿程水头损失。

表 4-2 粗糙系数 n 值

序号	壁面种类及状况	n	$1/n$
1	仔细刨光的木板；清洁生铁管和铸铁管；铺设平整，接缝光滑	0.011	90
2	未刨光但连接很好的木板；正常情况给水管；极清洁的排水管；极光滑的混凝土面	0.012	83.3
3	正常情况排水管；略有污秽的给水管；情况很好的砖砌面	0.013	76.9
4	污秽的给水管和排水管；一般混凝土面；情况一般的砖砌面	0.014	71.4
5	陈旧的砖砌面；相当粗糙的混凝土面；特别光滑、仔细开挖的岩石面	0.017	58.8
6	坚实黏土中的土渠；有不连续淤泥层的黄土渠；砂砾石中的土渠；维修良好的大土渠	0.0225	44.4
7	一般大土渠；情况良好的小土渠；情况极良好的天然河道（河床清洁顺直，水流通畅，无浅滩、深槽）	0.025	40.0
8	情况较差的土渠（有部分杂草或砾石，部分岸坡塌倒等）；情况良好的天然河道	0.030	33.3
9	情况极坏的土渠（剖面不规则，有杂草、块石，水流不通畅等）；情况中等的天然河道，但有不多的块石和野草	0.035	28.6
10	情况特别恶劣的土渠（有深槽或浅滩，杂草众多，渠底有大块石等）；情况不良的天然河道（野草、块石多，河床弯曲并不规则，有不少倒塌和深潭等）	0.040	25.0

例 4-5 一混凝土衬砌的梯形渠道，底宽 $b=10\text{m}$，水深 $h=3\text{m}$，如例图 4-2，边坡系数 $m=1.0$，粗糙系数 $n=0.014$，断面平均流速 $v=1\text{m/s}$，求作均匀流时的水力坡度 J。

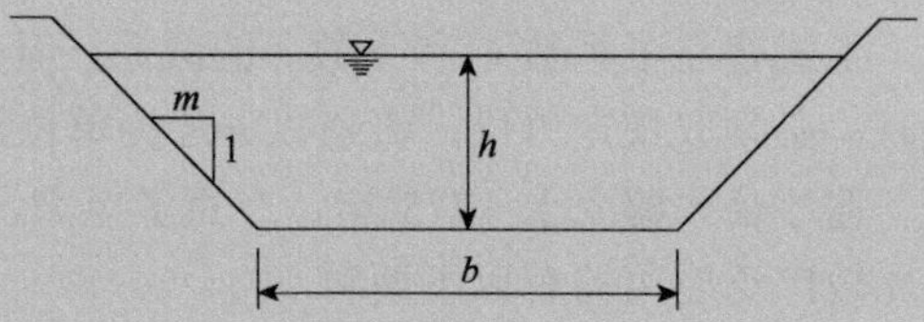

例图 4-2 梯形渠道

解 由谢才公式得

$$v=C\sqrt{RJ} \Rightarrow J=\frac{v^2}{C^2R}$$

（1）计算渠道的水力半径

$$R=\frac{A}{\chi}=\frac{(b+mh)h}{b+2\sqrt{1+m^2}h}=\frac{(10+3)\times 3}{10+2\sqrt{2}\times 3}=2.11\text{m}$$

（2）计算谢才系数和水力坡度

① 用曼宁公式计算

$$C=\frac{1}{n}R^{\frac{1}{6}}=\frac{1}{0.014}(2.11)^{\frac{1}{6}}=80.89\text{m}^{0.5}/\text{s}$$

$$J=\frac{v^2}{C^2R}=\frac{1}{80.89^2\times 2.11}=7.24\times 10^{-5}$$

② 用巴甫洛夫斯基公式计算

$$\begin{aligned} y&=2.5\sqrt{n}-0.13-0.75\sqrt{R}\ (\sqrt{n}-0.10) \\ &=2.5\sqrt{0.014}-0.13-0.75\sqrt{2.11}(\sqrt{0.014}-0.10) \\ &=0.1458 \end{aligned}$$

$$C=\frac{1}{n}R^{y}=\frac{1}{0.014}(2.11)^{0.1458}=79.65\text{m}^{0.5}/\text{s}$$

$$J=\frac{v^2}{C^2R}=\frac{1}{79.65^2\times 2.11}=7.47\times 10^{-5}$$

③ 用巴甫洛夫斯基近似公式计算

$$\because R=2.11\text{m}>1\text{m}$$

$$\therefore y=1.3\sqrt{n}=1.3\times\sqrt{0.014}=0.1538$$

$$C=\frac{1}{n}R^{y}=\frac{1}{0.014}\times 2.11^{0.1538}=80.12\,\text{m}^{0.5}/\text{s}$$

$$J=\frac{v^2}{C^2R}=\frac{1}{80.12^2\times 2.11}=7.38\times 10^{-5}$$

从以上计算结果可以看出，三种谢才系数经验公式计算得到的结果误差是很小的，故在实际工程中为方便起见，多采用曼宁公式计算谢才系数。

例 4-6　有一梯形断面土渠中发生均匀流动，已知底宽 $b=2\text{m}$，水深 $h=1.5\text{m}$，边坡系数 $m=1.5$，底坡 $i=0.0004$，如例图 4-3 所示，经调查土壤的粗糙系数 $n=0.025$，试求：①渠中流速 v；②渠中流量 Q。

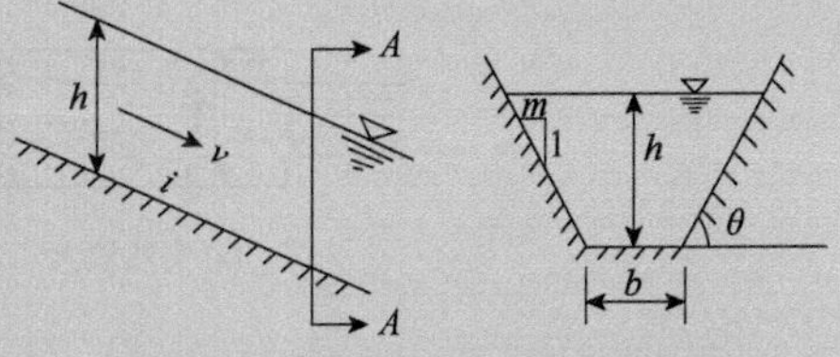

（a）　　（b）A-A 断面

例图 4-3　梯形断面土渠

解　（1）计算渠中流速

一般渠道中的水流多为紊流，应用谢才公式得

$$v=C\sqrt{RJ}$$

因渠中水流为均匀流，故 $J=i$，从而 $v=C\sqrt{RJ}=C\sqrt{Ri}$。

计算渠道过水断面面积：

$$A=(b+mh)h=(2+1.5\times 1.5)\times 1.5=6.38\,\text{m}^2$$

计算湿周：

$$\chi=b+2h\sqrt{1+m^2}=2+2\times 1.5\times\sqrt{1+1.5^2}=7.41\,\text{m}$$

计算水力半径：

$$R=\frac{A}{\chi}=\frac{6.38}{7.41}=0.86\,\text{m}$$

计算谢才系数：

$$C=\frac{1}{n}R^{\frac{1}{6}}=\frac{1}{0.025}\times 0.86^{\frac{1}{6}}=39.01\,\text{m}^{0.5}/\text{s}$$

将以上数据代入谢才公式得

$$v=C\sqrt{Ri}=39.01\times\sqrt{0.86\times 0.0004}=0.72\,\text{m/s}$$

（2）计算渠中流量

$$Q=vA=0.72\times 6.38=4.59\,\text{m}^3/\text{s}$$

第六节　局部水头损失

一、概述

在液流中，除了平直流段外，常有边界情况急剧改变的局部地段，虽然形状千差万别，但引起局部水头损失的原因，却有一定的共同性。

以管道为例，管道中的局部阻碍，可归纳为以下几类（图 4-14）：①流动断面的扩大、缩小或变形；②流动方向的改变；③流道中有障碍物（如闸、阀、栅、网等）；④管道或河道分叉口有流量的汇入或分出。

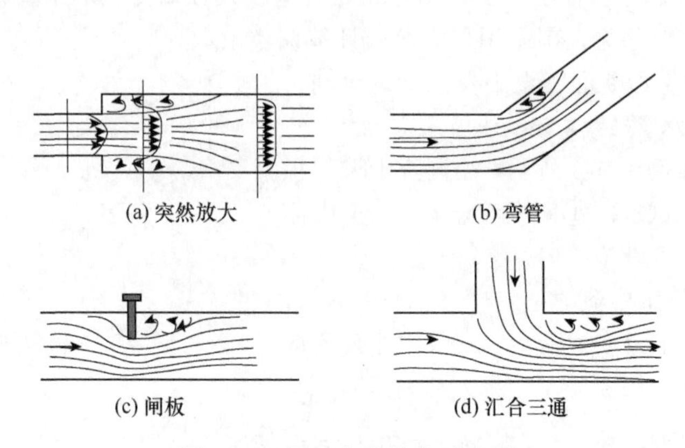

图 4-14　局部水头损失示意图

由图中可见，虽然各类局部地段的流场情况不相同，但都有如下两方面的共同特征：第一，在不同程度上，存在主流和固体壁面脱离的漩涡区，漩涡区中的液体具有强烈的紊动性，不断消耗液流的机械能；第二，流速分布不断调整，并使某些断面上的流速梯度大大增加，从而增加了流层间的切应力。这两个特征是形成局部水头损失的基本原因，也是改善流道设计以减少局部水头损失时所应考虑的基本因素。

二、圆管突然扩大的局部水头损失

对于有些局部地段，可以用理论方法推求其局部水头损失值。现以圆管中断面突然扩大地段作为典型进行讨论（图 4-15）。

在图 4-15 中，取扩大前的断面 1-1 和放大后恢复均匀流的断面 2-2 作为控制断面。取出液流隔离体，它沿轴向的动量方程可写为

$$\sum F=\rho Q(\alpha_2' v_2-\alpha_1' v_1)$$

设 $\alpha_1'=\alpha_2'=1$，不计流段长度 l 范围内的摩擦阻力，则液流隔离体受的轴向外力如下。

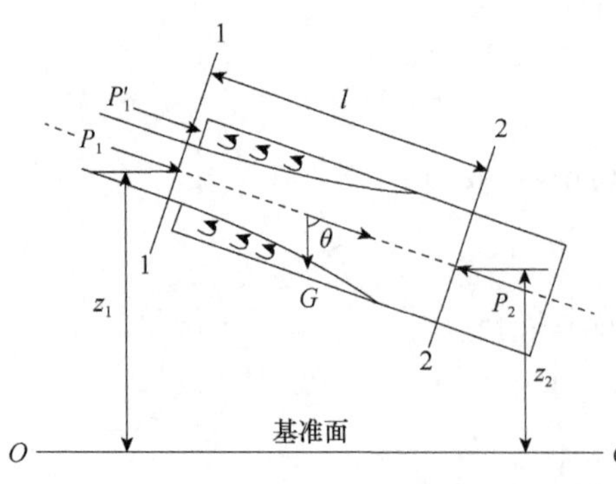

图 4-15　突扩管局部水头损失公式推导图

1）断面 1-1 上的压力为 $P_1=p_1A_1$。

2）断面 2-2 上的压力为 $P_2=p_2A_2$。

3）环形断面上的压力为 $P_1'=p_1'(A_2-A_1)$。实验证明：环形断面上的压强基本符合静水压强

分布规律，其平均压强等于轴心点的压强 p_1，故可认为 $P_1'=p_1'(A_2-A_1)$。

4）重力在轴向的分量为 $G\cos\theta=\gamma A_2 l\cos\theta=\gamma A_2(z_1-z_2)$。

将以上各轴向作用力代入动量方程，可得

$$P_1+P_1'-P_2+G\cos\theta=\rho Q(v_2-v_1)$$

$$(p_1-p_2)A_2+\gamma A_2(z_1-z_2)=\rho A_2 v_2(v_2-v_1)$$

用 γA_2 除上式中各项，可得

$$\left(z_1+\frac{p_1}{\gamma}\right)-\left(z_2+\frac{p_2}{\gamma}\right)=\frac{v_2(v_2-v_1)}{g}$$

由能量方程，断面 1-2 的局部水头损失为

$$h_j=\left(z_1+\frac{p_1}{\gamma}+\frac{\alpha_1 v_1^2}{2g}\right)-\left(z_2+\frac{p_2}{\gamma}+\frac{\alpha_2 v_2^2}{2g}\right)$$

设 $\alpha_1=\alpha_2=1.0$，则有

$$h_j=\frac{v_1^2-v_2^2}{2g}+\frac{v_2(v_2-v_1)}{g}=\frac{(v_1-v_2)^2}{2g}$$

$$=\left(1-\frac{A_1}{A_2}\right)^2\frac{v_1^2}{2g}=\left(\frac{A_2}{A_1}-1\right)^2\frac{v_2^2}{2g}$$

由上式可见，圆管突然放大的局部水头损失与流速水头成正比，比例系数是与断面形状有关的常数，用符号 ξ 表示，则上式可写为

$$h_j=\xi'\frac{v_1^2}{2g}=\xi''\frac{v_2^2}{2g} \tag{4-36}$$

其中，

$$\xi'=\left(1-\frac{A_1}{A_2}\right)^2,\quad \xi''=\left(\frac{A_2}{A_1}-1\right)^2 \tag{4-37}$$

系数 ξ'和 ξ''均称为圆管突然放大的局部阻力系数。

例 4-7　压力水箱中的水，经由两段串接在一起的管道恒定出流（例图 4-4）。已知压力表读数 $p_M=98\text{kPa}$，水头 $H=2.0\text{m}$，管长 $l_1=10\text{m}$，管长 $l_2=20\text{m}$，管径 $d_1=100\text{mm}$，管径 $d_2=200\text{mm}$，沿程阻力系数 $\lambda_1=\lambda_2=0.03$，阀门局部阻力系数=1.5，试求流量 Q。

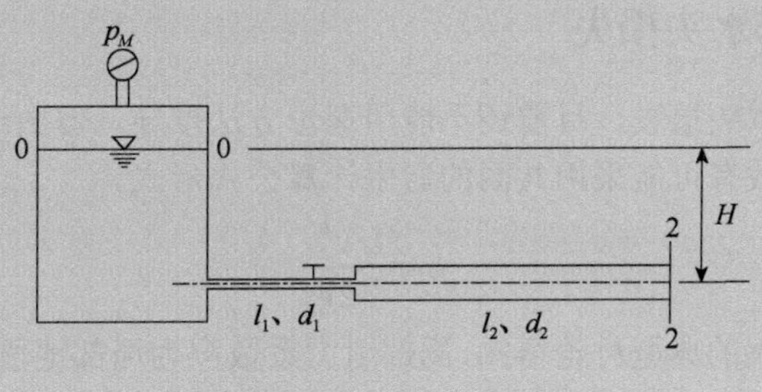

例图 4-4　压力水箱管道

解 以管轴线为基准面，列出水箱水面和管道出口断面的伯努利方程：

$$H+\frac{p_M}{\gamma}=\frac{v_2^2}{2g}+h_w$$

本题的水头损失包括两个管段的沿程水头损失和管道入口、阀门、突扩管的局部水头损失，即

$$h_w=\lambda_1\frac{l_1}{d_1}\frac{v_1^2}{2g}+\xi_c\frac{v_1^2}{2g}+\xi_v\frac{v_1^2}{2g}+\lambda_2\frac{l_2}{d_2}\frac{v_2^2}{2g}+\xi_e\frac{v_2^2}{2g}$$
$$=\left(\lambda_1\frac{l_1}{d_1}+\xi_c+\xi_v\right)\frac{v_1^2}{2g}+\left(\lambda_2\frac{l_2}{d_2}+\xi_e\right)\frac{v_2^2}{2g}$$

由连续性方程 $v_1A_1=v_2A_2\Rightarrow v_1=v_2\left(\frac{d_2}{d_1}\right)^2$，代入上式得

$$h_w=\left\{\left(\lambda_1\frac{l_1}{d_1}+\xi_c+\xi_v\right)\left(\frac{d_2}{d_1}\right)^4+\left(\lambda_2\frac{l_2}{d_2}+\xi_e\right)\right\}\frac{v_2^2}{2g}$$

已知 $\lambda_1=\lambda_2=0.03$，查表得管道入口 $\xi_c=0.5$，阀门 $\xi_v=1.5$。

突扩管局部水头损失系数可由式（4-37）求得

$$\xi_e=\left(\frac{A_2}{A_1}-1\right)^2=\left[\left(\frac{d_2}{d_1}\right)^2-1\right]^2=\left[\left(\frac{200}{100}\right)^2-1\right]^2=9$$

从而有

$$h_w=\left\{\left(0.03\times\frac{10}{0.1}+0.5+1.5\right)\left(\frac{200}{100}\right)^4+\left(0.03\times\frac{20}{0.2}+9\right)\right\}\frac{v_2^2}{2g}=92\times\frac{v_2^2}{2g}$$

代入伯努利方程得

$$2+\frac{98}{9.8}=\frac{v_2^2}{2g}+92\times\frac{v_2^2}{2g}\Rightarrow v_2=\sqrt{\frac{19.6\times12}{93}}=1.59\,\text{m/s}$$

$$Q=v_2A_2=v_2\times\frac{1}{4}\pi d_2^2=1.59\times\frac{1}{4}\pi\times0.2^2=0.05\,\text{m}^3/\text{s}$$

三、其他类型的局部水头损失

大多数局部地段的水头损失，目前还不能用理论方法推导。但由于各种类型局部水头损失的基本特征有共同点，故有可能采用共同的通用计算公式形式。

$$h_j=\xi\frac{v^2}{2g}\tag{4-38}$$

通过对圆管突然放大的典型讨论得知，局部阻力系数应为局部地段几何形状所决定的常数。在专业用的设计手册中，详细记载了各种形状局部地段局部阻力系数 ξ 的实验值。书后附表摘

选了管道和渠道中若干典型局部地段的 ξ 值数据，可供计算时参考。在使用表中的 ξ 值计算 h_j 时，应注意与 ξ 对应的是哪一个流速水头，不能用错，如式（4-36）中的 ξ'对应于 v_1，ξ''对应于 v_2。顺便指出，若雷诺数甚小，如 Re＜10^4，则 ξ 值不仅与边界情况有关，且与雷诺数有关。

第七节　短管的水力计算

工程实践中为了输送液体，常需设置各种有压管道，如水电站的压力引水隧洞和压力钢管、水库的有压泄洪隧洞或泄水管、供给工农业和生活用水的水泵装置系统及给水管网、虹吸管、输送石油的管道及各种灌溉管网等。这类管道的整个断面均被液体所充满，断面的周界就是湿周，所以管道周界上的各点均受到液体压强的作用，因此称为有压管道。有压管道断面上各点的压强，一般不等于大气压。

若有压管道中液体的运动要素不随时间而变，则称为有压管道中的恒定流；若任一运动要素随时间而变，则称为有压管道中的非恒定流。

实际工程中的管道，根据其布置情况可分为简单管道和复杂管道。复杂管道又可分为串联管道、并联管道和分叉管道。简单管道是最常见的，也是复杂管道的基本组成部分，其水力计算方法是各种管道水力计算的基础。

有压管道水力计算的主要内容之一是确定水头损失。水头损失包括沿程水头损失和局部水头损失两种。通常根据这两种水头损失在总损失中所占比重的大小，而将管道分为长管和短管两类。长管是指水头损失以沿程水头损失为主，其局部水头损失和流速水头在总水头损失中的比重很小，计算时可忽略不计的管道；短管是指局部水头损失及流速水头在总水头损失中所占的比重较大，计算时不能忽略的管道。在实际工程中，如果不能确定是长管还是短管，可按短管计算。

由于水土保持与荒漠化防治专业的特点，很少涉及复杂管道，故本节只讨论简单管道的水力计算。

所谓简单管道是指管道直径不变且无分支的管道。简单管道的水力计算可分为自由出流和淹没出流两种情况（图 4-16）。

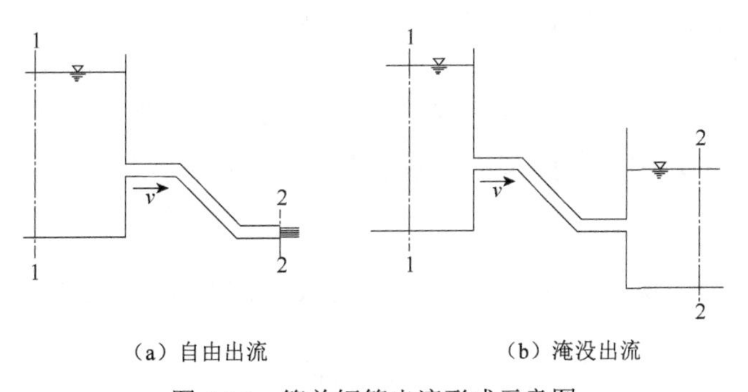

图 4-16　简单短管出流形式示意图

管道出口水流流入大气，水股四周都受到大气压强的作用，称为自由出流管道，如图 4-16（a）所示。管道出口如果淹没在水下，则称为淹没出流管道，如图 4-16（b）所示。

对于在大气中自由出流的管道，如图 4-16（a）所示，取断面 1-1 和 2-2 写能量方程，得

$$\left(z_1+\frac{p_1}{\gamma}+\frac{\alpha_1 v_1^2}{2g}\right)=\left(z_2+\frac{p_2}{\gamma}+\frac{\alpha_2 v_2^2}{2g}\right)+\sum h_f+\sum h_j$$

设 $H_0=\left(z_1+\frac{p_1}{\gamma}+\frac{\alpha_1 v_1^2}{2g}\right)-\left(z_2+\frac{p_2}{\gamma}\right)$，则有

$$H_0=\frac{\alpha_2 v_2^2}{2g}+\sum h_f+\sum h_j \tag{4-39}$$

式中，H_0 称为作用水头，是克服水头损失和形成出口动能的能量来源；没有作用水头，水就不会流动。

对于直径不变的单根管道，取 $\alpha_2=1$，则式（4-39）可改写为

$$\left.\begin{aligned} H_0&=\left(1+\lambda\frac{l}{d}+\sum\xi\right)\frac{v^2}{2g}\\ v&=\frac{1}{\sqrt{1+\lambda\frac{l}{d}+\sum\xi}}\sqrt{2gH_0}\\ Q&=vA=\frac{A}{\sqrt{1+\lambda\frac{l}{d}+\sum\xi}}\sqrt{2gH_0}\end{aligned}\right\} \tag{4-40}$$

式中，$\sum\xi$ 为管道各局部阻力系数之和。

当管道很长，局部水头损失和流速水头都比沿程水头损失小得多时，式（4-40）中的动能项和局部水头损失项都可忽略不计，这种简化计算方法，称为长管计算法。公路涵管、倒虹吸管、水泵吸水管等都属于短管，式（4-40）中所有各项均不能忽略。

式（4-40）为短管水力计算的基本公式，它建立了作用水头、管道特性和流量三者之间的联系。短管有以下三类计算课题。

（1）已知输送流量 Q 和管道特性 l、d、λ、k、$\sum\xi$，求作用水头 H_0　这种问题可直接代入式（4-40）求解。

（2）已知作用水头 H_0 和管道特性 l、d、k、$\sum\xi$，求输送流量 Q　这种问题因 λ 值与雷诺数有关，而雷诺数又与流量有关，需采用试算方法求解：先初设一个 λ 值，代入基本公式算得流量后，再计算雷诺数，判断流区，复核 λ 值。如与初设值不符，则用复核值代入基本公式重新计算 Q，如此反复，直至前后两次算得的流量基本一致为止。实际上，工程中的流动多数处于或接近于阻力平方区，λ 值与雷诺数无关，这时无须进行以上的试算。

（3）已知作用水头 H_0，输送流量 Q 和管道特性 l、$\sum\xi$、Δ 等特性，设计管道的直径 d　这种问题也有两种情况：λ 值给定时，可代入基本公式解出 d；λ 值未确定时（因为与 $\frac{\Delta}{d}$ 值有关），也需进行试算。

对于淹没出流管道，如图 4-16（b）所示，可取上下游水池中的过水断面 1-1 和 2-2 列能量方程，得

$$\left.\begin{aligned} H_0&=\left(\lambda\frac{l}{d}+\sum\xi\right)\frac{v^2}{2g}\\ v&=\frac{1}{\sqrt{\lambda\frac{l}{d}+\sum\xi}}\sqrt{2gH_0}\\ Q&=vA=\frac{A}{\sqrt{\lambda\frac{l}{d}+\sum\xi}}\sqrt{2gH_0}\end{aligned}\right\} \tag{4-41}$$

上式与自由出流的式（4-40）比较，右侧在分母中减少了代表出口动能的系数 1，但在 $\sum\xi$ 中增加了代表出口损失的系数 1（见例 4-9）。

第三章中曾指出：水头线图能全面描述液体三种机械能沿流程的互相转化情况，因此对流动情况的分析很有帮助。水头线图的绘制方法有如下几点要领。

（1）*首先绘制总水头线*　　总水头线总是沿程下降的，在有局部水头损失的地段，有较集中的下降；在有沿程水头损失的地段，则是逐渐地下降。但在有外加能量的地点（如装设水泵处）则有一个集中的上升，上升值等于外加于液体的单位能量值（如为水泵扬程）。

（2）*然后绘制测管水头线*　　测管水头线比总水头线处处低一个流速水头值。流速大的流段，测管水头线比总水头线低得多些；流速小的流段，则低得少些；流速为 0 处，两线重合；流速不变的地段，两线平行。

（3）*应利用已知边界条件作为水头线的起点和终点*　　如总水头线经过水库或大水池（该处的流速水头近似为零）的自由水面，测管水头线经过自由出流管道的排出口（该处的压强水头为零）等。

水头线图的示例可参见例 4-8 和例 4-9。

例 4-8　一圆形断面的倒虹吸管［例图 4-5（a）］，长 $l=50\text{m}$。已知上下游水池水位差 $h=2.24\text{m}$，根据壁面材料的性质，取 $\lambda=0.02$。已知各局部阻力系数为进口 $\xi_1=0.5$，弯头 $\xi_2=0.25$，出口 $\xi_3=1.0$，输送流量 $Q=3\text{m}^3/\text{s}$，试设计管道的直径，并绘制水头线图。

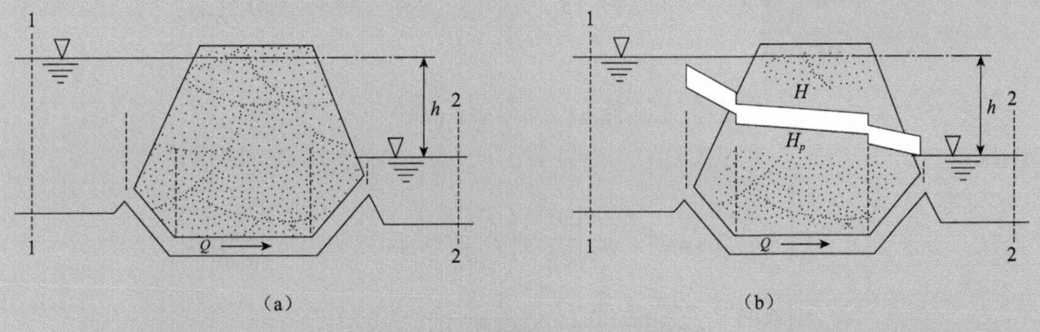

例图 4-5　圆形断面的倒虹吸管

解　对于断面 1-1 和 2-2 之间的管道淹没出流，其作用水头为 h，根据式（4-41），基本公式可写为

$$h=\left(\lambda\frac{l}{d}+\sum\xi\right)\frac{v^2}{2g}=\left(\lambda\frac{l}{d}+\sum\xi\right)\frac{Q^2}{2g\omega^2}$$

$$2.24=\left(0.02\times\frac{50}{d}+0.5+2\times0.25+1\right)\times\frac{8\times3^2}{9.8\pi^2d^4}$$

$$2.24=\frac{0.745}{d^5}+\frac{1.49}{d^4}$$

通过迭代计算，使上式左右两侧互等，可得近似解 $d\approx1.00\text{m}$。

绘制水头线图，如例图 4-5（b）所示。

例 4-9 一水泵站抽水系统［例图 4-6（a）］，已知吸水管直径 $d_1=250\text{mm}$，长 $l_1=20\text{m}$，压水管直径 $d_2=200\text{mm}$，长度 $l_2=260\text{m}$；各局部阻力系数为 $\xi_{底阀}=5.0$，$\xi_{弯头}=0.2$，$\xi_{阀门}=0.5$；沿程阻力系数 $\lambda=0.03$，吸水高度 $h_{吸}=3\text{m}$，压水高度 $h_{压}=17\text{m}$，水泵扬程 $H_{泵}=25\text{m}$，求流量 Q，并绘制水头线图。

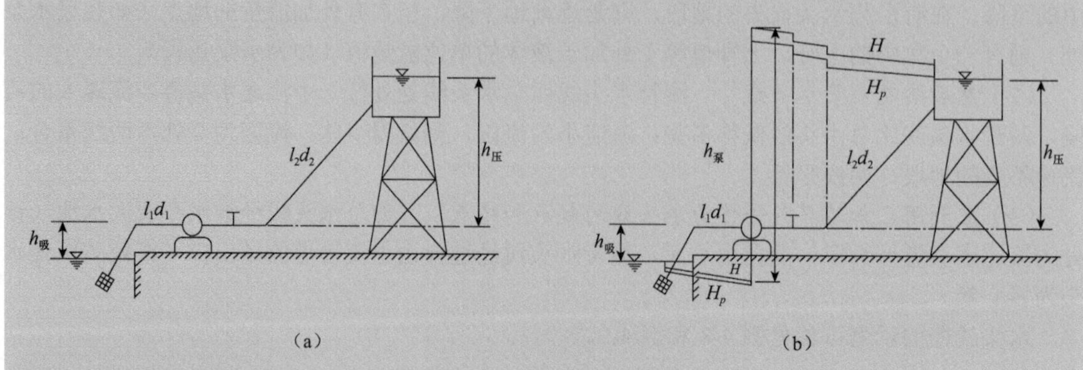

例图 4-6 水泵站抽水系统

解 由式（4-40）得

$$H_0=\left(\lambda_1\frac{l_1}{d_1}+\xi_{底阀}+\xi_{弯头}\right)\frac{v_1^2}{2g}+\left(\lambda_2\frac{l_2}{d_2}+\xi_{阀门}+\xi_{弯头}+\xi_{出口}\right)\frac{v_2^2}{2g}$$

或

$$H_0=(S_1+S_2)Q^2$$

其中，

$$S_1=\left(\lambda_1\frac{l_1}{d_1}+\xi_{底阀}+\xi_{弯头}\right)\frac{v_1^2}{2g}=\left(\lambda_1\frac{l_1}{d_1}+\xi_{底阀}+\xi_{弯头}\right)\times\frac{8}{g\pi^2 d_1^4}$$

$$=\left(0.03\times\frac{20}{0.25}+5+0.2\right)\times\frac{8}{9.8\pi^2 0.25^4}=161.1$$

$$S_2=\left(\lambda_2\frac{l_2}{d_2}+\xi_{阀门}+\xi_{弯头}+\xi_{出口}\right)\frac{v_2^2}{2g}=\left(\lambda_2\frac{l_2}{d_2}+\xi_{阀门}+\xi_{弯头}+\xi_{出口}\right)\times\frac{8}{g\pi^2 d_2^4}$$

$$=\left(0.03\times\frac{260}{0.2}+0.5+0.2+1.0\right)\times\frac{8}{9.8\pi^2 0.2^4}=2106.1$$

考虑到式（3-28）的能量关系，有

$$H_0=H_{泵}-(h_{吸}+h_{压})=25-(3+17)=5\text{m}$$

故得

$$Q=\sqrt{\frac{H_0}{S_1+S_2}}=\sqrt{\frac{5}{161.1+2106.1}}=0.047\,\text{m}^3/\text{s}$$

绘制水头线图，如例图 4-6（b）所示。

附　本章例题详解

本章所有的例题详解，请扫描下方二维码查看。例题的 Excel 计算过程与结果，请阅读附录二并下载 Excel 表格的压缩文件，解压后查看并运行。

第五章　明渠均匀流

教学内容

明渠均匀流的水力特性和基本公式；梯形断面渠道的水力最佳断面；梯形断面渠道明渠均匀流的水力计算；复式断面明渠均匀流的水力计算。

教学要求

了解明渠水流的分类和特征；掌握棱柱形渠道、明渠底坡的概念和梯形断面明渠的几何特征和水力要素；理解均匀流的特点和力学实质，熟练掌握明渠均匀流相关公式，并能应用它来进行明渠均匀流水力计算；掌握明渠均匀流水力设计的类型和计算方法，能进行过流能力和正常水深的计算，能设计渠道的断面尺寸；理解水力最佳断面和允许流速的概念，掌握水力最佳断面的条件和允许流速的确定方法，学会正确选择明渠的粗糙系数 n 值。

教学建议

明渠均匀流的水力计算是本章的重点，应当讲清楚梯形断面渠道均匀流不同题型的水力计算问题。

天然河道及人工渠道（如路基排水沟、无压涵洞或下水道等）中的水流称为明渠流。它和有压管流的主要区别在于水流有自由表面，水面各点和大气相接触，相对压强为零，所以明渠流又称为无压流。

明渠流一般都处于紊流阻力平方区，它和管流一样，可以是恒定流或非恒定流、均匀流或非均匀流、急变流或渐变流。由于水面不受固体边壁的约束，水深可以自由变化，在水流和各边界条件的相互作用下，可形成各种各样的水力现象。

如图 5-1 所示，渠中水流受桥墩的影响，有些流段水深沿流程基本不变，这些流段属于均匀流或渐变流；而有些流段受边界条件变化的影响，水深则上升或下降，这些流段属于急变流，如果地形复杂还可能出现其他水流形式。

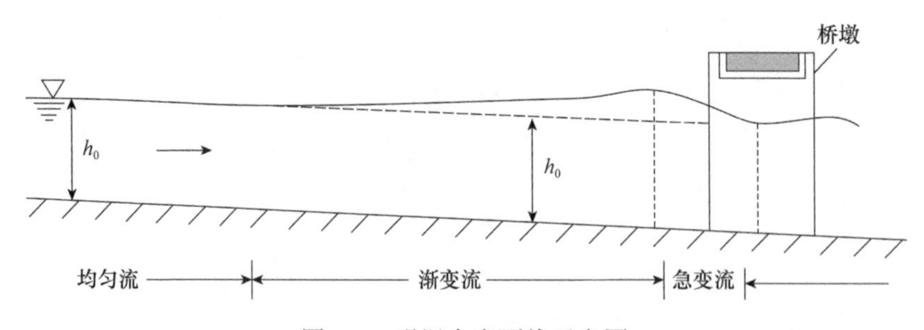

图 5-1　明渠中水面线示意图

本章主要介绍明渠均匀流的水力特性和水力计算原理，它的有关基本概念和计算公式也是

第六章明渠恒定非均匀流的理论基础。

第一节　概　　述

一、渠道的横断面

渠道的横断面形状有多种（图 5-2）。人工渠道一般为了兼顾水力和技术经济条件，常做成对称的几何形状，如梯形、矩形、U 形及对称多边形等［图 5-2（a）～图 5-2（f）］。天然河道的横断面与河槽地质条件及水力条件有关，上游水流湍急、冲刷力强，河槽断面多呈 V 形，如图 5-2（g）；中、下游水流较缓，淤积逐渐加剧，断面多呈 U 形，如图 5-2（h）；由于水流离心的影响，河槽还可呈深浅不对称的断面，如图 5-2（i）和图 5-2（j）所示。

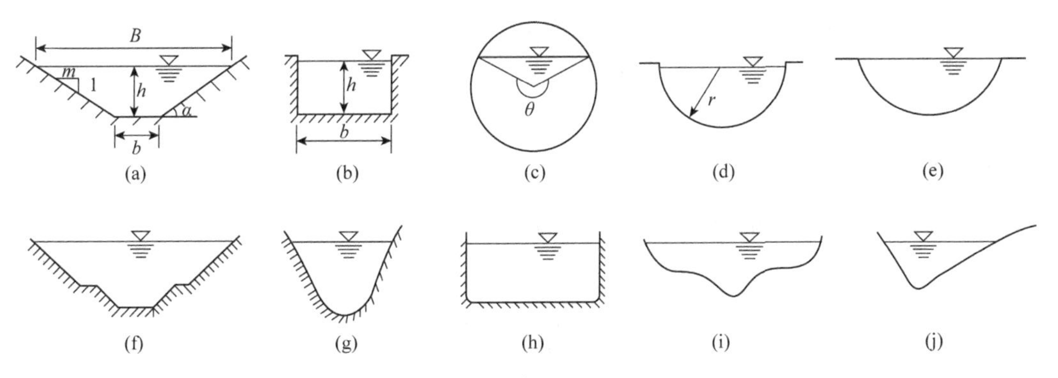

图 5-2　明渠横断面形状示意图

在土质地基上的明渠，为避免崩塌和便于施工，多挖成梯形断面，如图 5-2（a）所示，它的两侧倾斜度一般用边坡系数 m 表示，定义明渠的边坡系数为

$$m = ctg\alpha \tag{5-1}$$

m 值的大小决定于渠道边壁土壤性质或护面材料情况（表 5-1）。

表 5-1　梯形渠道的边坡系数

土壤种类	m	土壤种类	m
粉砂	3.0～3.5	砂壤土、黄土或黏土	1.25～1.5
细砂、中砂和粗砂		卵石和砌石	1.25～1.5
疏松的和中等密实的	2.0～2.5	半岩石性的抗水性土壤	0.5～1.0
密实的	1.5～2.0	风化的岩石	0.25～0.5
砂壤土	1.5～2.0	未风化的岩石	0～0.25

当为岩石地基或用钢筋混凝土做护面材料时，常用矩形断面（$m=0$）；中小型下水道和无压涵管，多采用圆形断面；公路路基下的箱涵管，则为矩形断面，因施工不便，比较少用。对于最大和最小流量相差比较大的大型渠道，则常采用复式断面［图 5-2（f）］。

明渠过水断面的水力要素取决于断面形状，以梯形断面图 5-2（a）为例，各水力要素（水面宽度 B、过水断面面积 A、湿周 χ、水力半径 R）之间的几何关系如下所示。

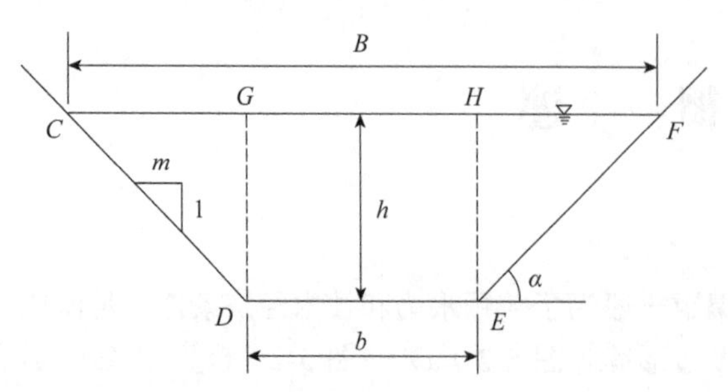

图 5-2（a） 梯形明渠横断面示意图

$$\begin{cases} B=b+2mh \\ A=(b+mh)h \\ \chi=b+2h\sqrt{1+m^2} \\ R=\dfrac{A}{\chi}=\dfrac{(b+mh)h}{b+2h\sqrt{1+m^2}} \end{cases} \tag{5-2}$$

此外，由于地形、地质情况及工程上的种种考虑，按渠道断面沿程情况，还可将渠道分为以下两类。

（1）非棱柱形渠道　这种渠道的断面形状和尺寸沿流程变化，过水断面面积是流程长度 L 和水深 h 的函数，即 $A=f(h, L)$。

（2）棱柱形渠道　这种渠道的断面的形状和尺寸沿流程不变，过水断面面积只是水深的函数，即 $A=f(h)$。

二、渠道底坡

渠底高程差（z_1-z_2）与相应渠道长度 L 的比值，称为渠道底坡，用符号 i 表示，如图 5-3 所示。

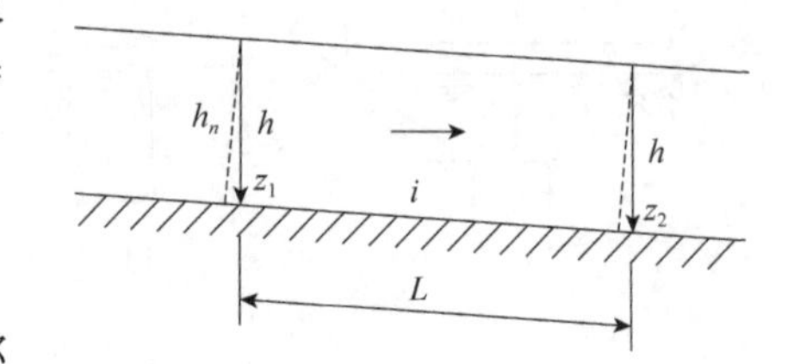

图 5-3 明渠纵断面（渠道底坡）示意图

$$i=\frac{z_1-z_2}{L}=\sin\theta \tag{5-3}$$

工程中的实际底坡一般都比较小（如 $i\leqslant 0.1$），可以近似取

$$i\approx \mathrm{tg}\theta \tag{5-4}$$

因此，过水断面的水深 h_n（与流线相正交）也可以近似采用铅直方向的水深 h，即

$$h\approx h_n \tag{5-5}$$

如图 5-4（a）所示，当渠底高程沿程下降时，$i>0$，称为顺坡渠道；如图 5-4（b）所示，当渠底高程沿程不变时，$i=0$，称为平坡渠道；如图 5-4（c）所示，当渠底高程沿程上升时，$i<0$，称为逆坡渠道。天然河道的河底凸凹不平，它的底坡可取一定河段的平均底坡计算。

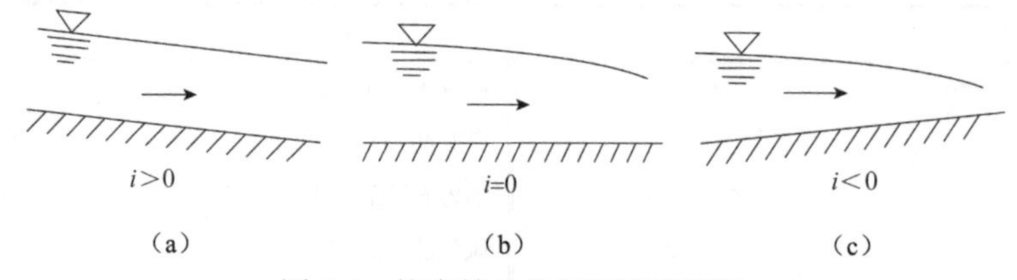

图 5-4 按底坡分类的渠道类型图

三、允许流速

设计渠道时应将渠中流速作为重要因素来考虑，既不允许流速过大，使渠道受冲刷或塌方，也不允许流速过小，使渠道发生淤积，甚至滋生杂草。设渠道中最大允许流速为 $v_{\max}$，最小允许流速为 $v_{\min}$，则渠道中设计流速应满足下述条件：

$$v_{min} < v < v_{max} \tag{5-6}$$

（一）不冲流速 v_{max}

挟带一定含砂量的水流通过渠道时，若渠床上的泥砂不致冲刷，这时的断面平均流速称为不冲流速。当渠中水流为清水时，不冲流速就等于起动流速 v_{max}。

v_{max} 按渠道表面的土壤类别或衬砌材料选用，由试验确定，或按下述经验公式、经验表格确定。

1）对大颗粒卵石、砾石渠槽的不冲流速可按下式计算。

$$v_{max} = 2.7\left(\frac{c}{\sqrt{ab}}\right)^{\frac{1}{2}} d^{\frac{5}{14}} h^{\frac{1}{7}} \tag{5-7}$$

式中，h 为水深（m）；d 为石子的等效直径（m）；a、b、c 为石子的长、宽、高（m）。

2）对无黏性土质渠槽、黏性土质渠槽、岩石渠槽和人工护坡渠槽，可分别参考表 5-2、表 5-3 和表 5-4 的数值选用。

表 5-2　无黏性土质渠槽不冲流速表　（单位：m/s）

土壤名称	粒径/mm	水深/m			
		0.4	1.0	2.0	≥3.0
粉土、淤泥	0.005～0.05	0.12～0.17	0.15～0.21	0.17～0.24	0.19～0.26
细砂	0.05～0.25	0.17～0.27	0.21～0.32	0.24～0.37	0.26～0.40
中砂	0.25～1.00	0.27～0.47	0.32～0.57	0.37～0.65	0.40～0.70
粗砂	1.0～2.5	0.47～0.53	0.57～0.65	0.65～0.75	0.70～0.80
细砾石	2.5～5.0	0.53～0.65	0.65～0.80	0.75～0.90	0.80～0.95
中砾石	5～10	0.65～0.80	0.80～1.00	0.90～1.10	0.95～1.20
大砾石	10～15	0.80～0.95	1.0～1.2	1.1～1.3	1.2～1.4
小卵石	15～25	0.95～1.2	1.2～1.4	1.3～1.6	1.4～1.8
中卵石	25～40	1.2～1.5	1.4～1.8	1.6～2.1	1.8～2.2
大卵石	40～75	1.5～2.0	1.8～2.4	2.1～2.8	2.2～3.0
小漂石	75～100	2.0～2.3	2.4～2.8	2.8～3.2	3.0～3.4
中漂石	100～150	2.3～2.8	2.8～3.4	3.2～3.9	3.4～4.2
大漂石	150～200	2.8～3.2	3.4～3.9	3.9～4.5	4.2～4.9
顽石	＞200	＞3.2	＞3.9	＞4.5	＞4.9

表 5-3　黏性土质渠槽不冲流速表

土壤名称	v_{max}/（m/s）	土壤名称	v_{max}/（m/s）
轻壤土	0.6～0.8	重壤土	0.70～1.00
中壤土	0.65～0.85	黏土	0.75～0.95

注：①该表中土壤的容重为 1.3～1.7t/m^3。②表中所列不冲流速值限于水力半径 R=1.0m 的情况；当 $R \neq 1.0$m 时，表中所列数值乘以 R^{α}，即得相应的不冲流速（α 为指数，对疏松的壤土和黏土，α=1/4～1/3；对中等密实的和密实的砂壤土、壤土和黏土，α=1/5～1/4）

表 5-4 岩石和人工护坡渠槽不冲流速表 （单位：m/s）

岩性	水深/m			
	0.4	1.0	2.0	3.0
砾岩、泥灰岩、页岩	2.0	2.5	3.0	3.5
石灰岩、致密的砾岩、砂岩、白云石灰岩	3.0	3.5	4.0	4.5
白云砂岩、致密的石灰岩、硅质石灰岩、大理岩	4.0	5.0	5.5	6.0
花岗岩、辉绿岩、玄武岩、安山岩、石英岩、斑岩	15	18	20	22
110 号混凝土护面	5.0	6.0	7.0	7.5
140 号混凝土护面	6.0	7.0	8.0	9.0
170 号混凝土护面	6.5	8.0	9.0	10.0
光滑的 110 号混凝土槽	10	12	13	15
光滑的 140 号混凝土槽	12	14	16	18
光滑的 170 号混凝土槽	13	16	19	20

（二）不淤流速 v_{min}

在挟带一定含砂量的渠道水流中，水流的挟砂能力若刚好能挟运定量的泥砂而不致淤积，这时的断面平均流速就称为不淤流速。渠道中的最小允许流速，视水中含砂量、含砂粒径及水深而定，一般不小于 0.5m/s，亦可按下面的经验公式计算。

$$v_{min}=\beta h_0^{0.64} \tag{5-8}$$

式中，h_0 为正常水深（m）；β 为淤积系数。水流挟带物为粗砂时，$\beta=0.60\sim0.71$；对于中砂，$\beta=0.54\sim0.57$；对于细砂，$\beta=0.39\sim0.41$。

第二节 明渠均匀流的水力特性和基本公式

一、明渠均匀流的水力特性

均匀流的流线族是互相平行的直线，而明渠均匀流的水面线即测管水头线，因此它的总水头线、水面线及渠底线三者互相平行，水力坡度 J、测管坡度 J_p 及渠底坡度 i 三者相等，即

$$J=J_p=i \tag{5-9}$$

均匀流既是等深流动，又是等速流动，是一种均匀直线运动，则流动方向所受的力比保持平衡，否则就产生了加速或减速运动，与均匀流的定义相矛盾。

如图 5-5 所示，取控制断面 A-B、C-D 间的隔离体 $ABCD$ 分析，作用在水体上的力有重力 G、边壁摩擦力 T，以及大小相等、方向相反的两控制断面上的动水总压力 P_1 和 P_2，沿流动方向写动量方程，有

$$P_1+G\sin\theta-T-P_2=0$$

故

$$G\sin\theta=T \tag{5-10}$$

或

$$G\Delta Z=TL \tag{5-11}$$

上述分析表明，形成明渠均匀流的原因是当 $i>0$ 时，重力沿流向的分力 $G\sin\theta$ 恰好与摩擦

阻力 T 相等，也可以说是重力所做的功恰好等于摩擦阻力所消耗的能量。

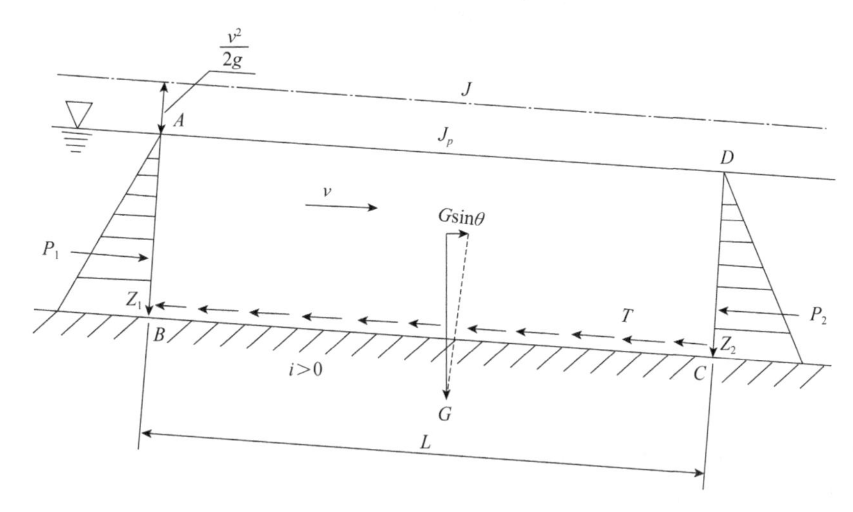

图 5-5　明渠均匀流隔离体受力分析示意图

明渠水流做均匀流时的水深，通常称为正常水深，以 h_0 表示。这是一个非常重要的水深，是第六章分析水面曲线变化的特征水深。

显然，当 $i \leqslant 0$ 或渠中水深不等于正常水深时，都不存在式（5-10）或式（5-11）的平衡关系，只会出现非均匀流动。因此，明渠均匀流只可能在下述条件发生：①长直的棱柱形顺坡渠道；②渠道表面粗糙系数沿程一致；③水流是恒定流，且流量沿程不变。

应当指出，满足上述三个条件不一定发生明渠均匀流，但发生明渠均匀流一定满足这三个条件。

二、明渠均匀流的基本公式

当明渠水流做均匀流动时，因 $J > i$，由谢才公式得

$$
\begin{aligned}
v &= C\sqrt{RJ} = C\sqrt{Ri} \\
Q &= vA = CA\sqrt{Ri} = K\sqrt{i}
\end{aligned}
\tag{5-12}
$$

式中，$K = CA\sqrt{R}$ 称为流量模数，它的因次和流量相同。

当渠道断面形状及粗糙系数一定时，K 是正常水深 h_0 的函数（图 5-6）。C 为谢才系数，可按曼宁公式（4-34）或巴甫洛夫斯基公式（4-35）计算（式中粗糙系数 n 可查第四章表 4-2）。

式（5-12）全面概括了渠道输水能力的有关因素，是明渠均匀流水力计算的基本公式，正常水深 h_0 则是明渠流的一个十分重要的特征水深。当断面形状、尺寸一定时，由式（5-12）可知：底坡越小，正常水深越大；底坡越大，正常水深越小。

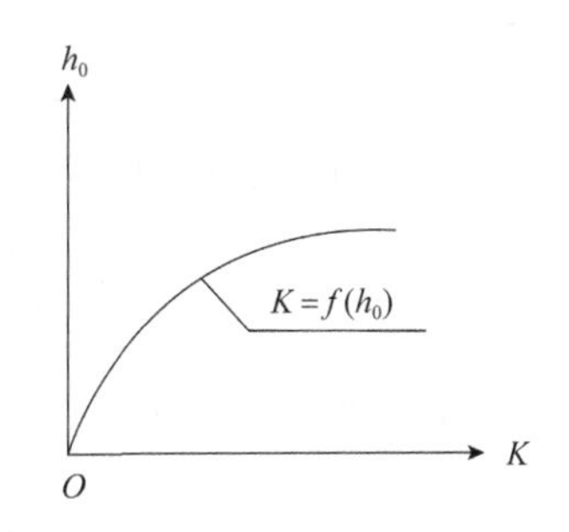

图 5-6　流量模数-水深关系曲线示意图

第三节 梯形渠道的水力最佳断面

修建渠道往往涉及大量建筑材料、土石方量和工程投资。因此，如何从水力条件着眼，选择输水性能最佳的过水断面形状具有重要意义。

所谓水力最佳断面，即当渠道的过水断面面积 A、粗糙系数 n 及渠道底坡 i 一定时，过水能力最大的断面形状。若取谢才系数 $C=\frac{1}{n}R^{\frac{1}{6}}$，式（5-12）可写成：

$$Q=vA=CA\sqrt{Ri}=\frac{1}{n}R^{\frac{1}{6}}A\sqrt{Ri}=\frac{1}{n}AR^{\frac{2}{3}}i^{\frac{1}{2}}=\frac{1}{n}A^{\frac{5}{3}}\chi^{-\frac{2}{3}}i^{\frac{1}{2}} \tag{5-13}$$

上式表明，当湿周 χ 最小时的断面形状，便是水力最佳断面。梯形渠道是工程中常用的一种输水建筑物，对于土基的渠道，为使边坡稳定，常按土质情况选定边坡系数，而后根据所选定的边坡系数，确定满足水力最佳条件下的宽度和深度的关系（即宽深比 $\beta=b/h$）。梯形渠道的过水断面面积和湿周分别为

$$\begin{cases} A=(b+mh)h \\ \chi=b+2h\sqrt{1+m^2} \end{cases}$$

按水力最佳断面的定义，取

$$\frac{\mathrm{d}\chi}{\mathrm{d}h}=\frac{\mathrm{d}b}{\mathrm{d}h}+2\sqrt{1+m^2}=0$$

$$\frac{\mathrm{d}A}{\mathrm{d}h}=(b+mh)+h\left(\frac{\mathrm{d}b}{\mathrm{d}h}+m\right)=0$$

联立解以上两式得

$$\beta_m=\left(\frac{b}{h}\right)_m=2\left(\sqrt{1+m^2}-m\right)=f(m) \tag{5-14}$$

这便是梯形渠道水力最佳断面的宽深比条件。对于各种边坡系数，梯形渠道的水力最佳断面宽深比见表 5-5。

表 5-5 梯形渠道水力最佳断面宽深比

m	0	0.25	0.50	0.75	1.00	1.25	1.50	1.75	2.00	3.00
$\beta=b/h$	2.00	1.56	1.24	1.00	0.83	0.70	0.61	0.53	0.47	0.32

由式（5-14）可知，相应于梯形渠道水力最佳断面的水力半径为

$$R=\frac{A}{\chi}=\frac{(b+mh)h}{b+2h\sqrt{1+m^2}}=\frac{(\beta+m)h^2}{\left(\beta+2\sqrt{1+m^2}\right)h}=\frac{(\beta+m)h}{\beta+2\sqrt{1+m^2}} \tag{5-15}$$

代入式（5-14）中的 β，整理得

$$R_m=\frac{h_m}{2}$$

这表明梯形渠道水力最佳断面的水力半径等于正常水深的一半，它与渠道的边坡系数无关。

对于矩形断面，它的边坡系数 $m=0$，故水力最佳宽深比为

$$\beta_m=2 \text{ 或 } b_m=2h_m \tag{5-16}$$

以上讨论只限于水力最佳条件，但在实际工程中还要综合考虑允许流速、造价、施工技术及维修养护等要求。例如，在土质地段修建大型渠道，如按照水力最佳条件考虑，则断面往往过于窄而深，此时土方虽小，但因取土太深，会受地质条件和地下水的影响而增加施工的困难，反而提高了土方单价和总的建造费用。因此，水力最佳断面的应用是有局限性的。一般来说，对于中、小型渠道，建造费用主要取决于土方量，宜按照水力最佳断面条件设计；对于大型渠道，则常做成宽而浅的断面形式，如取 $\beta=3\sim4$。

第四节　梯形断面明渠均匀流的水力计算

由基本公式（5-12）知道，梯形渠道的泄水能力具有下述函数关系：

$$Q=AC\sqrt{Ri}=f(m,n,i,b,h_0) \tag{5-17}$$

式中，m 为边坡系数，b 为渠底宽度，h_0 为正常水深，n 为粗糙系数，i 为渠底坡度。Q、m、b、h_0、n、i 六个参数中，m 值取决于渠道壁面性质，因此，水力计算问题不外乎以下四类。

一、已知 m、n、b、h_0、i 五个参数，要求验算渠道的输水能力

这类问题可根据已知的参数依次计算 A、χ、C、R，再代入式（5-17）即可算出流量。以梯形断面渠道为例，验算如下所示。

$$Q=AV=AC\sqrt{Ri}=(b+mh_0)h_0\times\frac{1}{n}R^{1/6}\times R^{1/2}i^{1/2}$$

$$=\frac{\sqrt{i}}{n}(b+mh_0)h_0\times\left(\frac{(b+mh_0)h_0}{b+2h_0\sqrt{1+m^2}}\right)^{\frac{2}{3}}=\frac{\sqrt{i}}{n}\times\frac{\left((b+mh_0)h_0\right)^{5/3}}{\left(b+2h_0\sqrt{1+m^2}\right)^{2/3}}$$

例 5-1　有一情况较坏的梯形断面路基排水土渠，长 1.0km，底宽 3m，设计水深为 0.8m，边坡系数 $m=1.5$，底部落差为 0.5m，试验算渠道的输水能力和流速。

解　由表 4-2 查得 $n=0.03$

底坡为 $i=\frac{z_1-z_2}{L}=\frac{0.5}{1000}=0.0005$

过水断面面积为 $A=(b+mh_0)h_0=(3+1.5\times0.8)\times0.8=3.36\text{m}^2$

湿周为 $\chi=b+2h_0\sqrt{1+m^2}=3+2\times0.8\sqrt{1+1.5^2}=5.88\text{m}$

水力半径为 $R=\frac{A}{\chi}=\frac{3.36}{5.88}=0.57\text{m}$

因 $R<1.0\text{m}$，按巴甫洛夫斯基公式计算得

$$y=1.5\sqrt{n}=1.5\sqrt{0.03}=0.2598$$

$$C=\frac{1}{n}R^y=\frac{1}{0.03}\times0.57^{0.2598}=28.80\text{m}^{0.5}/\text{s}$$

故流量为$Q=AC\sqrt{Ri}=3.36\times28.80\times\sqrt{0.57\times0.0005}=1.63m^3/s$

流速为$v=\frac{Q}{A}=\frac{1.63}{3.36}=0.485m/s$

计算结果表明，因$v<v_{min}=0.5m/s$，故渠道设计不合理，应调整相应参数重新设计。

二、已知 *q*、*m*、*n*、*b*、h_0 五个参数，要求设计渠道底坡 *i*

这类问题的解法与第一类问题相似，即由已知的参数依次计算*A*、χ、*R*、*C*和*K*，然后由式（5-18）求*i*，即

$$\begin{cases} i=\frac{Q^2}{K^2} \\ K=AC\sqrt{R} \end{cases} \tag{5-18}$$

例 5-2 某灌区修建一条钢筋混凝土矩形输水渡槽，底宽 5.1m，水深 3.08m，粗糙系数$n=0.014$，设计流量为$25.6m^3/s$，试求渠道底坡和流速。

解 过水断面面积为$A=bh_0=5.1\times3.08=15.71m^2$

湿周为$\chi=b+2h_0=5.1+2\times3.08=11.26m$

水力半径为$R=\frac{A}{\chi}=\frac{15.71}{11.26}=1.395m$

当$n=0.014$，$R=1.395m$时，按巴甫洛夫斯基近似公式计算得

$$y=1.3\sqrt{n}=1.3\sqrt{0.014}=0.1538$$

$$C=\frac{1}{n}R^y=\frac{1}{0.014}\times1.395^{0.1538}=75.18m^{0.5}/s$$

流量模数为$K=AC\sqrt{R}=15.71\times75.18\times\sqrt{1.395}=1395m^3/s$

底坡为$i=\frac{Q^2}{K^2}=\frac{25.6^2}{1395^2}=0.000337$

流速为$v=\frac{Q}{A}=\frac{25.6}{15.71}=1.63m/s$

结果表明，计算流速满足允许流速的要求，设计合理。

三、已知 *b*、*m*、*i*、*q*、h_0 五个参数，求粗糙系数 *n*

这类问题若按曼宁公式$C=\frac{1}{n}R^{\frac{1}{6}}$计算谢才系数，由式（5-13）得

$$n=\frac{A}{Q}R^{\frac{2}{3}}i^{\frac{1}{2}} \tag{5-19}$$

例 5-3 已知梯形渠道底宽$b=1.5m$，底坡$i=0.0006$，边坡系数$m=1.0$，当流量$Q=1.0m^3/s$时，测得水深$h_0=0.86m$，试求粗糙系数*n*。

解　过水断面面积为

$A=(b+mh_0)h_0=(1.5+1.0\times0.86)\times0.86=2.03\text{m}^2$

湿周为 $\chi=b+2h_0\sqrt{1+m^2}=1.5+2\times0.86\sqrt{1+1.0^2}=3.93\text{m}$

水力半径为 $R=\dfrac{A}{\chi}=\dfrac{2.03}{3.93}=0.52\text{m}$

故可得 $n=\dfrac{A}{Q}R^{\frac{2}{3}}i^{\frac{1}{2}}=\dfrac{2.03}{1.0}\times0.52^{\frac{2}{3}}\times0.0006^{\frac{1}{2}}=0.032$

四、已知 *q*、*i*、*n*、*m* 四个参数，要求设计渠道断面尺寸 *b* 和 *h*

这类问题的未知量有两个，利用式（5-17）求解，必须结合工程和技术经济要求，再附加一个条件，一般可以有以下四种情况。

1．按需要选定正常水深 h_0，求相应的渠道底宽 *b*

公式：

$$K=AC\sqrt{R}=\frac{1}{n}A^{5/3}\chi^{-2/3}=\frac{1}{n}(bh_0+mh_0^2)^{5/3}\left(b+2h_0\sqrt{1+m^2}\right)^{-2/3}=f(b) \tag{5-20}$$

解法：

1）图解法。绘制 $K=f(b)$ 曲线，由相应的 $K_0=Q/\sqrt{i}$ 值查得 b 值。

2）试算法。$f(b)=\dfrac{1}{n}(bh_0+mh_0^2)^{5/3}\left(b+2h_0\sqrt{1+m^2}\right)^{-2/3}$。

3）迭代法。$b=\dfrac{1}{n}\left(\dfrac{nQ}{\sqrt{i}}\right)^{3/5}\left(b+2h_0\sqrt{1+m^2}\right)^{2/5}-mh_0,\ b\geqslant0$。

2．按需要选定渠道底宽 *b*，求相应的正常水深 h_0

公式：

$$K=AC\sqrt{R}=\frac{1}{n}A^{5/3}\chi^{-2/3}=\frac{1}{n}(bh+mh^2)^{5/3}\left(b+2h\sqrt{1+m^2}\right)^{-2/3}=f(h) \tag{5-21}$$

解法：

1）图解法。绘制 $K=f(h)$ 曲线，由相应的 $K_0=Q/\sqrt{i}$ 值查得 h_0。

2）试算法。$f(h)=\dfrac{1}{n}(bh+mh^2)^{5/3}\left(b+2h\sqrt{1+m^2}\right)^{-2/3}$。

3）迭代法。$h=\dfrac{1}{2m}\left[\sqrt{4m\left(\dfrac{nQ}{\sqrt{i}}\right)^{3/5}\left(b+2h\sqrt{1+m^2}\right)^{2/5}+b^2}-b\right],h\geqslant0$。

3．根据流量大小选择合适的宽深比 $\beta_m=b/h_m$，确定相应的正常水深 h_0 或渠道底宽 *b*

解法：

1）选择合适的 β_m，则 $b=\beta_m h_0$，代入基本公式得 h_0，再由 $b=\beta_m h_0$ 计算得 b 值。

2）对于小型渠道，取 $\beta_0=2\left(\sqrt{1+m^2}-m\right)$；对于大型渠道，取 $\beta_0=3\sim5$。

4．根据允许流速［v］，设计渠道的断面尺寸 b 和 h_0

解法：

1）$A=\dfrac{Q}{[v]}$。

2）由 $\begin{cases}[v]=C\sqrt{Ri}\\ C=\dfrac{1}{n}R^{1/6}\\ R=\dfrac{A}{\chi}\end{cases}$ 求得 $\chi=\left(\dfrac{A^{2/3}i^{1/2}}{n[v]}\right)^{3/2}$。

3）将1）、2）求得的 A、χ 代入 $\begin{cases}A=(b+mh)h\\ \chi=b+2h\sqrt{1+m^2}\end{cases}$ 联立求解，可得 b 和 h_0。

例 5-4 有一梯形断面混凝土渠道。已知流量 $Q=3\text{m}^3/\text{s}$，底坡 $i=0.0049$，粗糙系数 $n=0.0225$，边坡系数 $m=1.0$，渠道免冲刷的最大允许流速 $v_{\max}=3.5\text{m/s}$，根据地质条件取底宽 $b=1m$，试求正常水深。

解 （1）图解法

$$Q=K\sqrt{i}\Rightarrow K_0=\frac{Q}{\sqrt{i}}=\frac{3.0}{\sqrt{0.0049}}=42.86\text{m}^3/\text{s}$$

$$K=AC\sqrt{R}=A\left(\frac{1}{n}R^{\frac{1}{6}}\right)R^{\frac{1}{2}}=\frac{A^{\frac{5}{3}}}{n\chi^{\frac{2}{3}}}$$

$$=\frac{\left[(b+mh)h\right]^{\frac{5}{3}}}{n\left[b+2h\sqrt{1+m^2}\right]^{\frac{2}{3}}}=\frac{\left[(1+h)h\right]^{\frac{5}{3}}}{0.0225\times(1+2.8284h)^{\frac{2}{3}}}$$

利用上式，先计算各种水深条件下的 K 值，并列成例表 5-1。

例表 5-1 各种水深条件下的 K 值 （单位：m^3/s）

h/m	$K=f(h)$	h/m	$K=f(h)$
0.1	0.951	0.6	21.429
0.2	3.055	0.7	28.681
0.3	6.143	0.8	37.100
0.4	10.210	0.9	46.740
0.5	15.290	1.0	57.658

按上表绘制曲线（例图 5-1、例图 5-2），再由 $K=f(h)$ 曲线，在图中求得正常水深。由例图 5-2 查得，$K=42.86\text{m}^3/\text{s}$ 时，$h_0=0.861\text{m}$。

（2）迭代法

构造正常水深迭代式：

$$h=\frac{1}{2m}\left[\sqrt{4m\left(\frac{nQ}{\sqrt{i}}\right)^{3/5}\left(b+2h\sqrt{1+m^2}\right)^{2/5}+b^2}-b\right],\ h\geqslant 0$$

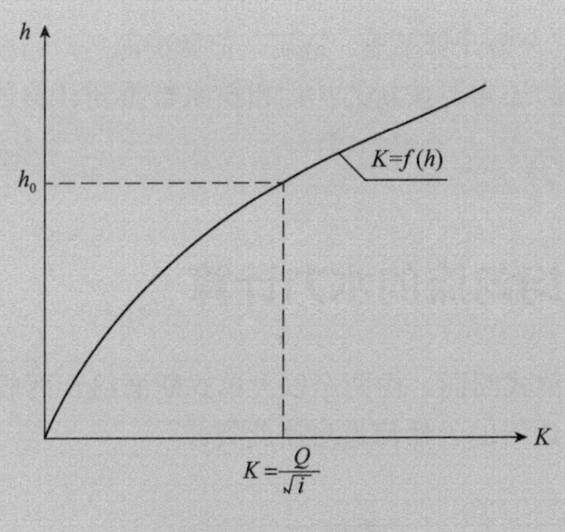

例图 5-1　曲线 1

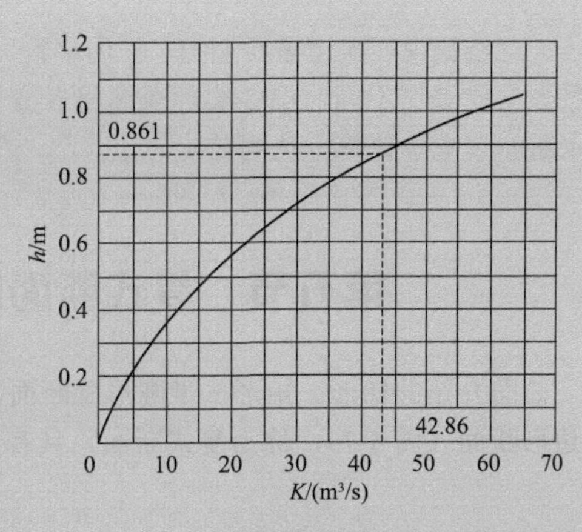

例图 5-2　曲线 2

通过 Excel 程序迭代得 $h_0=0.861\text{m}$。

（3）验证渠道中的流速是否满足要求

由计算的正常水深得

$$A=(b+mh)h=(1.0+1.0\times0.861)\times0.861=1.60\text{m}^2$$

渠中相应的断面平均流速为

$$v=Q/A=3.0/1.60=1.875\text{m/s}$$

由计算结果验算渠道允许流速，$v_{\min}=0.5\text{m/s}<v=1.875\text{m/s}<v_{\max}=3.5\text{m/s}$，满足要求，设计合理。

例 5-5　有一条梯形断面路基排水沟，底坡 $i=0.005$，粗糙系数 $n=0.025$，边坡系数 $m=1.5$，流量 $Q=3.5\text{m}^3/\text{s}$，渠道免冲刷的最大允许流速 $v_{\max}=0.9\text{m/s}$，试按水力最佳条件设计此排水沟的断面尺寸，并考虑是否需要加固。

解　由 $\beta_m=2\left(\sqrt{1+m^2}-m\right)=2\left(\sqrt{1+1.5^2}-1.5\right)=0.6\Rightarrow b=0.61h$

又有

$$A=(b+mh)h=(0.61\,h+1.5\,h)h=2.11h^2$$
$$R=0.5h$$
$$C=\frac{1}{n}R^{\frac{1}{6}}=\frac{1}{0.025}(0.5h)^{\frac{1}{6}}$$

从而有

$$Q=AC\sqrt{Ri}\Rightarrow Q=3.76h^{\frac{8}{3}}$$

将 $Q=3.5\text{m}^3/\text{s}$ 代入上式，得

$$h=\left(\frac{3.5}{3.76}\right)^{\frac{3}{8}}=0.97\,\text{m}$$
$$b=0.61h=0.61\times0.97=0.59\text{m}$$

断面尺寸 b、h 算出后，再验算流速：

$$v=C\sqrt{Ri}=\frac{1}{n}R^{\frac{2}{3}}i^{\frac{1}{2}}=\frac{1}{0.025}\times(0.5\times0.97)^{\frac{2}{3}}\times0.005^{\frac{1}{2}}=1.75\,\text{m/s}>v_{\max}=0.90\,\text{m/s}$$

此结果说明渠道需要加固。护面材料可参考《水力计算手册》选用，但做护面后，粗糙系数与原渠道不同，渠中实际流速将有变化，因此还需要按新的护面粗糙系数重新计算过水断面尺寸，计算方法同前。

第五节 复式断面明渠均匀流的水力计算

前面介绍的梯形、矩形、半圆形等断面，称为单式断面。由两个以上单式断面组合而成的多边形断面（图 5-7），称为复式断面。具有主槽和边滩的天然河道也属此类。

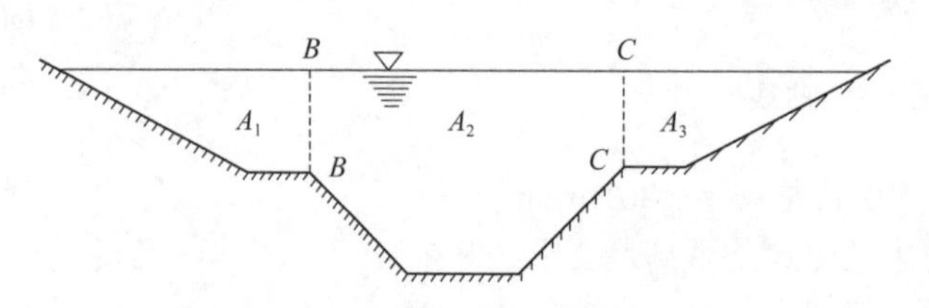

图 5-7 复式断面横断面示意图

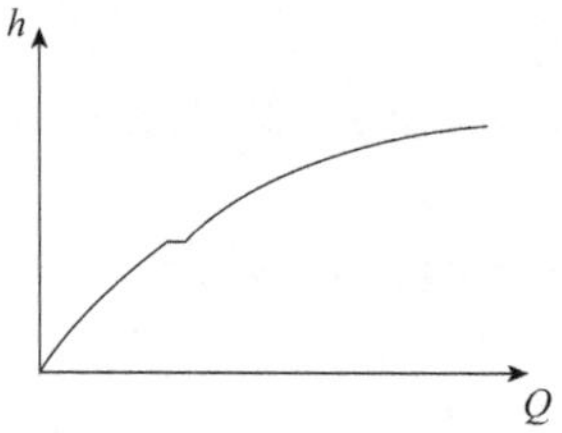

复式断面一般是上部宽而浅，下部窄而深，因此它能承担变化幅度较大的输水任务。复式断面的主槽经常有水流通过，常年受水流冲刷，壁面比较光滑；而滩地则因不常有水流过，可能有沙波起伏，甚至水草丛生，壁面比较粗糙。因此，主槽和滩地的粗糙系数一般是不一致的。

此外，由于断面突变，湿周剧增，水位流量关系曲线也不连续（图 5-8）。

图 5-8 复式断面水位流量关系曲线示意图

复式断面的水力计算尚无精确方法，近似计算是用垂线将过水断面划分成主槽与滩地等几个部分，然后分别按单式断面明渠均匀流公式计算各部分流量，再叠加得渠道的总流量。如图 5-7 所示，可用垂线 B-B、C-C 将过水断面划分为三部分，逐一计算再叠加，但计算湿周时，应将分界线 B-B、C-C 部分除外。当达到洪水位时，它们的水力坡度可认为都等于渠道底坡，即

$$J_1=J_2=J_3=i$$

这样，主槽和两侧滩地的流量分别为

$$Q_1=C_1A_1\sqrt{R_1i}=K_1\sqrt{i}$$

$$Q_2=C_2A_2\sqrt{R_2i}=K_2\sqrt{i}$$

$$Q_3=C_3A_3\sqrt{R_3i}=K_3\sqrt{i}$$

从而得渠道总流量为

$$Q=Q_1+Q_2+Q_3=(K_1+K_2+K_3)\sqrt{i} \tag{5-22}$$

这就是复式断面明渠均匀流水力计算的基本公式。

当渠道断面的湿周由不同材料组成时，各部分的粗糙度是不同的，这种情况下可采用综合粗糙度 n_c 代替断面粗糙度，来计算整个流动的阻力和水头损失。

综合粗糙度 n_c 常采用下面统计公式计算。

（1）当 $\frac{n_{max}}{n_{min}}<1.5$ 时，按下述加权平均公式计算

$$n_c=\frac{n_1\chi_1+n_2\chi_2+\cdots+n_k\chi_k}{\chi_1+\chi_2+\cdots+\chi_k}=\frac{\sum_{i=1}^{k}n_i\chi_i}{\sum_{i=1}^{k}\chi_i} \tag{5-23}$$

（2）当 $\frac{n_{max}}{n_{min}}>1.5$ 时，按均方根计算

$$n_c=\sqrt{\frac{n_1^2\chi_1+n_2^2\chi_2+\cdots+n_k^2\chi_k}{\chi_1+\chi_2+\cdots+\chi_k}}=\sqrt{\frac{\sum_{i=1}^{k}n_i^2\chi_i}{\sum_{i=1}^{k}\chi_i}} \tag{5-24}$$

式（5-23）、（5-24）中，χ_1、χ_2、…、χ_k 分别对应于粗糙度 n_1、n_2、…、n_k 的湿周长度。

例 5-6　有一复式断面渠道（例图 5-3），已知 $b_1=b_3=6\text{m}$，$b_2=10\text{m}$；$h_1=h_3=1.8\text{m}$，$h_2=4\text{m}$；$m_1=m_3=1.5$，$m_2=2.0$；$n=0.02$；$i=0.002$。求渠中流量 Q 和流速 v。

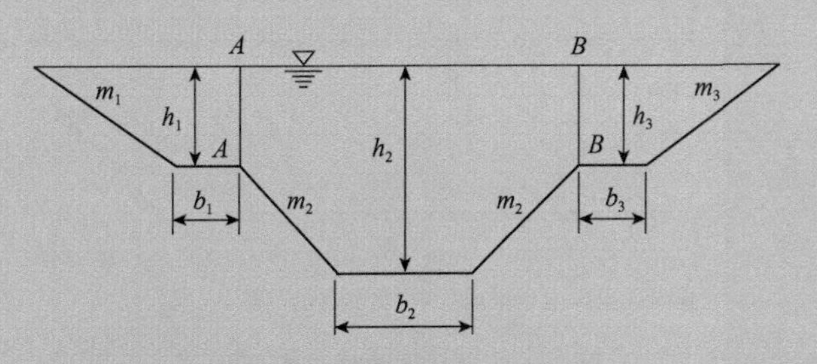

例图 5-3　复式断面渠道

解　令 $h'=h_2-h_1$，则过水断面面积为

$$A_1=A_3=\left(b_1+\frac{m_1h_1}{2}\right)h_1=\left(6+\frac{1.5\times1.8}{2}\right)\times1.8=13.23\text{m}^2$$

$$\begin{aligned}A_2&=(b_2+m_2h')h'+(b_2+2m_2h')\ h_1\\&=[10+2\times(4-1.8)]\times(4-1.8)+[10+2\times2\times(4-1.8)]\times1.8\\&=65.52\text{m}^2\end{aligned}$$

湿周为

$$\chi_1=b_1+h\sqrt{1+m_1^2}=6+1.8\times\sqrt{1+1.5^2}=9.24\text{m}$$

$$\chi_2=b_2+2h'\sqrt{1+m_2^2}=10+2\times(4-1.8)\times\sqrt{1+2^2}=19.84\text{m}$$

水力半径为

$$R_1=R_3=\frac{A_1}{\chi_1}=\frac{13.23}{9.24}=1.4318\text{m}$$

$$R_2=\frac{A_2}{\chi_2}=\frac{65.52}{19.84}=3.3024\text{m}$$

流量模数为

$$K_1=K_3=A_1C_1\sqrt{R_1}=\frac{1}{n_1}A_1R_1^{\frac{2}{3}}=\frac{1}{0.02}\times13.23\times1.4318^{\frac{2}{3}}=840.33\,\mathrm{m^3/s}$$

$$K_2=A_2C_2\sqrt{R_2}=\frac{1}{n_2}A_2R_2^{\frac{2}{3}}=\frac{1}{0.02}\times65.52\times3.3024^{\frac{2}{3}}=7265.26\,\mathrm{m^3/s}$$

$$K=K_1+K_2+K_3=840.33+7265.26+840.33=8945.93\,\mathrm{m^3/s}$$

流量为

$$Q=K\sqrt{i}=8945.93\times\sqrt{0.002}=400.07\,\mathrm{m^3/s}$$

流速为

$$v=\frac{Q}{A}=\frac{Q}{A_1+A_2+A_3}=\frac{400.07}{13.23+65.52+13.23}=4.35\,\mathrm{m/s}$$

例 5-7 有一非对称的梯形断面渠道（例图 5-4），左边墙为直立挡土墙。已知底宽 $b=5.0\mathrm{m}$，正常水深 $h_0=2.0\mathrm{m}$；边坡系数 $m_1=1.0$，$m_2=0$；粗糙度 $n_1=0.02$，$n_2=0.014$；底坡 $i=0.0004$。试计算断面平均流速 v 和流量 Q。

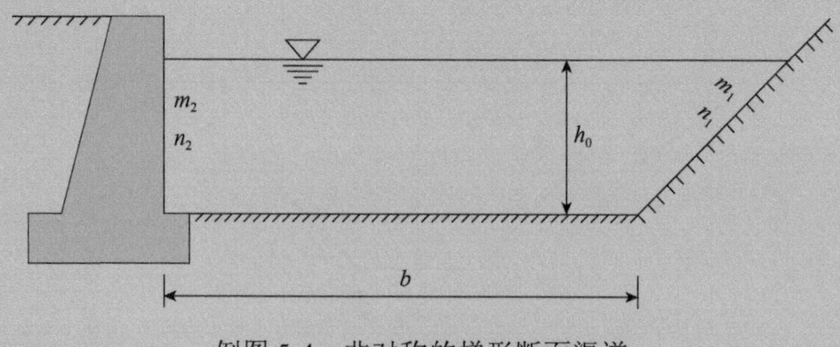

例图 5-4 非对称的梯形断面渠道

解 对不同的材料，求出湿周为

$$\chi_1=b+h_0\sqrt{1+m_1^2}=5+2\sqrt{2}=7.83\,\mathrm{m}$$
$$\chi_2=h_0=2.0\,\mathrm{m}$$

由于 $\frac{n_{\max}}{n_{\min}}=\frac{0.02}{0.014}=1.429<1.5$，综合粗糙度按加权平均法求得

$$n_c=\frac{n_1\chi_1+n_2\chi_2}{\chi_1+\chi_2}=\frac{0.02\times7.83+0.014\times2.0}{7.83+2.0}=0.019$$

过水断面面积为

$$A=\frac{1}{2}(2b+mh_0)h_0=\frac{1}{2}\times(2\times5.0+1.0\times2.0)\times2.0=12\,\mathrm{m^2}$$

湿周为

$$\chi=\chi_1+\chi_2=7.83+2.0=9.83\mathrm{m}$$

水力半径为

$$R=\frac{A}{\chi}=\frac{12}{9.83}=1.22\,\mathrm{m}$$

谢才系数为

$$C=\frac{1}{n_c}R^{\frac{1}{6}}=\frac{1}{0.02}\times(1.22)^{\frac{1}{6}}=55.05\,\mathrm{m}^{\frac{1}{2}}/\mathrm{s}$$

故求得断面平均流速为

$$v=C\sqrt{Ri}=55.05\times\sqrt{1.22\times0.0004}=1.22\,\mathrm{m/s}$$

流量为

$$Q=vA=1.22\times12=14.60\,\mathrm{m}^3/\mathrm{s}$$

附　本章例题详解

本章所有的例题详解，请扫描下方二维码查看。例题的 Excel 计算过程与结果，请阅读附录二并下载 Excel 表格的压缩文件，解压后查看并运行。

第六章　明渠恒定非均匀流

教学内容

明渠非均匀渐变流的流动特点；明渠水流的三种运动状态及判别；断面比能与临界水深；两种明渠非均匀急变流现象：跌水与水跃；明渠非均匀渐变流的基本运动方程；棱柱体渠道水面线的定性分析与定量计算。

教学要求

了解明渠水流的特点，了解明渠非均匀渐变流运动方程的特点和水面线变化的原因，会进行水面线定性分析，理解明渠水流中三种流态的比能变化特点，掌握跌水与水跃的特点；熟练掌握明渠三种流态的判别；掌握明渠非均匀流的水力计算与渠道设计；掌握临界水深（梯形断面渠道）的确定和水跃的水力计算；会进行水力最佳断面的判定和棱柱体渠道水面线的定量计算。

教学建议

水跃的水力计算是本章重点；明渠水面线的定性分析为本章难点，要讲清楚水面线的衔接与控制条件；水面线的计算要求掌握基本原则和方法。

实验要求

演示在不同底坡条件下矩形水槽中非均匀渐变流的几种主要水面曲线及其衔接形式；加深对非均匀渐变流水面曲线的感性认识，加深对理论知识与水面线计算方法的理解；观察水跃现象，了解水跃的结构与基本特征。

第一节　概　　述

在第五章，我们讨论了明渠均匀流的水力特性和水力计算问题。明渠均匀流在流量 Q、渠道底坡 i、边壁粗糙度 n 沿流程不变的长直顺坡棱柱形渠道中发生，是重力沿水流方向的分力与摩擦阻力相等的一种特殊流动。

在工程实践中，严格意义上的均匀流是很少的，一旦流量 Q、渠道底坡 i、边壁粗糙度 n、渠道断面的形状和尺寸等条件之一发生变化，就会出现非均匀流动。

例如，为了控制水位和调节流量，需要在渠道中修建闸门；为了适应地形，调节渠道纵坡，需要修建跌水或陡坡；遇到交通道路，需要修建桥梁、渡槽、涵洞或倒虹吸管等来连接渠道，这些建筑物都在一定程度上改变了原来水流的均匀流动条件，使得在建筑物的上下游一段距离内形成非均匀流动（图 6-1）。所以，在工程实践中，非均匀流动较均匀流动更为普遍。

相比较而言，明渠均匀流是一种等速流和等深流，而明渠非均匀流则属于变速流和变深流；明渠均匀流的水面线是与测压管水头线相重合、与渠道底坡相平行的直线，而明渠非均匀流的水面线则是多种多样的，有些地方水深沿流程增加，有些地方水深沿流程减小，还有些地方，水面会突然升高或突然降低；明渠均匀流的水力坡度、测管坡度和渠底坡度三者相等，即 $J=J_p=i$，而明渠非均匀流三者不会相等。这些水力特性的不同，也反映了非均匀流较均匀流复杂得多。

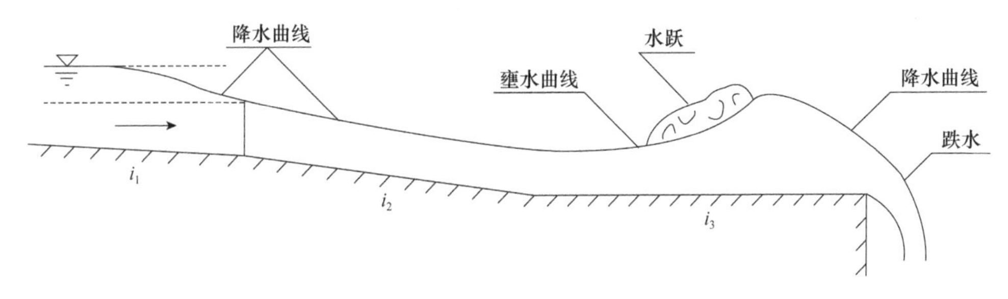

图 6-1　渠道非均匀流动水面曲线示意图

在第三章我们介绍水流分类时曾谈到，非均匀流又可分为渐变流和急变流两种。对于急变流来说，目前还不能完全从理论上进行分析，大多采用实验的方法来处理。对于渐变流而言，当流线的曲率很小，接近直线时，可近似按均匀流计算，即借用均匀流公式 $Q=AC\sqrt{RJ}$ 来反映各种水力要素间的关系。本章主要讨论棱柱形渠道中明渠渐变流的水面曲线的定性和定量分析方法及有关的基本概念。

分析非均匀流水面曲线的形状，即水深沿程变化规律，对于工程上的防淹、防淤、防冲及确定明渠边墙的高度等问题都具有十分重要的意义。

因明渠非均匀流的水深是沿程变化的，其公式为 $h=f(L)$，为了不引起混乱，把明渠均匀流的水深称为正常水深，以 h_0 表示。

第二节　断面比能与临界水深

一、断面比能的概念

从本质上来说，明渠非均匀流水面线的变化是能量的变化，因此，我们可以从能量观点来分析水面线的变化。由于能量损失的缘故，单位总机械能总是沿程下降的，无法用总水头线反映水面曲线上升或下降的变化情况，为了从能量观点解决明渠非均匀流水面曲线的变化，这里我们引入一个新的断面能量的概念——断面比能。

假设有一明渠，原先渠中的水流是均匀流，为了调节流量，现在渠中建一闸门，这时渠中水流的形态发生改变，成为非均匀流（图 6-2）。

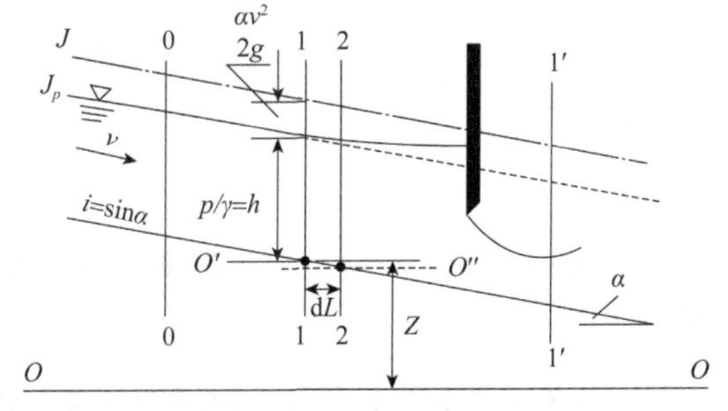

图 6-2　明渠非均匀流断面单位能变化示意图

在发生非均匀流段选一过水断面 1-1，由能量方程得该断面相对于基准面 *O-O* 的总水头（单位总机械能 *E*）为

$$E=Z+h+\frac{\alpha v^2}{2g} \tag{6-1}$$

相对于同一基准面 *O-O* 而言，我们无法用式（6-1）判断 1-1 断面到 2-2 断面水面线的变化

是上升还是下降，由于有能量损失的缘故，总水头线总是沿程下降的。但是我们注意到总水头中直接与水流形态相关的能量是$h+\frac{\alpha v^2}{2g}$，那么我们能不能不考虑位置的变化而只考虑压能（水深）和动能的变化，根据压能和动能能量的变化来判别水面线的变化呢？答案是肯定的，我们从而引出一个新的概念——断面比能。

我们把参考基准面选在该断面的渠底（即 O'-O'）这一特殊位置，则$h+\frac{\alpha v^2}{2g}$就是过水断面1-1 对通过该断面最低点的基准面 O'-O'而言的单位总能，称为断面比能，以符号 E_s表示，即

$$E_s=h+\frac{\alpha v^2}{2g} \tag{6-2}$$

将式（6-2）代入式（6-1）有

$$E_s=E-Z \tag{6-3}$$

这表明，断面比能 E_s和总水头 E 是两个不同的概念。沿程各过水断面的总水头 E 是相对于同一基准面 O-O 而言的单位总能量，而断面比能 E_s 则是以各过水断面最低点为基准面 O'-O'的单位总能量（图 6-2）。下面我们讨论如何用断面比能的变化来反映水面曲线的变化。

二、断面比能的变化规律

断面比能是分析明渠非均匀流的理论基础，为此，我们先来讨论断面比能的变化规律。

断面比能的变化规律可以从两个方面来讨论，一是断面比能的沿程变化规律$\frac{\mathrm{d}E_s}{\mathrm{d}L}$；二是断面比能随水深的变化关系$\frac{\mathrm{d}E_s}{\mathrm{d}h}$。

（一）断面比能的沿程变化规律

将式（6-3）对流程长度求导数，得断面比能沿程变化关系：

$$\frac{\mathrm{d}E_s}{\mathrm{d}L}=\frac{\mathrm{d}E}{\mathrm{d}L}-\frac{\mathrm{d}Z}{\mathrm{d}L} \tag{6-4}$$

由水力坡度和渠道底坡的定义，有

$$\frac{\mathrm{d}E}{\mathrm{d}L}=-J,\ \frac{\mathrm{d}Z}{\mathrm{d}L}=-i \tag{6-5}$$

从而有

$$\frac{\mathrm{d}E_s}{\mathrm{d}L}=i-J \tag{6-6}$$

式（6-6）称为棱柱形明渠渐变流微小流段的能量方程，它是水面曲线分析与计算的理论依据。

由于有水头损失，单位总机械能 E 值总是沿程减小的，因此，E 的沿程变化率$\frac{\mathrm{d}E}{\mathrm{d}L}<0$。但是，断面比能 E_s 的沿程变化率则与底坡 i 及水力坡度 J 有关：当 $i>J$ 时，$\frac{\mathrm{d}E_s}{\mathrm{d}L}>0$，即断面比能沿程增加；当 $i<J$ 时，$\frac{\mathrm{d}E_s}{\mathrm{d}L}<0$，即断面比能沿程减小；当 $i=J$ 时，$\frac{\mathrm{d}E_s}{\mathrm{d}L}=0$，即断面比能

沿程不变，这属于均匀流的情况。这也说明单位总能与断面比能是两个完全不同的概念，应注意区别。

（二）断面比能沿水深的变化关系

下面我们再来看看断面比能 E_s 随水深 h 的变化关系。

根据连续性方程有

$$v=\frac{Q}{A}$$

将其代入式（6-2）得

$$E_s=h+\frac{\alpha Q^2}{2gA^2} \tag{6-7}$$

式（6-7）表明，当流量 Q 及渠道断面的形状尺寸一定时，断面比能 E_s 仅仅是水深 h 的函数，即 $E_s=f(h)$，相应的曲线称为断面比能曲线（图 6-3）。

由式（6-7）可知，当 $h\to0$ 时，$E_s\to\infty$；当 $h\to\infty$ 时，$E_s\to\infty$。因此，断面比能曲线的形状，在具有同一比例尺的直角坐标系中，一端必以 E_s 轴为渐近线，另一端则以与 E_s 轴成 45°的直线 $E_s=h$ 为渐近线。同时我们还可以证明，水深 h 从 0 增加到∞时，断面比能必有一最小值。相应于断面比能最小值时的水深，称为临界水深，以 h_k 表示。

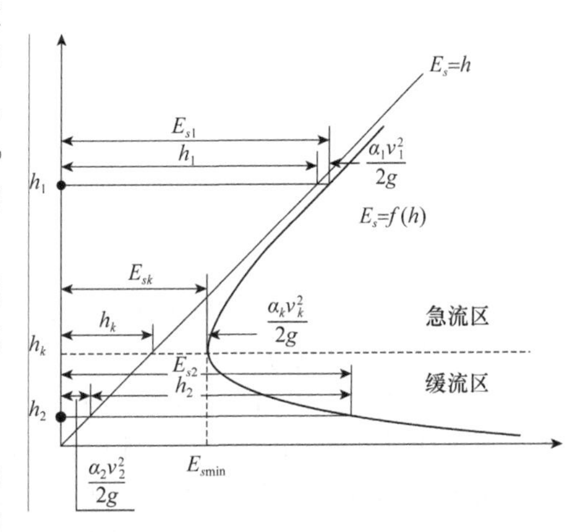

图 6-3 断面比能曲线图

由图 6-3 可知，临界水深将断面比能曲线分为上、下两支。当实际水深 $h=h_k$ 时，相应的流速称为临界流速，以 v_k 表示，并将这样的水流状态称为临界流。而对应于曲线上、下两支的水流性质则完全相反：当 $h>h_k$ 时，$v<v_k$，断面比能随水深的增加而增加，即 $\frac{\mathrm{d}E_s}{\mathrm{d}h}>0$，这种水流状态称为缓流；当 $h<h_k$ 时，$v>v_k$，断面比能随水深的增加而减小，即 $\frac{\mathrm{d}E_s}{\mathrm{d}h}<0$，这种水流状态称为急流。因此，临界水深是判别水流状态的一个十分重要的特征水深。

三、临界水深的计算

要对非均匀流的水面曲线进行分析，首先要判别水流的流动形态，而要判别流态，就必须确定临界水深。如何计算临界水深呢？

根据临界水深的定义，相应于断面比能最小值时的水深为临界水深。那么，只要将断面比能对水深求导，令其导数等于 0，即可求得临界水深（图 6-4）。

将式（6-7）对水深 h 取导数有

$$\frac{\mathrm{d}E_s}{\mathrm{d}h}=1-\frac{\alpha Q^2}{gA^3}\cdot\frac{\mathrm{d}A}{\mathrm{d}h}$$

由图 6-4（b）可知，$\mathrm{d}A=B\mathrm{d}h$，因此有

$$\frac{\mathrm{d}E_s}{\mathrm{d}h}=1-\frac{\alpha Q^2}{g\frac{A^3}{B}} \tag{6-8}$$

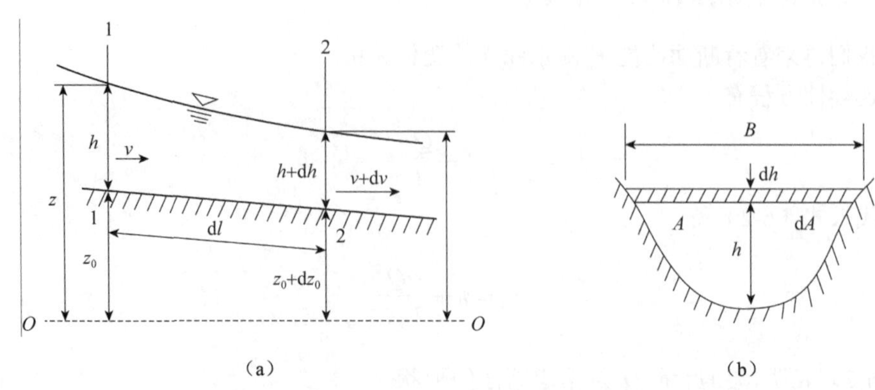

图 6-4 断面比能对水深求导图

令 $\frac{\mathrm{d}E_s}{\mathrm{d}h}=0$，得

$$\frac{A_k^3}{B_k}=\frac{\alpha Q^2}{g} \tag{6-9}$$

式中，A_k 和 B_k 是相应于临界水深 h_k 的过水断面面积和水面宽度。式（6-9）即求解临界水深的关系式，称为临界流方程。

由上式可以看出，临界水深只与断面的形状尺寸及流量有关，与渠道的底坡及粗糙系数无关。在棱柱形渠道中，当流量一定时，各段渠道中的临界水深不变。

由于式（6-9）是隐式方程，一般直接求解不易获得，多采用试算法、图解法、迭代法或公式法求解。

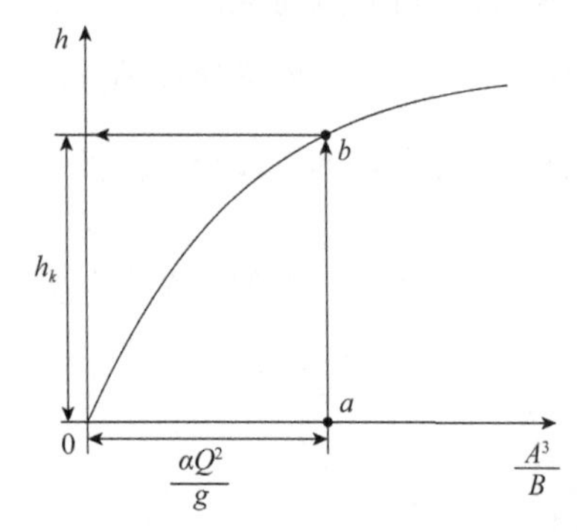

图 6-5 临界水深求解图

1．试算法 当渠道的断面形状尺寸一定时，式（6-9）右端为一常数，左端 A^3/B 是水深的函数，$f(h)=\frac{A^3}{B}$。因此，可以假设一个水深，计算 A^3/B 值，如果计算出的这个值不等于 $\alpha Q^2/g$，则重新假设水深，直至假设的水深计算出的 A^3/B 值恰好等于 $\alpha Q^2/g$ 为止，此时该水深即所求的临界水深，试算结束。

2．图解法 既然 A^3/B 是水深的函数，因此，也可以假定一系列不同的水深，绘制 h-(A^3/B) 关系曲线，再由已知的 $\alpha Q^2/g$ 值在图上求得 h_k 值（图 6-5）。

3．迭代法（以梯形断面渠道为例） 根据梯形的几何要素，构造迭代式。对于梯形断面渠道，有

$$\frac{A^3}{B}=\frac{\alpha Q^2}{g}$$

$$\begin{cases} B=b+2mh \\ A=(b+mh)h \end{cases}$$

构造迭代式得

$$h=\frac{\sqrt[3]{\left(\frac{\alpha Q^2}{g}\right)(b+2mh)}}{b+mh} \tag{6-10}$$

根据式（6-10）代入已知值，可直接迭代得到临界水深值。

4．公式法 对于矩形断面渠道，临界水深也可用解析法求得。

对于矩形断面渠道，$A_k=B_kh_k$，代入式（6-9）得临界水深计算公式为

$$h_k=\sqrt[3]{\frac{\alpha Q^2}{gB_k^2}}=\sqrt[3]{\frac{\alpha q^2}{g}} \tag{6-11}$$

式中，$q=\dfrac{Q}{B_k}$，称为单宽流量。

临界水深是明确非均匀流非常重要的特征水深，下面我们举例说明临界水深的计算。

例 6-1 有一梯形断面排水沟，底宽 $b=12\text{m}$，边坡系数 $m=1.5$，流量 $Q=18\text{m}^3/\text{s}$，求临界水深。

解 （1）图解法。绘制 h-（A^3/B）关系曲线，计算数据见例表 6-1 和例图 6-1。

例表 6-1 h-（A^3/B）关系曲线计算表

h/m	A/m²	B/m	（A^3/B）/m⁵
0.4	5.04	12.30	9.70
0.5	6.38	13.50	19.24
0.6	7.74	13.80	33.60
0.7	9.14	14.10	54.15

因 $\dfrac{\alpha Q^2}{g}=\dfrac{1\times18^2}{9.8}=33.06\text{m}^5$，据此从图上求得 $h_k\approx0.60\text{m}$。

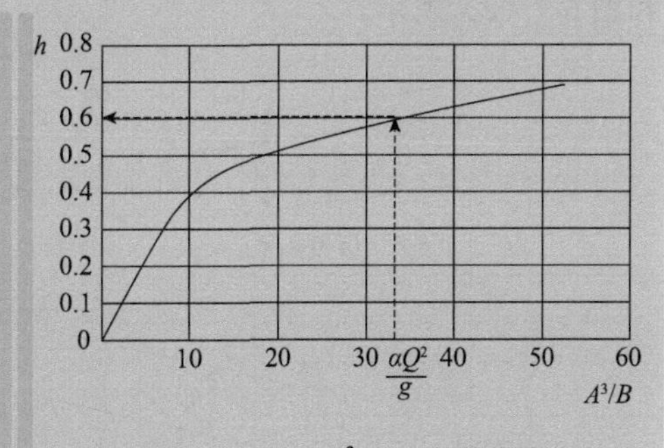

例图 6-1 h-（A^3/B）关系曲线

（2）迭代法。构造迭代式为

$$h=\frac{\sqrt[3]{\left(\frac{\alpha Q^2}{g}\right)(b+2mh)}}{b+mh}$$

在 Excel 软件中迭代得 $h_k=0.5969\text{m}$。

四、临界底坡

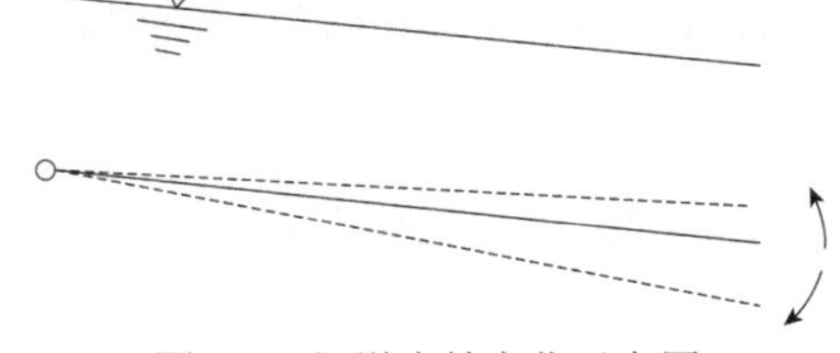
图 6-6 渠道底坡变化示意图

假设在发生均匀流的渠道中，其底坡是可以绕某一固定点上下调整的（图 6-6）。

由明渠均匀流基本公式 $Q=Av=AC\sqrt{Ri}$ 可知，在棱柱形渠道中，当流量及断面形状尺寸一定时，若底坡 i

发生变化，则渠中正常水深也随之发生变化。底坡增大，则正常水深减小；底坡减小，则正常水深增大。当调整底坡至正常水深恰好等于临界水深时，相应的渠道底坡称为临界底坡，以符号 i_k 表示。

由临界底坡的定义有

$$Q=A_k v_k=A_k C_k \sqrt{R_k i_k}$$

而 $\dfrac{A_k^3}{B_k}=\dfrac{\alpha Q^2}{g}$，代入上式消去 Q 得

$$i_k=\frac{g}{\alpha C_k^2}\cdot\frac{\chi_k}{B_k} \tag{6-12}$$

式中，C_k、χ_k、B_k 分别为相应于临界水深时的谢才系数、湿周和水面宽度。

临界底坡是与临界水深有关的另一重要概念，也是区别渠道底坡缓急程度的一个坡度指标。由式（6-12）可见，临界底坡与断面形状、尺寸、粗糙系数及流量有关。当渠道断面形状、尺寸、粗糙系数一定时，i_k 并不是一个固定的常数，而是随流量发生变化。当流量有变化时，临界水深相应地发生变化，临界底坡也会随之发生变化。

在顺坡渠道（$i>0$）中，由 $Q=AC\sqrt{Ri}=A_k C_k\sqrt{R_k i_k}$ 的关系可知，当实际底坡 $i>$ 临界底坡 i_k 时，相应的正常水深 $h_0<$ 临界水深 h_k，此时渠中均匀流是急流，相应的底坡称为陡坡；当 $i<i_k$ 时，$h_0>h_k$，渠中均匀流是缓流，相应的底坡称为缓坡；当 $i=i_k$ 时，$h_0=h_k$，渠中均匀流是临界流，相应的底坡称为临界坡。

在已知流量、断面形状尺寸和粗糙系数的顺坡棱柱形渠道中，若以 N-N 线表示渠中正常水深线，K-K 线表示渠中临界水深线，则在 $i<i_k$、$i>i_k$、$i=i_k$ 三类渠道中，N-N 线和 K-K 线具有不同的相对位置，分别见图 6-7（a）、图 6-7（b）和图 6-7（c）。

在平坡及逆坡渠道中，因为不可能发生均匀流，所以仅有 K-K 线而无 N-N 线，如图 6-7（d）和图 6-7（e）所示。

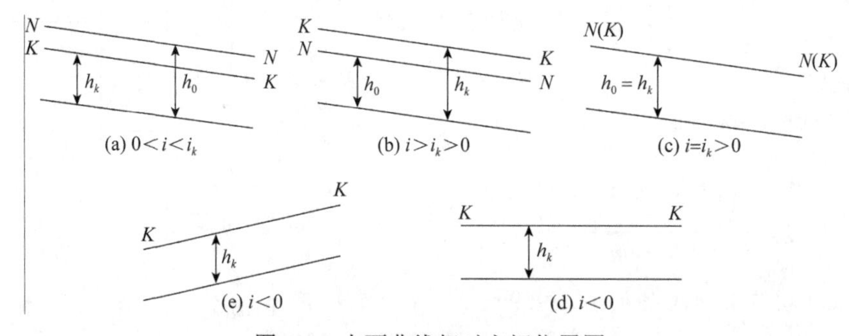

图 6-7 水面曲线相对空间位置图

根据两个特征水深线（N-N 线、K-K 线）和渠道底坡的相对关系，将渠底以上的空间划分为 12 个区。根据给定的条件，实际水面线将发生在这 12 区中的某一个区。

例 6-2 承例 6-1，梯形渠道的底宽 $b=12$m，边坡系数 $m=1.5$，流量 $Q=18\text{m}^3/\text{s}$，粗糙系数 $n=0.025$，试求临界底坡 i_k。

解 由临界底坡的计算公式知 $i_k=\dfrac{g}{\alpha C_k^2}\cdot\dfrac{\chi_k}{B_k}$

由已知条件分别计算相应于临界流所对应的水面宽度、过水断面面积、湿周、水力半径和谢才系数：

$B_k = b + 2mh_k = 12 + 2 \times 1.5 \times 0.5969 = 13.79\text{m}$

$A_k = (b + mh_k)h_k = (12 + 1.5 \times 0.5969) \times 0.5969 = 7.70\text{m}^2$

$\chi_k = b + 2h_k\sqrt{1+m^2} = 12 + 2 \times 0.5969 \times \sqrt{1+1.5^2} = 14.15\text{m}$

$R_k = \dfrac{A_k}{\chi_k} = 0.54\text{m}$

$C_k = \dfrac{1}{n}R_k^{1/6} = 40.15\text{m}^{1/2}/\text{s}$

将以上计算数据代入临界底坡的计算公式（6-12）得

$$i_k = \frac{g}{\alpha C_k^2} \cdot \frac{\chi_k}{B_k} = 0.0062$$

第三节　明渠中三种水流状态的判别

关于明渠中水流状态的判别，可以有不同的方法，下面分别介绍。

一、定义法

根据急流、缓流和临界流的定义，用临界水深与实际水深之比判别，即

$$\begin{cases} h < h_k, \ \dfrac{\mathrm{d}E_s}{\mathrm{d}h} < 0, \ \text{急流} \\ h > h_k, \ \dfrac{\mathrm{d}E_s}{\mathrm{d}h} > 0, \ \text{缓流} \\ h = h_k, \ \dfrac{\mathrm{d}E_s}{\mathrm{d}h} = 0, \ \text{临界流} \end{cases}$$

二、弗劳德数法

在式（6-8）中，若令

$$\mathrm{Fr} = \frac{\alpha Q^2}{g\dfrac{A^3}{B}} \tag{6-13}$$

则

$$\frac{\mathrm{d}E_s}{\mathrm{d}h} = 1 - \mathrm{Fr} \tag{6-14}$$

式中，Fr 称为弗劳德数。显然，弗劳德数是判别明渠水流状态的数值标准，即

$$\begin{cases} h < h_k, \ \dfrac{\mathrm{d}E_s}{\mathrm{d}h} < 0, \ \mathrm{Fr} > 1, \ \text{急流} \\ h > h_k, \ \dfrac{\mathrm{d}E_s}{\mathrm{d}h} > 0, \ \mathrm{Fr} < 1, \ \text{缓流} \\ h = h_k, \ \dfrac{\mathrm{d}E_s}{\mathrm{d}h} = 0, \ \mathrm{Fr} = 1, \ \text{临界流} \end{cases}$$

下面分析弗劳德数的物理意义。

将 $v=\dfrac{Q}{A}$ 代入式（6-13），有

$$\mathrm{Fr}=\frac{\alpha Q^2}{g\dfrac{A^3}{B}}=\frac{\alpha v^2}{g\dfrac{A}{B}}=\frac{\alpha v^2}{g\bar{h}}=2\frac{\dfrac{\alpha v^2}{2g}}{\bar{h}} \tag{6-15}$$

式中，$\bar{h}=A/B$，称为断面平均水深，即断面上各点水深的加权平均值。

上式表明，弗劳德数等于水流单位平均动能与单位平均势能比值的 2 倍。当水流为临界流时，Fr＝1，故 $\bar{h}=2\dfrac{\alpha v^2}{2g}$，这表明，对于矩形渠道来说，在临界流时，单位平均动能占断面比能的 1/3；缓流时（Fr＜1），单位平均动能小于断面比能的 1/3；急流时（Fr＞1），单位平均动能大于断面比能的 1/3。

此外，弗劳德数的因次为

$$[\mathrm{Fr}]=\frac{[v]^2}{[g][L]}$$

而惯性力与重力的因次比为

$$\frac{[F]}{[G]}=\frac{[M][a]}{[g]}=\frac{[\rho][L]^3\left[\dfrac{v}{T}\right]}{[\rho][L]^3[g]}=\frac{[L]^2[v]^2}{[L]^3[g]}=\frac{[v]^2}{[g][L]}=[\mathrm{Fr}]$$

可见，弗劳德数恰好反映了水流惯性力与重力的对比关系。当惯性力作用占优势时，Fr＞1，流动为急流；当重力占优势时，Fr＜1，流动为缓流；当二者达成某种平衡状态时，Fr＝1，流动为临界流。

三、微波波速法

在静水中，如果垂直向水中投入一块石子，会在水面上产生干扰微波，微波会以一定的波速 C 向四面八方传播，平面上的波形呈一系列同心圆。如果没有摩擦力，波动将传至无穷远处（图 6-8）。

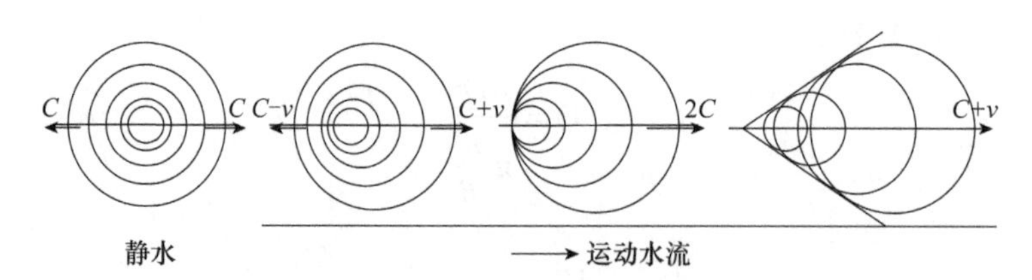

图 6-8　水波传播示意图

但在动水中，波的传播受到渠道中水流速度 v 的影响，可能有三种情况。

当 $v<C$ 时，微波既能以绝对速度（$C-v$）向上游传播，也能以绝对速度（$C+v$）向下游传播，因此局部干扰微波对上、下游水流都有影响。

当 $v>C$ 时，微波不能逆流向上游传播，只能以绝对速度（$C+v$）向下游传播，因此，干扰微波对上游没有影响。

当 $v=C$ 时，这是一种临界状态，微波不能向上游传播，只能以 $2C$ 的绝对速度向下游传播，

因此，干扰微波对上游也无影响。

那么，干扰波与水流形态之间有什么关系呢？为什么可以用微波波速来判断水流形态？下面我们进行分析。

如图 6-9（a）所示，设在棱柱形渠道、平坡、水深为 h 的静水中，给静水以微小扰动，则在水面上产生干扰波，微波以速度 C 自右向左传播，波形所到之处，会带动水流运动，这时，某点水流速度将随时间而变，是一种非恒定流动。如果观察者跟着微波波峰一起移动，因断面 1-1 的水流处于静止状态，可以把断面 1-1 上的水质点看成是以速度 C 由左向波峰所在断面 2-2 运动，如图 6-9（b）所示，这样，水流就属于恒定流动，而水深则沿程有变化，是一种非均匀流动。

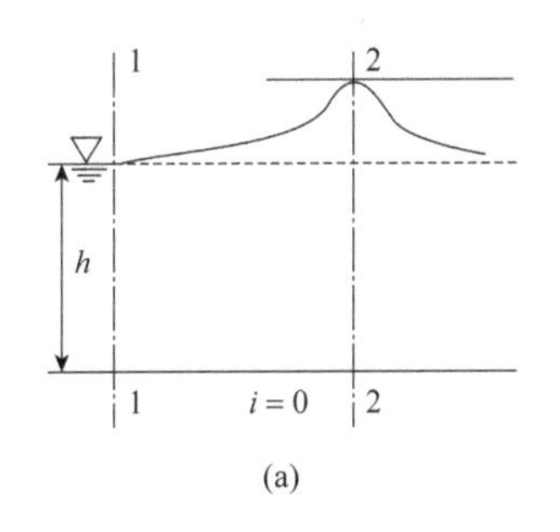

(a)

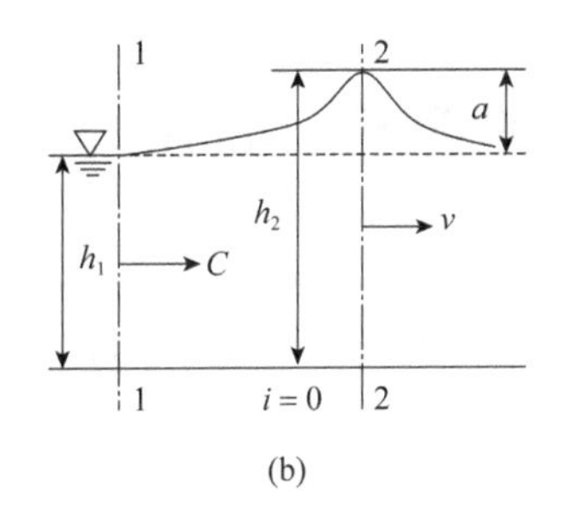

(b)

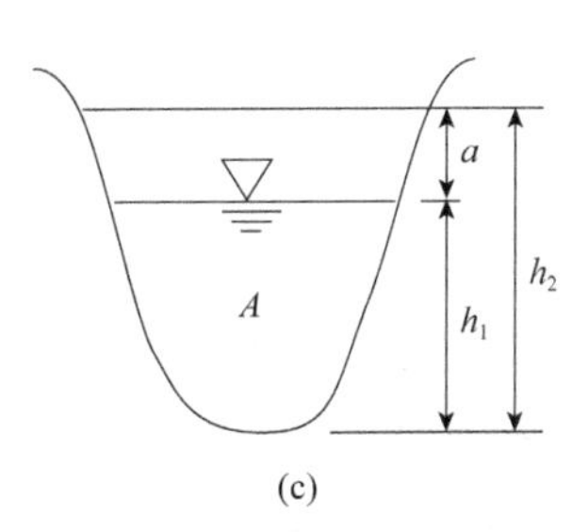

(c)

图 6-9　微波波速计算图

设动量修正系数 $\alpha_1'=\alpha_2'=\alpha'$，对于任意断面形状，如图 6-9（c）所示，可取平均水深 $\bar{h}=\dfrac{A}{B}$ 计算。可以证明，此时断面形心处的水深为 $h_c=\dfrac{1}{2}\bar{h}$。

以 1-1 和 2-2 两断面间的水体为隔离体，不计阻力，列动量方程，有

$$\rho gB\frac{\bar{h}_1^2}{2}-\rho gB\frac{\bar{h}_2^2}{2}=\rho Q(\alpha' v-\alpha' C)$$

由连续性方程得

$$Q=CB\bar{h}_1=vB\bar{h}_2\Rightarrow v=\frac{\bar{h}_1}{\bar{h}_2}C$$

代入动量方程，有

$$\frac{g\bar{h}_1^2}{2}-\frac{g\bar{h}_2^2}{2}=\alpha' C^2\frac{\bar{h}_1}{\bar{h}_2}\left(\bar{h}_1-\bar{h}_2\right)$$

解得

$$C=\sqrt{\frac{g\bar{h}_2}{\alpha'}\cdot\frac{1+\dfrac{\bar{h}_2}{\bar{h}_1}}{2}} \tag{6-16}$$

因微波波高 a 远远小于 $\bar{h}_2$，可取 $\bar{h}_2\approx\bar{h}_1=h,\ \alpha'=\alpha$（动能修正系数），则上式可简化为

$$C=\sqrt{\frac{g\bar{h}}{\alpha}}=\sqrt{\frac{g}{\alpha}\cdot\frac{A}{B}} \tag{6-17}$$

此式即微波波速公式。它表明水深越大，微波的传播速度也越快。

由式（6-17）有

$$\frac{v^2}{C^2}=\frac{\alpha v^2}{g\bar{h}}=\frac{\alpha v^2}{g\frac{A}{B}}=\mathrm{Fr} \tag{6-18}$$

因此，当 $v<C$ 时，$\left(\frac{v}{C}\right)^2<1$，即 $\mathrm{Fr}<1$，此为缓流；当 $v>C$ 时，$\left(\frac{v}{C}\right)^2>1$，即 $\mathrm{Fr}>1$，此为急流；当 $v=C$ 时，$\left(\frac{v}{C}\right)^2=1$，即 $\mathrm{Fr}=1$，此为临界流。

综上所述，局部干扰微波的影响，在急流及临界流中不会向上游传播，在缓流中则对上、下游都有影响。

第四节　跌水与水跃

明渠中的水流，因边界条件发生改变，水深由大于临界水深变为小于临界水深，或由小于临界水深变为大于临界水深，期间水面线必经过临界水深。下面我们简要介绍两种明渠非均匀急变流现象——跌水与水跃。

一、跌水与水跃的基本概念

（一）跌水

如图 6-10 所示，当渠道底坡由缓坡变为陡坡时，在断面 E-E 的上游，渠道底坡为缓坡，缓坡渠道中的均匀流为缓流，其正常水深 h_0>临界水深 h_k；在断面 E-E 的下游，渠道底坡为陡坡，陡坡渠道中的均匀流为急流，其正常水深 h_0<临界水深 h_k。

明渠水流由缓流过渡到急流，水面下降的水力现象称为跌水（或水跌）。E-E 断面所对应的水深为临界水深 h_k。

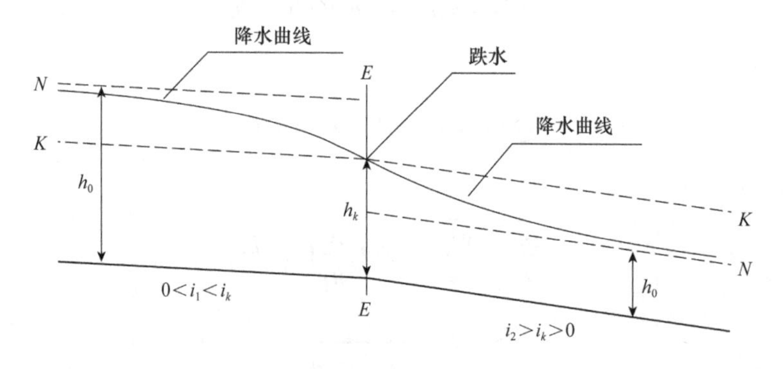

图 6-10　跌水示意图

当缓坡渠道末端水面自由跌落时，如图 6-11 所示，水流以水舌形式自由降落。因上游渠道底坡为缓坡，缓坡渠道中的均匀流为缓流，其正常水深 h_0>临界水深 h_k；在渠道末端，水流自由跌落，水面曲线必为降水曲线，所以在跌坎处的水深为临界水深 h_k。

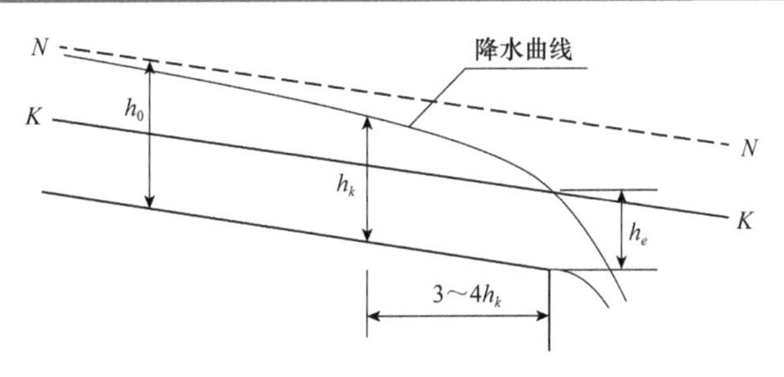

图 6-11　跌水示意图

事实上，跌坎处的水深 h_e 并不等于临界水深 h_k，临界水深发生在跌坎上游某一位置处。这是因为自由跌落属于急变流，而临界水深公式是假设水流为渐变流情况下推导出来的，并没有考虑流线弯曲的影响。

实际观测表明，跌坎处的水深并不恰好等于临界水深，而是略小于临界水深。对于矩形渠道，此处的水深约为 $h_e=0.72h_k$，而等于临界水深的水流断面，距离跌坎 3～4h_k 处。不过在实际工程中，我们常近似地认为跌坎处的水深就是临界水深。

（二）水跃

与跌水相反，水流由急流向缓流过渡时，水面线不降反升，这种水面急剧跃升的局部水力现象称为水跃。

如图 6-12（a）所示，急流进入平坡渠道后，总水头 E 等于断面比能 E_s，由于摩擦阻力作用，断面比能必然沿程减小，水深因而沿程增加；直至水深等于临界水深时，断面比能达到最小值，如图 6-12（b）所示。但是，临界水深断面之后，断面比能又随水深的增加而增加；显然，水流以逐渐增加水深的方式穿过 K-K 线能量是不足的，只能在水面曲线与 K-K 线交点的上游某一距离处，通过水跃的形式由急流骤变为缓流方式以继续维持流动。在突变的水跃区内，表面有部分水体向上游倒流形成掺气漩滚区，下部为主流区，水流紊动剧烈，能量损失很大，有时可达跃前断面能量的 70%，因此，工程上常用水跃作为有效的消能手段。

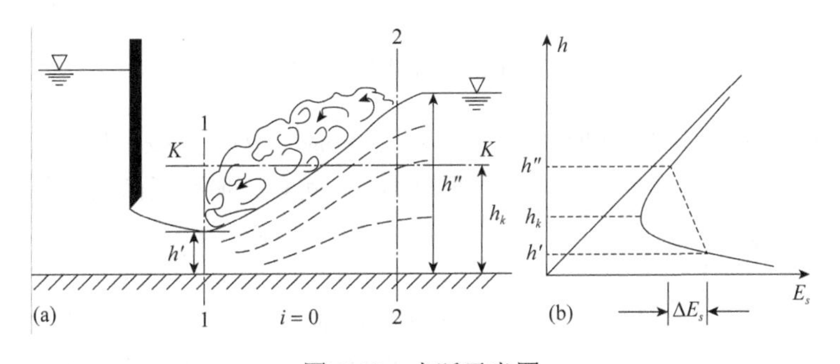

图 6-12　水跃示意图

水跃前后的水深用 h' 和 h'' 表示，两者之间有一定的函数关系，称为共轭水深。水跃发生断面与水跃结束断面间的距离称为水跃长度 l_y。跃后水深与跃前水深的差 $h''-h'=a$ 称为跃高。水跃的水力计算，主要是计算共轭水深和水跃的长度，并确定水跃发生的位置。

二、完整水跃的基本方程

在已知断面形状、大小的棱柱形渠道中，凡共轭水深相差比较显著（$h''>2h'$）、并有明显的表面漩滚和主流的水跃，称为完整水跃。

为推导完整水跃的基本方程，现作如下假定：①渠道底坡，重力沿流向的分力近于零；②水跃长度小，水跃区内的摩擦阻力可以忽略不计；③水跃前后断面为渐变流；④两断面间的动量修正系数相等。

如图 6-13 所示，设水跃前后断面形心点的水深分别为 y_{c1} 和 y_{c2}，过水断面的面积分别为 A_1 和 A_2，以 1-1 和 2-2 断面间的水体为隔离体，写两断面的动量方程为

$$\gamma(y_{c1}A_1-y_{c2}A_2)=\frac{\alpha'\gamma Q}{g}(v_2-v_1)$$

整理得

$$y_{c1}A_1+\frac{\alpha'Q^2}{gA_1}=y_{c2}A_2+\frac{\alpha'Q^2}{gA_2} \tag{6-19}$$

或

$$y_cA+\frac{\alpha'Q^2}{gA}=\theta(h) \tag{6-20}$$

式（6-19）也可写为

$$\theta(h')=\theta(h'') \tag{6-21}$$

上式称为棱柱形平坡渠道中完整水跃基本方程。当渠道底坡很小时亦适用。$\theta(h)$ 称为水跃函数。式（6-20）表明，共轭水深所对应的水跃函数值相等。

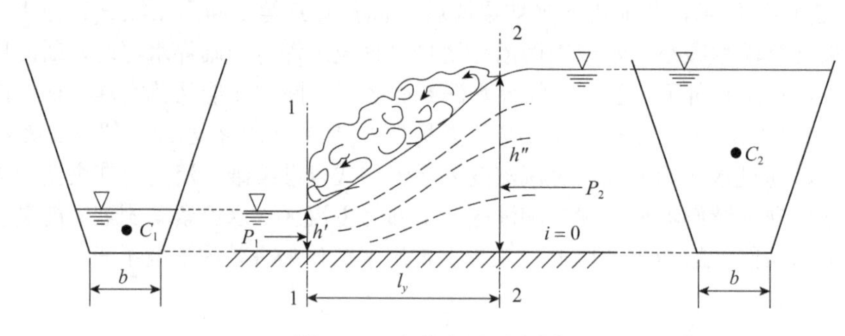

图 6-13 完整水跃示意图

由式（6-20）可知，当 $h\to0$ 时，$\theta(h)\to\infty$；$h\to\infty$时，$\theta(h)\to\infty$。这与断面比能沿水深的变化规律类似，可以证明水跃函数存在最小值，并有

$$\frac{A_x^3}{B_x}=\frac{\alpha'Q^2}{g} \tag{6-22}$$

式中，脚标“x”表示相应于 $\theta_{\min}$ 的水深 h_x 时的断面要素。

对比式（6-22）和式（6-9），取 $\alpha'=\alpha$，则 $h_k=h_x$。这表明水跃函数的最小值和断面比能的最小值均发生在临界水深情况下（图 6-14）。

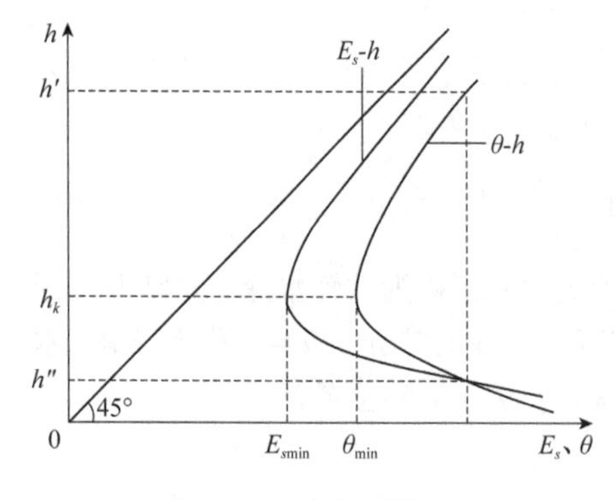

图 6-14 水跃函数图

三、水跃共轭水深计算

1．梯形或任意形状断面的棱柱形渠道 在此条件下，一般采用图解法进行计算。即绘制 θ-h 曲线，如图 6-14

所示，由其中一个水深求解另一个水深。

2．矩形断面的棱柱形渠道　对于矩形断面的棱柱形渠道而言，因

$$\begin{cases} A=bh,\ y_c=\dfrac{1}{2}h,\ q=\dfrac{Q}{b} \\ h_k^3=\dfrac{\alpha q^2}{g},\ \text{取}\alpha=\alpha' \end{cases}$$

代入式（6-20）和式（6-21）整理得

$$h'^2h''+h'h''^2-2h_k^3=0$$

解此方程得

$$\left.\begin{aligned} h'&=\frac{h''}{2}\left[\sqrt{1+8\left(\frac{h_k}{h''}\right)^3}-1\right] \\ h''&=\frac{h'}{2}\left[\sqrt{1+8\left(\frac{h_k}{h'}\right)^3}-1\right] \end{aligned}\right\} \tag{6-23}$$

因 $\left(\dfrac{h_k}{h}\right)^3=\dfrac{\alpha q^2}{g}\cdot\dfrac{1}{h^3}=\dfrac{\alpha v^2}{g\bar{h}}=\mathrm{Fr}$，故式（6-23）也可写成

$$\left.\begin{aligned} h'&=\frac{h''}{2}\left[\sqrt{1+8\mathrm{Fr}_2}-1\right] \\ h''&=\frac{h'}{2}\left[\sqrt{1+8\mathrm{Fr}_1}-1\right] \end{aligned}\right\} \tag{6-24}$$

式中，Fr_1、Fr_2分别为跃前断面、跃后断面的弗劳德数。

四、水跃长度计算

关于水跃长度 l_y 的计算，目前还无法从理论上获得它的解，多按经验公式计算，而且各家公式计算结果有一定出入（图 6-15）。

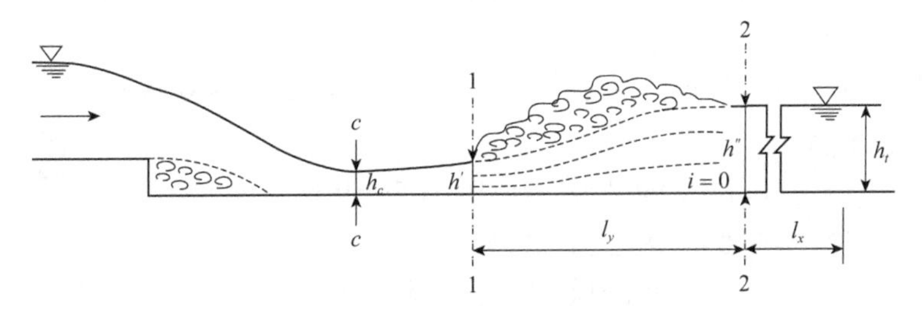

图 6-15　水跃长度示意图

下面介绍几个常用的平坡矩形断面棱柱形渠道中完整水跃长度的经验公式，应用时注意适用条件。

吴持恭公式（1951 年）：$l_y=10(h''-h')\mathrm{Fr}_1^{-0.16}$　（6-25）

巴甫洛夫斯基公式：$l_y=2.5(1.9h''-h')$　（6-26）

欧拉-佛托斯基公式：$l_y=6.9(h''-h')$　（6-27）

式中，h'、h''分别为跃前、跃后共轭水深（m）；Fr_1 为跃前断面弗劳德数；l_y 为水跃长度（m）。

五、加固段长度计算

水跃区内水流的冲刷能力很强，水跃之后的一定距离内，冲刷仍然比较厉害，因此，实际工程中加固段长度并不等于水跃长度，河段加固长度 l 应大于水跃长度，即

$$\left.\begin{aligned} l &= l_y + l_x \\ l_x &= (2.5 \sim 3.0) l_y \end{aligned}\right\} \tag{6-28}$$

式中，l_x 称为护坦长度。

例 6-3 一矩形断面平底渠道，底宽 $b=0.3\text{m}$，渠中流量 $Q=0.6\text{m}^3/\text{s}$，已知在某处发生完整水跃，跃前水深为 $h'=0.3\text{m}$，试求：①跃后水深；②水跃长度；③水跃中的能量损失。

解 （1）求跃后水深 h''（取 $\alpha=1.1$）

① 计算临界水深

$$h_k = \sqrt[3]{\frac{\alpha q^2}{g}} = \sqrt[3]{\frac{1.1 \times 2^2}{9.8}} = 0.77\text{m}$$

② 计算跃前断面弗劳德数

$$\text{Fr}_1 = \left(\frac{h_k}{h'}\right)^3 = \left(\frac{0.766}{0.3}\right)^3 = 16.63$$

③ 计算单宽流量

$$q = \frac{Q}{b} = \frac{0.6}{0.3} = 2.0\,\text{m}^3/\text{s}\cdot\text{m}$$

④ 计算跃后水深

$$h'' = \frac{h'}{2}\left[\sqrt{1+8\text{Fr}_1} - 1\right] = \frac{0.3}{2} \times \left(\sqrt{1+8\times 16.63} - 1\right) = 1.59\,\text{m}$$

（2）求水跃长度

由式（6-24）得

$$l_y = 10(h''-h')\text{Fr}_1^{-0.16} = 10 \times (1.59-0.3) \times 16.63^{-0.16} = 8.21\,\text{m}$$

由式（6-25）得

$$l_y = 2.5(1.9h''-h') = 2.5 \times (1.9 \times 1.59 - 0.3) = 6.80\,\text{m}$$

由式（6-26）得

$$l_y = 6.9(h''-h') = 6.9 \times (1.59 - 0.3) = 8.90\,\text{m}$$

为安全计，取 $l_y=8.90\text{m}$。则加固长度为

$$l = l_x + l_y = (2.5+1) l_y = 3.5 \times 8.90 = 31.15\,\text{m}$$

（3）求水跃能量损失

$$h_j = E_{s1} - E_{s2} = \left(h' + \frac{\alpha_1 v_1^2}{2g}\right) - \left(h'' + \frac{\alpha_2 v_2^2}{2g}\right)$$

$$v_1 = q/h' = 2.0/0.3 = 6.67\,\text{m/s},\ v_2 = q/h'' = 2.0/1.59 = 1.26\,\text{m/s}$$

代入上式得

$$h_j = \left(0.3 + \frac{1.1 \times 6.67^2}{2 \times 9.8}\right) - \left(1.59 + \frac{1.1 \times 1.26^2}{2 \times 9.8}\right) = 1.12\,\text{m} = 0.4E_{s1}$$

此值相当于跃前能量的40%。

六、水跃发生的位置

水跃发生的位置与跃后共轭水深和下游水深 h_t 的对比情况有关。设与收缩断面水深 h_c 相应的共轭水深为 h_c''，则按 h_c'' 与 h_t 的对比关系，水跃发生的位置可有三种情况，如图 6-16 所示。

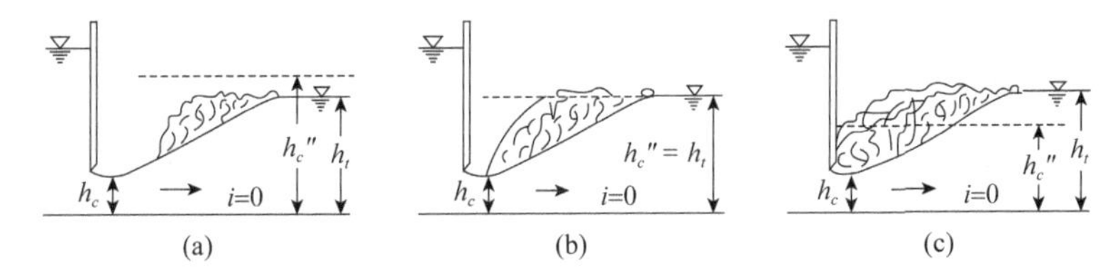

图 6-16　水跃发生的位置示意图

当 $h_c''>h_t$ 时，说明水跃后还有多余能量，可将下游水体推向远离收缩断面 c-c，这种情况称为远离式水跃，如图 6-16（a）所示；

当 $h_c''=h_t$ 时，水跃发生在收缩断面处，跃前断面恰好与断面 c-c 重合，这种情况称为临界式水跃，如图 6-16（b）所示；

当 $h_c''<h_t$ 时，因下游水压力的作用，水跃将被推向上游并淹没收缩断面，这种情况称为淹没式水跃，如图 6-16（c）所示。

第五节　棱柱形渠道明渠渐变流的基本微分方程式

为了研究棱柱形渠道明渠渐变流水深沿流程的变化规律，由式（6-6）和式（6-14）式得

$$\left.\begin{aligned}\frac{\mathrm{d}E_s}{\mathrm{d}h}&=1-\mathrm{Fr}\\ \frac{\mathrm{d}E_s}{\mathrm{d}L}&=i-J\end{aligned}\right\}\Rightarrow\frac{\mathrm{d}h}{\mathrm{d}L}=\frac{i-J}{1-\mathrm{Fr}}\tag{6-29}$$

该式称为明渠渐变流基本微分方程式。它反映了水深沿流程的变化与底坡、水力坡度及弗劳德数之间的关系，是分析水面曲线的理论依据。

根据水深沿流程的变化，将水面曲线分为三种。

1）水深沿流程增加，$\frac{\mathrm{d}h}{\mathrm{d}L}>0$，这种水面曲线称为壅水曲线。

2）水深沿流程减小，$\frac{\mathrm{d}h}{\mathrm{d}L}<0$，这种水面曲线称为降水曲线。

3）水深沿流程不变，$\frac{\mathrm{d}h}{\mathrm{d}L}=0$，水面线为平行于渠底的直线，即明渠均匀流。

为了便于分析，下面就顺坡、平坡、逆坡三类渠道将式（6-29）作如下变形。

1. 顺坡渠道（$i>0$）　当渠道充分长时，必有一端发生均匀流流动，存在正常水深 h_0。

由 $\left.\begin{aligned}Q&=K_0\sqrt{i}\\ Q&=K\sqrt{J}\end{aligned}\right\}\Rightarrow\frac{i}{J}=\left(\frac{K}{K_0}\right)^2$ 得顺坡渠道的基本微分方程式为

$$\frac{\mathrm{d}h}{\mathrm{d}L}=\frac{i-J}{1-\mathrm{Fr}}=\frac{i\left(1-\dfrac{J}{i}\right)}{1-\mathrm{Fr}}=i\frac{1-\left(\dfrac{K_0}{K}\right)^2}{1-\mathrm{Fr}} \tag{6-30}$$

式中，K_0为相应于正常水深h_0时的流量模数；K为相应于水深为h时的流量模数。

2．平坡渠道（$i=0$） 平坡渠道中不可能产生均匀流，但可能发生临界流。引用临界底坡计算流量，由$\left.\begin{aligned}Q&=K_k\sqrt{i_k}\\Q&=K\sqrt{J}\end{aligned}\right\}\Rightarrow\dfrac{i_k}{J}=\left(\dfrac{K}{K_k}\right)^2$得平坡渠道的基本微分方程式为

$$\frac{\mathrm{d}h}{\mathrm{d}L}=\frac{i-J}{1-\mathrm{Fr}}=\frac{-J}{1-\mathrm{Fr}}=-i_k\frac{\dfrac{J}{i_k}}{1-\mathrm{Fr}}=-i_k\frac{\left(\dfrac{K_k}{K}\right)^2}{1-\mathrm{Fr}} \tag{6-31}$$

3．逆坡渠道（$i<0$） 逆坡渠道中也不可能产生均匀流，为了推导其微分方程式，作如下变换。

令i的绝对值为i'，取$K_0'=\dfrac{Q}{\sqrt{i'}}$，代入式（6-29）得逆坡渠道基本微分方程式为

$$\frac{\mathrm{d}h}{\mathrm{d}L}=\frac{i-J}{1-\mathrm{Fr}}=-i'\frac{1+\dfrac{J}{i'}}{1-\mathrm{Fr}}=-i_k\frac{\left(\dfrac{K_0'}{K}\right)^2}{1-\mathrm{Fr}} \tag{6-32}$$

第六节 棱柱形渠道明渠渐变流水面曲线的定性分析

前面已经指出，运用两个特征水深h_0、h_k和渠道底坡的相对关系，可将渠道上部空间划分为12个区间（图6-7）。若水面曲线以其所在的区间命名，则明渠渐变流水面曲线的类型共有12种，即a_1型、b_1型、c_1型等（图6-17）。

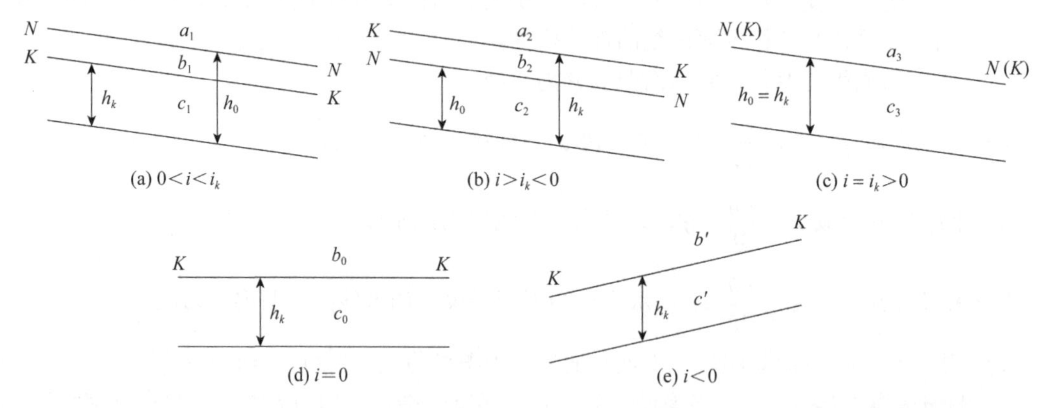

图6-17 水面曲线空间位置及曲线名称图

下面运用式（6-29）对缓坡渠道中的三种水面曲线进行典型分析。

（一）a_1型壅水曲线

假设水面曲线发生在a_1区。在a_1区内，实际水深与两个特征水深的关系为$h>h_0>h_k$，则

由式（6-29）可知 $K>K_0$, $\mathrm{Fr}<1$, $\frac{\mathrm{d}h}{\mathrm{d}L}>0$，所以 a_1 型水面曲线是壅水曲线，向上游渐浅，向下游渐深（图 6-18）。

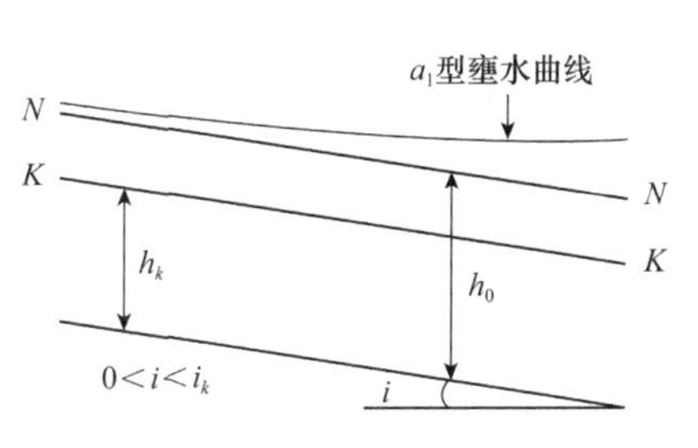

图 6-18　a_1 型壅水曲线示意图

上、下游水深的变化趋势如下所示。

1）当 $h\to h_0$时, $K\to K_0$, $\frac{\mathrm{d}h}{\mathrm{d}L}\to 0$，上游以 N-N 线为渐近线（K、K_0 分别为实际水深和正常水深的流量模数）。

2）当 $h\to\infty$时, $K\to\infty$, $\mathrm{Fr}\to 0$, $\frac{\mathrm{d}h}{\mathrm{d}L}\to i$，由几何关系 $\sin\theta=\frac{\mathrm{d}h}{\mathrm{d}L}$ 可知，水面曲线将趋近于水平线。

这类水面线多出现于桥涵等水工建筑物的上游，如图 6-19 所示，滚水坝上游的水面曲线就是 a_1 型壅水曲线的实例。

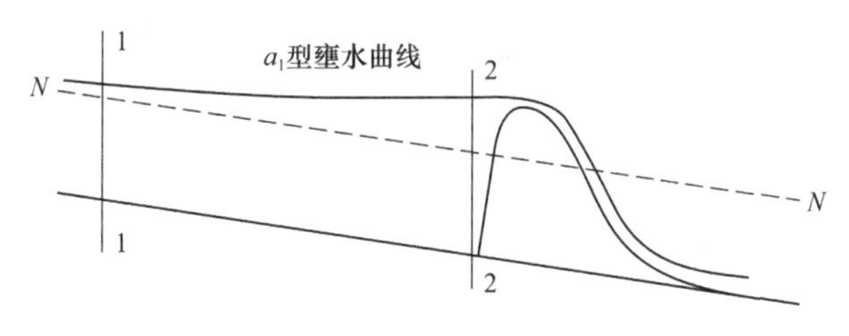

图 6-19　a_1 型壅水曲线实例

a_1 型壅水曲线的起始断面 1-1 处的水深，一般取 $h_1=1.01h_0$，末端断面 2-2 处的水深由具体边界条件确定。水面曲线类型取决于这种具体条件的已知水深，又称为控制断面水深，相应的断面称为控制断面。一般来说，对于缓流，下游局部干扰波可以影响上游，故控制断面多在下游；对于急流，下游干扰波不会影响上游，故控制断面多在上游。对水面曲线的分析，首先应找出控制断面及其相应的控制水深。

（二）b_1 型降水曲线

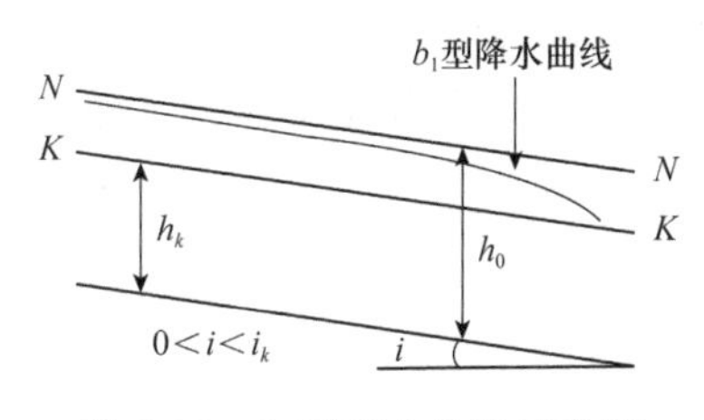

图 6-20　b_1 型壅水曲线示意图

在 b_1 区内，实际水深 $h_0>h>h_k$，则由式（6-29）可知 $K_0>K$, $\mathrm{Fr}<1$, $\frac{\mathrm{d}h}{\mathrm{d}L}<0$，所以 b_1 型水面曲线是降水曲线，向上游渐深，向下游渐浅（图 6-20）。

上、下游水深的变化趋势是

1）当 $h\to h_0$时, $K\to K_0$, $\frac{\mathrm{d}h}{\mathrm{d}L}\to 0$，上游以 N-N 线为渐近线（K、K_0 分别为实际水深和正常水深的流量模数）。

2）当 $h\to h_k$时, $K\to K_k<K_0$, $\mathrm{Fr}\to 1$, $\frac{\mathrm{d}h}{\mathrm{d}L}\to -\infty$，下游水面曲线与 K-K 线正交。

这类水面曲线多发生于渠道跌坎或缓坡向陡坡转折处的上游。如图 6-21 所示，跌坎处的水面曲线就是 b_1 型降水曲线的实例。在跌坎处的这一水力现象就是第四节描述的跌水。

b_1 型水面曲线的起始断面 1-1 处的水深，一般取 $h_1=0.95h_0$；末端断面 2-2 为控制断面，水

深 $h_2=h_k$。

（三）c_1 型壅水曲线

在 c_1 区内，实际水深 $h_0>h_k>h$，则由式（6-29）可知 $K_0>K$, $\mathrm{Fr}>1$, $\frac{\mathrm{d}h}{\mathrm{d}L}>0$，所以 c_1 型水面曲线是壅水曲线（图 6-22）。

上、下游水深的变化趋势：上游端为控制断面，水深视边界条件而定；下游当 $h\to h_k$ 时，$K\to K_k$, $\mathrm{Fr}\to 1$, $\frac{\mathrm{d}h}{\mathrm{d}L}\to+\infty$，水面线与 K-K 线正交。当渠道充分长时，水面曲线在下游必和水跃相衔接。

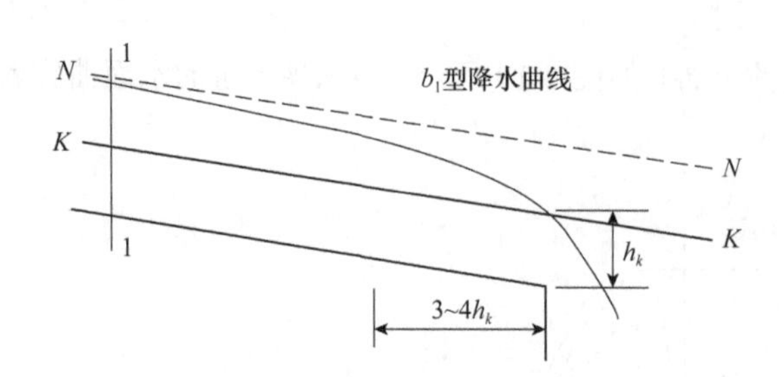

图 6-21 b_1 型壅水曲线实例

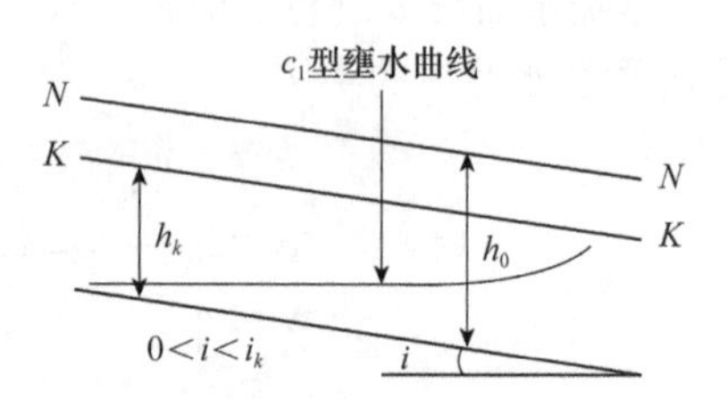

图 6-22 c_1 型壅水曲线示意图

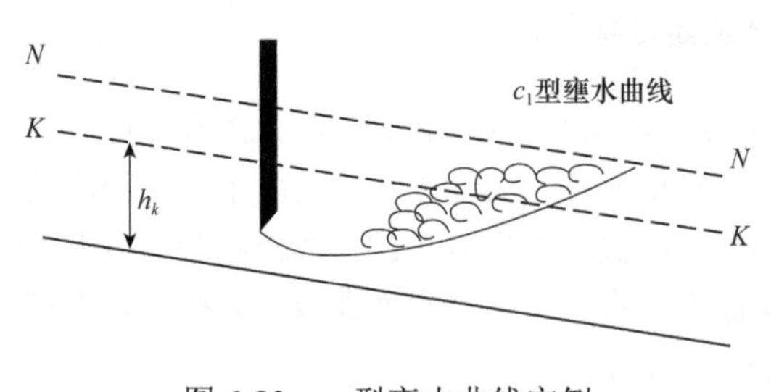

图 6-23 c_1 型壅水曲线实例

这类水面曲线多发生于跌坎下游或闸孔出流处。如图 6-23 所示，闸下出流的水面曲线就是 c_1 型壅水曲线的实例。

其他 9 条水面曲线的变化规律可仿此分析。根据上述 3 条水面曲线的讨论，现将 12 条水面曲线定性分析的要点和步骤归纳如下。

1）计算正常水深和临界水深，定出渠道中 N-N 线和 K-K 线的相对位置。

2）找出控制断面，由已知控制断面水深判断水面曲线所在区间，然后运用基本微分方程式分析水面曲线的沿程变化趋势。

3）各类水面曲线两端的几何特性如下所示。

① 当 $h\to h_0$ 时, $\frac{\mathrm{d}h}{\mathrm{d}L}\to 0$，水面曲线以 N-N 线为渐近线。

② 当 $h\to h_k$ 时, $\frac{\mathrm{d}h}{\mathrm{d}L}\to-\infty$，水面曲线末端与 K-K 线相正交；若 $\frac{\mathrm{d}h}{\mathrm{d}L}\to+\infty$，水面曲线末端与 K-K 线相正交。

③ 当 $h\to h_k$ 时, $\frac{\mathrm{d}h}{\mathrm{d}L}\to-\infty$，水面曲线渐趋水平。

4）由控制断面及水流边界条件，确定水面曲线两端的水深。

5）凡 a、c 区，水面曲线均为壅水曲线，b 区水面曲线均为降水曲线。

第七节 明渠渐变流水面曲线的定量计算（分段求和法）

明渠渐变流水面曲线的定量计算（即绘制水面曲线）方法有多种，这里只介绍分段求和法。

明渠渐变流微小流段的能量方程为$\frac{dE_s}{dL}=i-J$（式 6-6），将此式写成下面的有限差分方程为

$$\frac{\Delta E_s}{\Delta L}=i-\overline{J} \tag{6-33}$$

于是得

$$\Delta L=\frac{\left(h_2+\frac{\alpha_2 v_2^2}{2g}\right)-\left(h_1+\frac{\alpha_1 v_1^2}{2g}\right)}{i-\overline{J}} \tag{6-34}$$

式中，i 为渠道底坡；$\overline{J}$ 为相邻断面水力坡度的平均值；ΔL 为分段长度（图 6-24）。

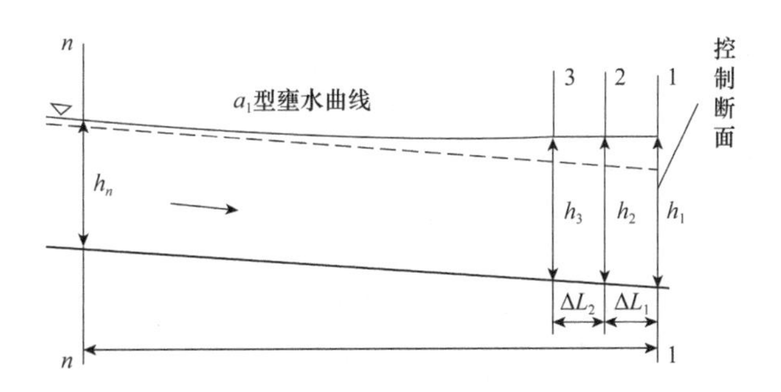

图 6-24 分段求和法示意图

若已知断面形状、尺寸、流量及两断面间的水深，则此两断面在渠道中的距离即可由式（6-34）求得。

因$v=C\sqrt{RJ}$，$\overline{J}$可按下式计算，即

$$\overline{J}=\frac{1}{2}\left(\frac{v_1^2}{C_1^2 R_1}+\frac{v_2^2}{C_2^2 R_2}\right) \tag{6-35}$$

下面以图 6-24 为例，阐述分段求和法的计算步骤。

1）根据上节所述方法，确定水面曲线的类型及两端水深。

2）将计算渠段的总长度 L 划分为若干小流段 ΔL_1，ΔL_2，ΔL_3，…，ΔL_n，逐一分析计算。分段的长短视精度要求及水深变化情况而定，水深变化大的地方，分段应短。

3）根据控制断面水深及水面曲线变化趋势，拟定该分段的另一端水深 h_2，由式（6-34）先求得 ΔL_1，如此类推，求 ΔL_2，ΔL_3，…，ΔL_n，最后求出水面曲线的总长为

$$L=\Delta L_1+\Delta L_2+\Delta L_3+\cdots+\Delta L_n$$

4）按图中坐标，即可绘出水面曲线。

分段求和法计算水面曲线比较简单，便于实现计算机计算，对于棱柱形和非棱柱形渠道中的恒定渐变流都适用，甚至可用于天然河道，下面举例说明。

例 6-4 已知涵洞前水深 $h_1=3.4$m（图 6-24），上游为棱柱形渠道，底宽 $b=10$m，边坡系数 $m=1.5$，底坡 $i=0.0009$，粗糙系数 $n=0.022$，当流量 $Q=45\text{m}^3/\text{s}$ 时，试计算涵洞前水面曲线。

解 （1）计算临界水深。将已知数据代入式（6-10）迭代得

$$h_k=\frac{\sqrt[3]{\left(\frac{\alpha Q^2}{g}\right)(b+2mh)}}{b+mh}=1.2\text{m}$$

（2）计算正常水深。将已知数据代入式（5-9）迭代得

$$h_0=\frac{1}{2m}\left[\sqrt{4m\left(\frac{nQ}{\sqrt{i}}\right)^{3/5}\left(b+2h\sqrt{1+m^2}\right)^{2/5}+b^2}-b\right]=1.96\text{m}$$

（3）判断渠道类型。因 $h_0>h_k$，故该渠道属于缓坡渠道。

（4）确定水面曲线类型。因 $h_1>h_0>h_k$，水深在 a_1 区变化，所以待求水面曲线为 a_1 型壅水曲线。

（5）确定控制断面水深。上游以 N-N 线为渐近线，上游控制断面水深取

$$h_n=1.01h_0=1.01\times1.96=1.98\text{m}$$

下游端控制断面水深取涵前水深为 $h_1=3.4$m。

（6）计算水面曲线。先计算第一段，已知 $h_1=3.4$m，取 $h_2=3.2$m，则式（6-33）右端有关水力要素如下：

$$A_1=(b+mh_1)h_1=(10+1.5\times3.4)\times3.4=51.34\text{m}^2$$

$$A_2=(b+mh_2)h_2=(10+1.5\times3.2)\times3.2=47.36\text{m}^2$$

$$\chi_1=b+2h_1\sqrt{1+m^2}=10+2\times3.4\times\sqrt{1+1.5^2}=22.26\text{m}$$

$$\chi_2=b+2h_2\sqrt{1+m^2}=10+2\times3.2\times\sqrt{1+1.5^2}=21.54\text{m}$$

$$R_1=\frac{A_1}{\chi_1}=\frac{51.34}{22.26}=2.306\text{m}$$

$$R_2=\frac{A_2}{\chi_2}=\frac{47.36}{21.54}=2.199\text{m}$$

$$C_1R_1^{1/2}=\frac{1}{n}R_1^{2/3}=\frac{1}{0.022}\times2.306^{\frac{2}{3}}=79.34\text{m/s}$$

$$C_2R_2^{1/2}=\frac{1}{n}R_2^{2/3}=\frac{1}{0.022}\times2.199^{\frac{2}{3}}=79.86\text{m/s}$$

$$v_1=\frac{Q}{A_1}=\frac{45}{51.34}=0.8765\text{ m/s}$$

$$v_2=\frac{Q}{A_2}=\frac{45}{47.36}=0.9502\text{ m/s}$$

$$\frac{v_1^2}{C_1^2R_1}=\left(\frac{0.8765}{79.34}\right)^2=1.220\times10^{-4}$$

$$\frac{v_2^2}{C_2^2R_2}=\left(\frac{0.9502}{79.86}\right)^2=1.416\times10^{-4}$$

$$J=\frac{1}{2}\left(\frac{v_1^2}{C_1^2R_1}+\frac{v_2^2}{C_2^2R_2}\right)=\frac{1}{2}\times(1.220\times10^{-4}+1.416\times10^{-4})=1.318\times10^{-4}$$

$$\frac{\alpha_1v_1^2}{2g}=\frac{1\times0.8765^2}{2\times9.80}=0.0392\,\text{m}$$

$$\frac{\alpha_2v_2^2}{2g}=\frac{1\times0.9502^2}{2\times9.80}=0.0461\,\text{m}$$

根据上述各值，利用式（6-33）得

$$\Delta L_1=\frac{E_{s1}-E_{s2}}{i-J}=\frac{(3.4+0.0392)-(3.2+0.0461)}{(9-1.318)\times10^{-4}}=251.37\,\text{m}$$

其余各段依此类推，各项计算数值见例表 6-2。

例表 6-2　水面曲线计算表

h/m	A/m²	χ/m	R/m	C/(m$^{0.5}$/s)	v/（m/s）	J	L/m	$\sum\Delta L$ /m
3.4	51.34	22.26	2.31	52.25	0.88		0.00	
3.2	47.36	21.54	2.20	51.83	0.95	0.0001374	251.37	
3.0	43.50	20.82	2.09	51.40	1.03	0.0001733	263.48	516.75
2.8	39.76	20.10	1.98	50.93	1.13	0.0002217	279.01	795.76
2.6	36.14	19.37	1.87	50.43	1.25	0.0002882	304.43	1100.20
2.4	32.64	18.65	1.75	49.90	1.38	0.0003815	351.29	1451.48
2.2	29.26	17.93	1.63	49.32	1.54	0.0005161	459.26	1910.74
2.1	27.62	17.57	1.57	49.01	1.63	0.0006497	340.33	2251.07
2.0	26.00	17.21	1.51	48.69	1.73	0.0007699	635.37	2886.44
1.98	25.68	17.14	1.50	48.62	1.75	0.0008516	334.21	3220.65

由上述计算表得所求水面曲线形式，如例图 6-2 所示。

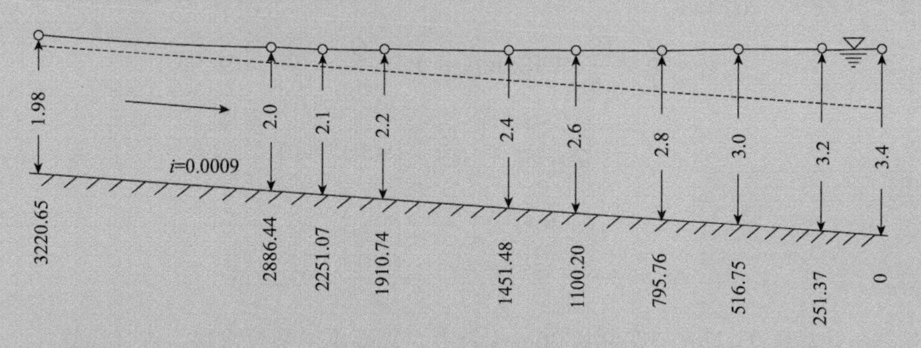

例图 6-2　水面曲线形式

（7）对于非棱柱形渠道，由于 $A=f(h, L)$，因此，用分段求和法计算水面曲线时，只假设另一端的水深还不足以求 ΔL，须用试算法，具体计算步骤如下。

1）由起始断面已知条件（断面形状、尺寸、水深 h_1 等）计算相应的 A_1、v_1、E_{s1}。

2）假定 ΔL，由此确定距起始断面 ΔL 处的断面形状，再设 h_2，计算 A_2、v_2、E_{s2}。

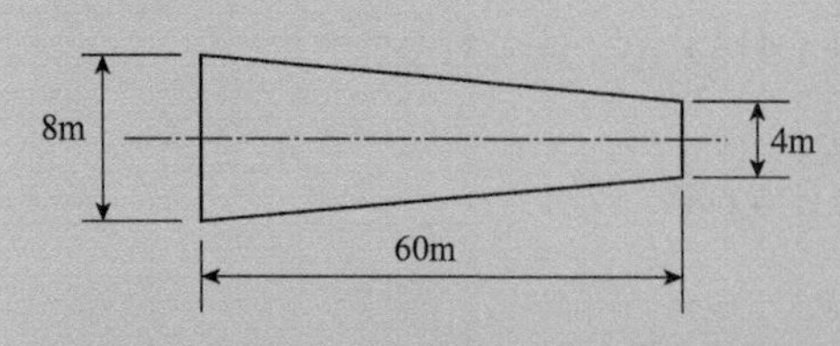

例图 6-3 直线收缩的矩形渠道

3）用 h_1、h_2 计算平均水力坡度 $\overline{J}$。

4）将上述数据代入式（6-34）计算 ΔL，如果这一计算结果与所设相等，则此 ΔL 及 h_2 即所求，否则，重新假设。按此法逐段计算 ΔL_i 和 h_i，即可得所求的水面曲线。

例 6-5 如例图 6-3 所示，一边墙成直线收缩的矩形渠道，渠长 60m，粗糙系数 $n=0.014$，进口宽 $b_1=8\text{m}$，出口宽 $b_3=4\text{m}$，底坡 $i=-0.001$，当流量 $Q=18\text{m}^3/\text{s}$ 时，进口水深 $h_1=2.0\text{m}$。试计算中间断面及出口断面水深，并绘制该段水面曲线。

解 渠道宽度逐渐收缩，故渠道为非棱柱形明渠，求指定断面的水深需采用试算法。

（1）确定水面曲线的类型及控制断面水深。

1）计算进口断面临界水深 h_k。将已知数据代入式（6-11）迭代得

$$h_k=\sqrt[3]{\frac{\alpha Q^2}{g b_1^2}}=0.8\,\text{m}$$

2）判断渠道类型。因 $i=-0.001<0$，故该渠道属于逆坡渠道。

3）确定水面曲线类型。因 $h>h_k$，水深在 b' 区变化，所以待求水面曲线为 b' 型降水曲线。

（2）计算中间断面水深 h_2。中间断面渠道宽度为 $b_2=\dfrac{8+4}{2}=6\,\text{m}$。

因是降水曲线，假设中间断面水深为 $h_2=1.8\text{m}$，计算进口断面和中间断面各水力要素。

$$A_1=b_1h_1=8\times2=16\,\text{m}^2;\quad A=b_2h_2=6\times1.8=10.8\,\text{m}^2$$

$$\chi_1=b_1+2h_1=8+2\times2=12\,\text{m};\quad \chi_2=b_2+2h_2=6+2\times1.8=9.6\,\text{m}$$

$$R_1=\frac{A_1}{\chi_1}=\frac{16}{12}=1.333\,\text{m};\quad R_2=\frac{A_2}{\chi_2}=\frac{10.8}{9.6}=1.125\,\text{m}$$

$$C_1=\frac{1}{n}R_1^{\frac{1}{6}}=\frac{1}{0.014}\times1.333^{\frac{1}{6}}=74.94\,\text{m}^{\frac{1}{2}}/\text{s};\quad C_2=\frac{1}{n}R_2^{\frac{1}{6}}=\frac{1}{0.014}\times1.125^{\frac{1}{6}}=72.84\,\text{m}^{\frac{1}{2}}/\text{s}$$

$$v_1=\frac{Q}{A_1}=\frac{18}{16}=1.125\,\text{m/s};\quad v_2=\frac{Q}{A_2}=\frac{18}{10.8}=1.67\,\text{m/s}$$

$$\overline{J_{1-2}}=\frac{1}{2}\left(\frac{v_1^2}{C_1^2R_1}+\frac{v_2^{\ 2}}{C_2^{\ 2}R_2}\right)=3.17\times10^{-4}$$

$$\Delta L_1=\frac{\left(h_2+\dfrac{\alpha_2 v_2^{\ 2}}{2g}\right)-\left(h_1+\dfrac{\alpha_1 v_1^2}{2g}\right)}{i-\overline{J}}=93.27\,\text{m}$$

显然，计算值 93.27m 与实际值 30m 不符合，需要重新假设水深，进行计算。

（3）再次计算中间断面水深 h_2。假设中间断面水深为 $h_2=1.9\text{m}$，计算进口断面和中间断面各水力要素。

$$A_1=b_1h_1=8\times2=16\,\text{m}^2;\quad A_2=b_2h_2=6\times1.9=11.4\,\text{m}^2$$

$$\chi_1=b_1+2h_1=8+2\times2=12\,\text{m};\quad \chi_2=b_2+2h_2=6+2\times1.9=9.8\,\text{m}$$

$$R_1=\frac{A_1}{\chi_1}=\frac{16}{12}=1.333\,\text{m};\quad R_2=\frac{A_2}{\chi_2}=\frac{11.4}{9.8}=1.16\,\text{m}$$

$$C_1=\frac{1}{n}R_1^{\frac{1}{6}}=\frac{1}{0.014}\times1.333^{\frac{1}{6}}=74.94\,\mathrm{m}^{\frac{1}{2}}/\mathrm{s}\;;\quad C_2=\frac{1}{n}R_2^{\frac{1}{6}}=\frac{1}{0.014}\times1.16^{\frac{1}{6}}=73.25\,\mathrm{m}^{\frac{1}{2}}/\mathrm{s}$$

$$v_1=\frac{Q}{A_1}=\frac{18}{16}=1.125\,\mathrm{m/s}\;;\quad v_2=\frac{Q}{A_2}=\frac{18}{11.4}=1.58\,\mathrm{m/s}$$

$$\overline{J_{1-2}}=\frac{1}{2}\left(\frac{v_1^2}{C_1^2R_1}+\frac{v_2^2}{C_2^2R_2}\right)=2.84\times10^{-4}$$

$$\Delta L_1=\frac{\left(h_2+\frac{\alpha_2v_2^2}{2g}\right)-\left(h_1+\frac{\alpha_1v_1^2}{2g}\right)}{i-\overline{J}}=29.10\,\mathrm{m}$$

计算值29.10m与实际值30m基本符合，故中间断面水深为1.9m。

（4）计算出口断面水深h_3。中间断面渠道宽度为$b_2=\frac{8+4}{2}=6\,\mathrm{m}$。

因是降水曲线，假设出口断面水深为$h_3=1.8$m，计算中间断面和出口断面各水力要素。

$$A_2=b_2h_2=6\times1.9=11.4\,\mathrm{m}^2\;;\quad A_3=b_3h_3=4\times1.8=7.2\,\mathrm{m}^2$$

$$\chi_2=b_2+2h_2=6+2\times1.9=9.8\,\mathrm{m}\;;\quad \chi_3=b_3+2h_3=4+2\times1.8=7.6\,\mathrm{m}$$

$$R_2=\frac{A_2}{\chi_2}=\frac{11.4}{9.8}=1.16\,\mathrm{m}\;;\quad R_3=\frac{A_3}{\chi_3}=\frac{7.2}{7.6}=0.95\,\mathrm{m}$$

$$C_2=\frac{1}{n}R_2^{\frac{1}{6}}=\frac{1}{0.014}\times1.16^{\frac{1}{6}}=73.25\,\mathrm{m}^{\frac{1}{2}}/\mathrm{s}\;;\quad C_3=\frac{1}{n}R_3^{\frac{1}{6}}=\frac{1}{0.014}\times0.95^{\frac{1}{6}}=70.79\,\mathrm{m}^{\frac{1}{2}}/\mathrm{s}$$

$$v_2=\frac{Q}{A_2}=\frac{18}{11.4}=1.58\,\mathrm{m/s}\;;\quad v_3=\frac{Q}{A_3}=\frac{18}{7.2}=2.5\,\mathrm{m/s}$$

$$\overline{J_{2-3}}=\frac{1}{2}\left(\frac{v_2^2}{C_2^2R_2}+\frac{v_3^2}{C_3^2R_3}\right)=8.58\times10^{-4}$$

$$\Delta L_2=\frac{\left(h_3+\frac{\alpha_3v_3^2}{2g}\right)-\left(h_2+\frac{\alpha_2v_2^2}{2g}\right)}{i-\overline{J}}=-49.34\,\mathrm{m}$$

计算值−49.34m与实际值30m不符合，需重新假设水深，进行计算。

（5）再次计算出口断面水深h_3。因是降水曲线，假设出口断面水深为$h_3=1.6$m，计算中间断面和出口断面各水力要素。

$$A_2=b_2h_2=6\times1.9=11.4\,\mathrm{m}^2\;;\quad A_3=b_3h_3=4\times1.6=6.4\,\mathrm{m}^2$$

$$\chi_2=b_2+2h_2=6+2\times1.9=9.8\,\mathrm{m}\;;\quad \chi_3=b_3+2h_3=4+2\times1.6=7.2\,\mathrm{m}$$

$$R_2=\frac{A_2}{\chi_2}=\frac{11.4}{9.8}=1.16\,\mathrm{m}\;;\quad R_3=\frac{A_3}{\chi_3}=\frac{6.4}{7.2}=0.89\,\mathrm{m}$$

$$C_2=\frac{1}{n}R_2^{\frac{1}{6}}=\frac{1}{0.014}\times1.16^{\frac{1}{6}}=73.25\,\mathrm{m}^{\frac{1}{2}}/\mathrm{s}\;;\quad C_3=\frac{1}{n}R_3^{\frac{1}{6}}=\frac{1}{0.014}\times0.89^{\frac{1}{6}}=70.04\,\mathrm{m}^{\frac{1}{2}}/\mathrm{s}$$

$$v_2=\frac{Q}{A_2}=\frac{18}{11.4}=1.58\,\mathrm{m/s}\;;\quad v_3=\frac{Q}{A_3}=\frac{18}{6.4}=2.81\,\mathrm{m/s}$$

$$\overline{J_{2-3}}=\frac{1}{2}\left(\frac{v_2^2}{C_2^2R_2}+\frac{v_3^2}{C_3^2R_3}\right)=1.15\times10^{-3}$$

$$\Delta L_2=\frac{\left(h_3+\frac{\alpha_3 v_3^2}{2g}\right)-\left(h_2+\frac{\alpha_2 v_2^2}{2g}\right)}{i-\overline{J}}=10.97\,\text{m}$$

计算值 10.97m 与实际值 30m 不符合，需重新假设水深，继续进行试算计算。

（6）第三次计算出口断面水深 h_3。因是降水曲线，假设出口断面水深为 $h_3=1.5\text{m}$，计算中间断面和出口断面各水力要素。

$$A_2=b_2h_2=6\times1.9=11.4\,\text{m}^2;\quad A_3=b_3h_3=4\times1.5=6.0\,\text{m}^2$$

$$\chi_2=b_2+2h_2=6+2\times1.9=9.8\,\text{m};\quad \chi_3=b_3+2h_3=4+2\times1.5=7.0\,\text{m}$$

$$R_2=\frac{A_2}{\chi_2}=\frac{11.4}{9.8}=1.16\,\text{m};\quad R_3=\frac{A_3}{\chi_3}=\frac{6.0}{7.0}=0.86\,\text{m}$$

$$C_2=\frac{1}{n}R_2^{\frac{1}{6}}=\frac{1}{0.014}\times1.16^{\frac{1}{6}}=73.25\,\text{m}^{\frac{1}{2}}/\text{s};\quad C_3=\frac{1}{n}R_3^{\frac{1}{6}}=\frac{1}{0.014}\times0.86^{\frac{1}{6}}=69.62\,\text{m}^{\frac{1}{2}}/\text{s}$$

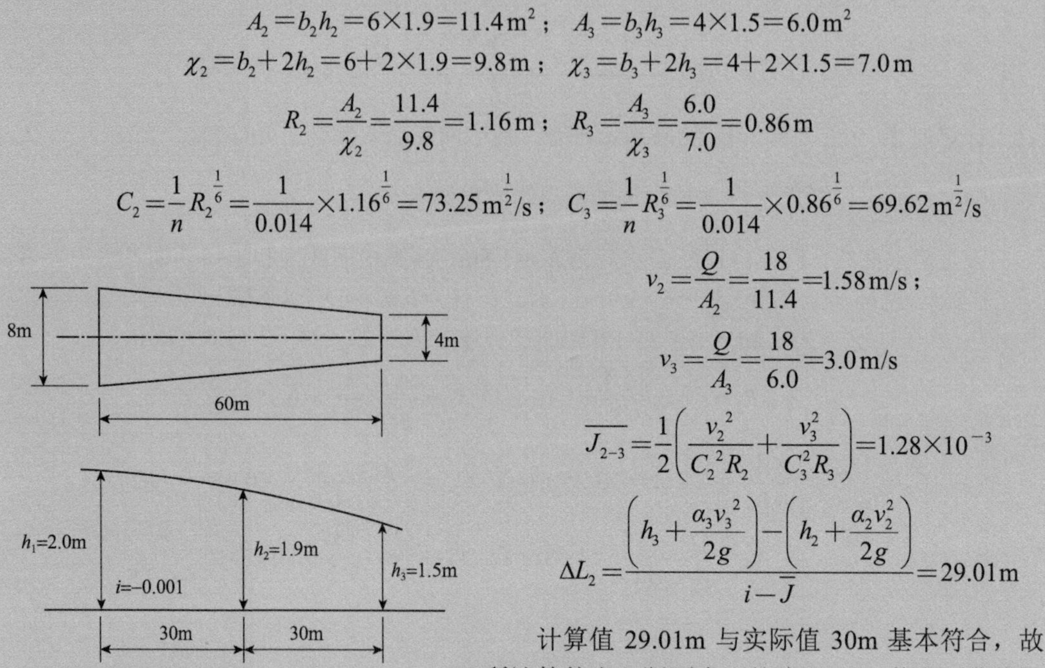

例图 6-4　水面曲线

$$v_2=\frac{Q}{A_2}=\frac{18}{11.4}=1.58\,\text{m/s};$$

$$v_3=\frac{Q}{A_3}=\frac{18}{6.0}=3.0\,\text{m/s}$$

$$\overline{J_{2-3}}=\frac{1}{2}\left(\frac{v_2^2}{C_2^2R_2}+\frac{v_3^2}{C_3^2R_3}\right)=1.28\times10^{-3}$$

$$\Delta L_2=\frac{\left(h_3+\frac{\alpha_3 v_3^2}{2g}\right)-\left(h_2+\frac{\alpha_2 v_2^2}{2g}\right)}{i-\overline{J}}=29.01\,\text{m}$$

计算值 29.01m 与实际值 30m 基本符合，故所计算的出口断面水深约为 1.5m。其水面曲线如例图 6-4 所示。

从以上试算过程可以看出，非棱柱形明渠水面曲线的计算过程比棱柱形渠道水面曲线的计算麻烦，需要经过多次试算才能获得满意的结果。

第八节　明渠渐变流水面曲线的衔接

由于地形条件限制或工程要求，渠道中可能有桥、涵等水工建筑物或全渠由数段不同底坡的渠道组成，因而可有几种不同类型水面曲线的相互衔接问题。水面曲线的衔接形式有多种，其基本规律如下所示。

1）凡 a、c 区均为壅水曲线，b 区均为降水曲线。

2）凡水流由缓流到缓流，缓流到急流或急流到急流，水面衔接均不会发生水跃（图 6-25）。

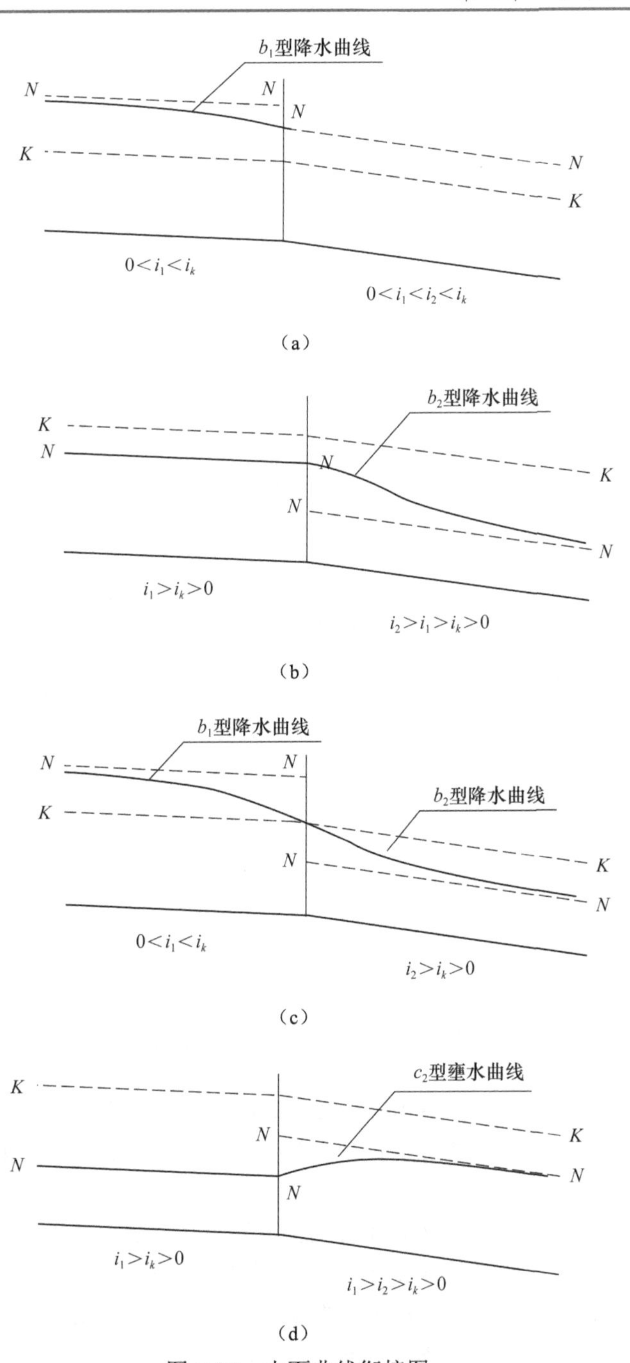

图 6-25　水面曲线衔接图

3）凡水流由急流向缓流过渡时，渠中必以水跃形式与下游衔接（图 6-26）。水跃发生的位置有远离式、淹没式、临界式三种，三者取决于 h_c''与 h_t 的对比关系。其中，远离式水跃的上游端与 C 型曲线衔接。若水流从急流向缓流过渡，而且发生在陡坡折向缓坡的渠道中，水跃的位置仍可按水跃原理做具体分析，底坡转折处相当于图 6-26 中的 C-C 断面，h''由上段渠道末端水深决定。

当为远离式水跃时，水跃发生在下段渠道中，水跃上游端通过 C 型水面曲线与上游段渠道的末端水深衔接；当为淹没式水跃时，水跃发生在下段渠道中，水跃上端通过 a_2 型水面曲线与下段渠道水面衔接；当为临界式水跃时，水跃发生在渠道底坡转折处，关于 $i\neq 0$ 时的水跃计算可参考有关书籍。

4）水流由缓坡渠道流入陡坡渠道时，渠底转折点的水深为临界水深。此外，渠中水流状态还与局部影响情况有关，在缓坡渠道中可以出现急流，陡坡渠道中也可以出现缓流。下面举例说明。

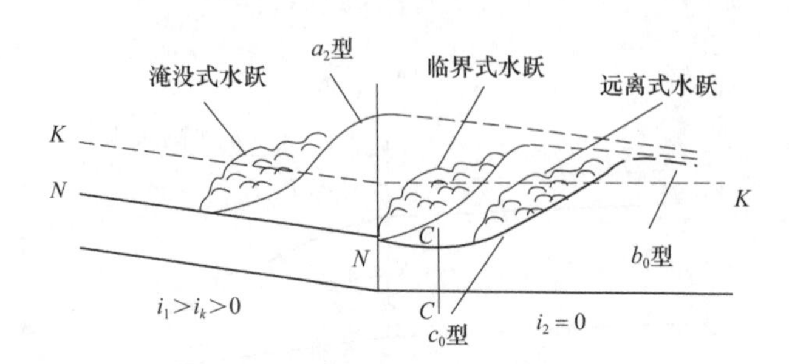

图 6-26 水跃位置发生图

如图 6-27 所示，设全渠由三段不同底坡的较长渠道组成，末段渠道上的涵洞出口水流，直接流入水库，要求对涵前全渠水面衔接情况作定性分析。

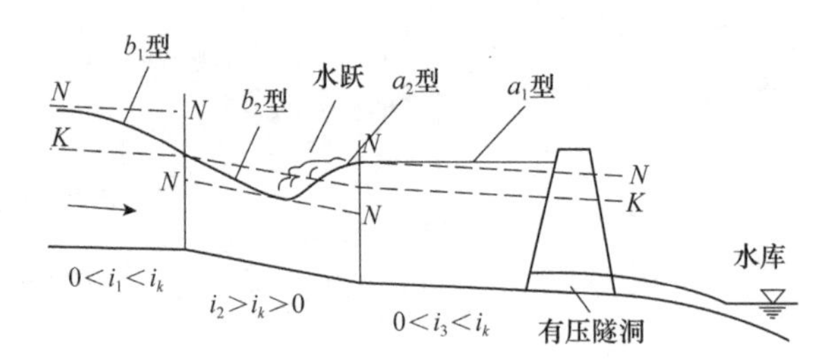

图 6-27 涵前全渠水面衔接情况

首先，求出各渠段的 h_0 和 h_k，并将 N-N 线和 K-K 线绘于图上。

其次，找出控制断面，确定相应的控制水深（本例题中有底坡转折处水深、陡坡渠道末段水深及涵前水深等）。

最后，定性分析各段渠道中的水面曲线类型及其相互衔接的情况。

显然，此三段渠道中，正常水深断面应远离干扰端（即图中的有压隧洞及底坡转折处）。在缓坡渠道中，正常水深应发生在渠首；在陡坡渠段中，正常水深则发生在渠末。水流由缓流进入急流的底坡转折处及涵前断面均为控制断面，此二处的控制水深分别为 h_k 及 h。因此，首段渠道中水面曲线的变化范围为 $h_k<h<h_0$（属 b_1 区），应为 b_1 型降水曲线；中段渠道中水面曲线的变化范围为 $h_0<h<h_k$（属 b_2 区），应为 b_2 型降水曲线，上游与首段渠道的衔接水深为 h_k；末段渠道中，由于涵洞的影响，$h>h_0>h_k$，水深在 a_1 区内变化，应为 a_1 型壅水曲线，上游渐进于本渠段的正常水深，并使中段渠道末端水深抬高到 a_2 区。中段渠道中水流由急流向缓流过渡，因此，其末端的水面衔接必发生水跃。水跃的位置可能有图 6-23 所示的

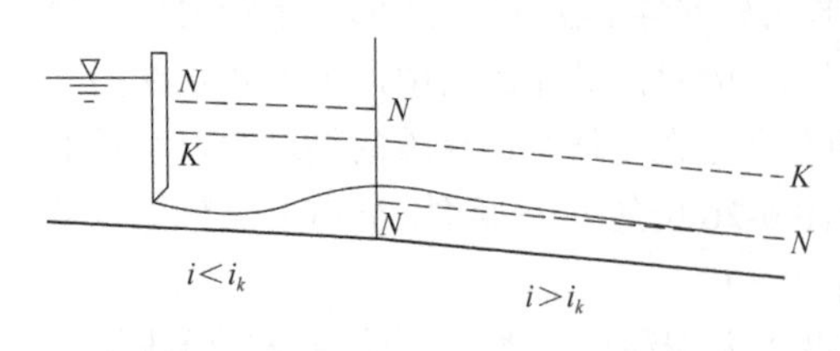

图 6-28 特殊情况的水面曲线衔接图

三种情况。

应当注意，若渠道长度较短时，水面曲线得不到充分发展，即使在缓坡渠道中出现急流，也可能在本段渠道内不出现水跃，全渠以急流方式与下段渠道水面曲线相衔接（图 6-28），这种情况常在无压涵洞中遇见。

附　本章例题详解

本章所有的例题详解，请扫描下方二维码查看。例题的 Excel 计算过程与结果，请阅读附录二并下载 Excel 表格的压缩文件，解压后查看并运行。

第七章　堰闸出流与衔接消能

教学内容

堰流水力计算；闸孔出流的水力计算；泄水建筑物下游水流衔接与消能。

教学要求

理解堰流、闸孔出流的特点与区别；掌握堰流与闸孔出流的水力计算；掌握底流式衔接消能方式中消力池的水力计算方法。

教学建议

堰流和闸孔出流过流能力的水力计算是本章重点；消力池的设计要讲清楚设计思路与水力计算方法。

实验要求

观察自由出流与淹没出流对堰、闸过流能力的影响。分析堰、闸流量系数的影响因素。

第一节　堰流的类型及流量公式

明渠水流中的局部障壁称为堰。无压缓流流经堰顶时的局部水力现象称为堰流。其特点是上游发生水位壅高，然后水面降落，水力计算仅考虑局部水头损失，沿程水头损失可以忽略不计。障壁对水流的作用，或是从底部约束水流，如图 7-1（a）所示，或是从侧向约束水流，如图 7-1（b）所示，前者如堰、坝，后者如桥、涵。堰流的水力计算是这些水工建筑物水力计算的理论依据。

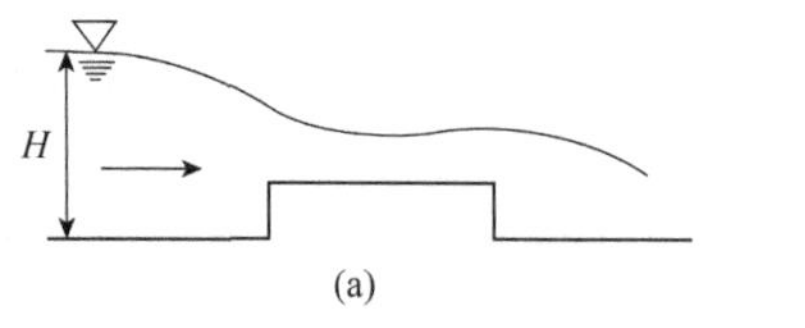

(a)

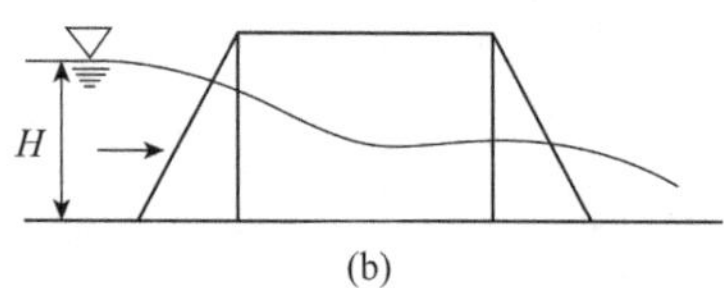

(b)

图 7-1　过堰水流水面线变化示意图

必须注意，急流流经堰顶的水力现象与上述情况完全不同，本章介绍的堰流的计算公式不适用于这种情况。关于这部分计算大家可查阅有关资料。

一、堰流的类型

在工程上，按使用要求，堰的类型很多。如水利工程中的溢流坝常用混凝土或砌石筑成，厚度较大，而实验室用的量水堰则用薄钢板做成。过堰水流的水头损失主要是局部水头损失，沿程水头损失可忽略不计。为了便于研究，一般根据堰壁厚度 δ 与堰上水头 H（或称堰顶水头）的比值将堰流分成以下三类（图 7-2）。

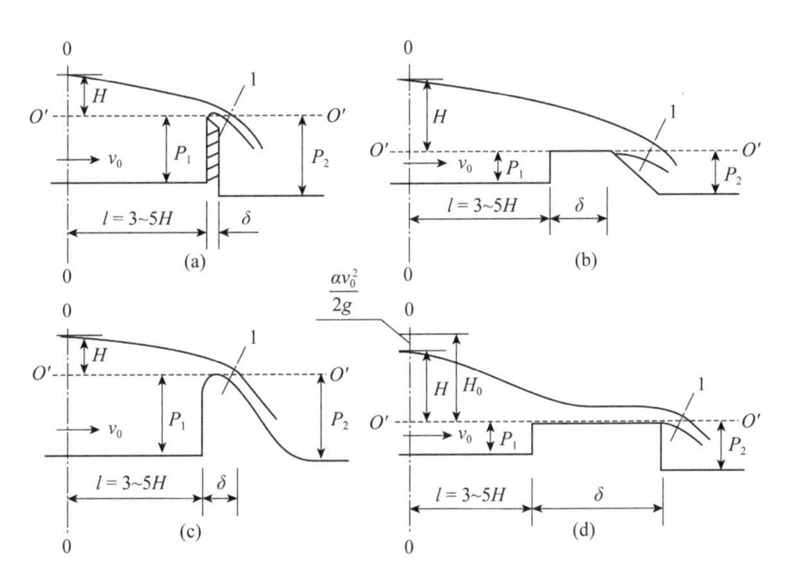

图 7-2　堰流的分类示意图

当 $\frac{\delta}{H}<0.67$ 时，形成的堰流称为薄壁堰流。此时水舌不受堰壁厚度的影响，水流呈自由下落曲线，如图 7-2（a）所示。

当 $0.67<\frac{\delta}{H}<2.5$ 时，形成的堰流称为实用堰流。过堰水流开始受堰顶的约束和顶托，但水流基本上还是在重力作用下的自由下落曲线，这种堰常见的有折线型和曲线型两种，如图 7-2（b）和图 7-2（c）所示。

当 $2.5<\frac{\delta}{H}<10$ 时，形成的堰流称为宽顶堰流。过堰水流受堰顶的顶托作用加大，进口处的降水曲线形成收缩断面，堰顶水面有一段几乎与堰顶平行。当下游水位较低时，堰出口处还会产生第二次水面跌落，如图 7-2（d）所示。对于小桥涵来说，一般 $P_1=0$，属于无坎宽顶堰。

当 $\frac{\delta}{H}>10$ 时，实验证明，其沿程水头损失已不能忽略，水流特征不再属堰流，而是明渠水流了。

二、堰流的流量公式

影响过堰水流的因素很多，主要有堰顶水头、堰宽、行近流速、堰壁厚度、堰剖面形状、下游水位及其堰顶的超高、上下游堰坎高度等。三种过堰水流的水力特性基本一致，因此，堰的流量公式可以统一推求。

实验表明（图 7-2），在堰上游 3～5H 的断面 0-0 处，可视为渐变流，该断面称为行近流速断面。通过堰顶取基准 O'-O'，在断面 1-1 处的测压管水头 $\left(z+\frac{p}{\gamma}\right)$ 一般不是常数，取其平均值 $\overline{\left(z+\frac{p}{\gamma}\right)}$，并令

$$\overline{\left(z+\frac{p}{\gamma}\right)}=KH_0$$

式中，K 为比例系数；$H_0=H+\frac{\alpha_0 v_0^2}{2g}$，称为堰顶总水头。

列 0-0 和 1-1 断面间的能量方程，有

$$H_0=\overline{\left(z+\frac{p}{\gamma}\right)}+(\alpha+\zeta)\frac{v^2}{2g}=KH_0+(\alpha+\zeta)\frac{v^2}{2g}\Rightarrow v=\frac{1}{\sqrt{\alpha+\zeta}}\sqrt{2g(1-K)H_0}$$

令

$$\varphi=\frac{1}{\sqrt{\alpha+\zeta}}$$

得

$$v=\varphi\sqrt{2g(1-K)H_0} \tag{7-1}$$

从而得堰流的流量计算公式：

$$Q=Av=\varphi A\sqrt{2g(1-K)H_0} \tag{7-2}$$

设图 7-2 中的堰顶过水断面均为矩形，宽度为 b，水舌厚度用 kH_0 表示，则 1-1 断面的过水断面面积为 $A=kH_0b$，于是有

$$Q=Av=\varphi k\sqrt{1-K}b\sqrt{2g}H_0^{3/2} \tag{7-3}$$

令

$$m=\varphi k\sqrt{1-K} \tag{7-4}$$

则

$$Q=mb\sqrt{2g}H_0^{3/2} \tag{7-5}$$

式中，m 称为流量系数；φ 称为流速系数。

影响堰流流量系数的主要因素 φ、k、K 都与堰的边界条件（如堰高、进口情况等）有关，因此，各类堰的流量系数各不相同。关于堰流的计算公式这里补充说明两点。

1）当下游水位较高，且影响了堰的泄流能力时，称为淹没出流；下游水位不影响泄流能力时，称为自由出流。式（7-2）或式（7-5）是自由出流条件下的流量计算公式。

2）有的堰顶过流宽度 b 小于上游渠道宽度 B，或是受到边墩及闸墩影响，都会引起水流的侧向收缩（图 7-3），从而降低了堰的泄水能力，这种堰称为侧收缩堰；反之，称为无侧收缩堰。

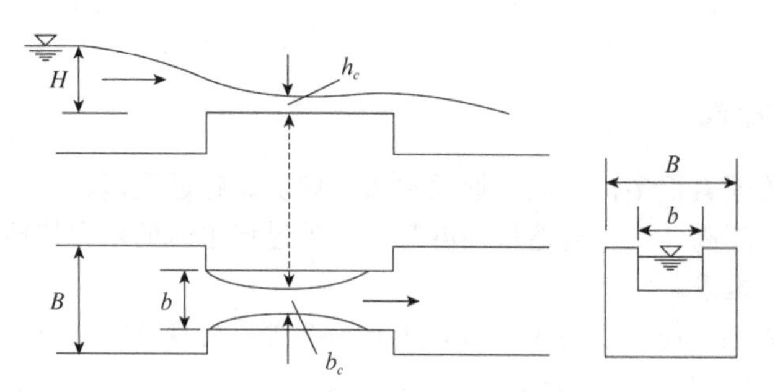

图 7-3 堰流侧向收缩示意图

式（7-2）或式（7-5）没有考虑侧收缩的影响，这在后面的讨论中加以修正。

第二节　薄壁堰流和实用断面堰流

一、薄壁堰

薄壁堰是一种常用的量水设备。堰口形状主要有矩形和三角形，分别称为矩形薄壁堰和三角形薄壁堰。薄壁堰流由于具有稳定的水头和流量关系，因此，常作为水力模型试验或野外测流的量水工具。下面介绍它们的流量计算公式。

（一）矩形薄壁堰

自由出流时的流量公式即式（7-5）：$Q=mb\sqrt{2g}H_0^{3/2}$。

为计算方便，也可将式中流速水头的影响集于流量系数中考虑，即改写为

$$Q=mb\sqrt{2g}H_0^{3/2}=mb\sqrt{2g}\left(H+\frac{\alpha_0 v_0^2}{2g}\right)^{3/2}=mb\sqrt{2g}\left(1+\frac{\alpha_0 v_0^2}{2gH}\right)^{3/2}H^{3/2}$$

或

$$Q=m_0 b\sqrt{2g}H^{\frac{3}{2}} \tag{7-6}$$

式中，$m_0=m\left(1+\dfrac{\alpha_0 v_0^2}{2gH}\right)^{3/2}$，称为考虑流速水头的流量系数；$H$ 为堰上水头；m_0 及 m 由试验测定，对于锐缘矩形薄壁堰流量系数也可用下面的经验公式计算。

$$\left.\begin{aligned} m&=0.405+\frac{0.0027}{H}\\ m_0&=\left(0.405+\frac{0.0027}{H}\right)\left[1+0.55\left(\frac{H}{H+P_1}\right)^2\right]\end{aligned}\right\} \tag{7-7}$$

上式称为巴赞（Bazin）公式。式中堰上水头 H 及上游堰坎高度 P_1 均以 m 计，其应用范围是 $P_1\geqslant 0.5H$，$H\geqslant 0.1\text{m}$。

当堰宽 b 小于上游渠道宽度 B 时，称为有侧收缩的矩形薄壁堰，其流量系数有所折减，可按下式计算：

$$m_0=\left(0.405+\frac{0.0027}{H}-0.03\frac{B-b}{b}\right)\left[1+0.55\left(\frac{b}{B}\right)^2\left(\frac{H}{H+P_1}\right)^2\right] \tag{7-8}$$

式中，H、P_1、b、B 的单位均以 m 计。

实验证明，当矩形薄壁堰流为无侧收缩、自由出流时，水流最为稳定，测量精度也较高。所以用来量水的矩形薄壁堰应使上游渠宽与堰宽相同，下游水位低于堰顶。

此外，为保证堰为自由出流，使过堰水流稳定，在工程实际中应注意以下两点要求。

1）堰顶水头 $H>3\text{cm}$，否则因表面张力作用将发生贴附溢流，影响堰的出流，如图 7-4（a）所示。

2）水舌下面的空间应与大气相通。否则水舌下面将因空气被带走而形成局部真空，如图 7-4（b）所示；可增加通气管防止形成真空，如图 7-4（c）所示。

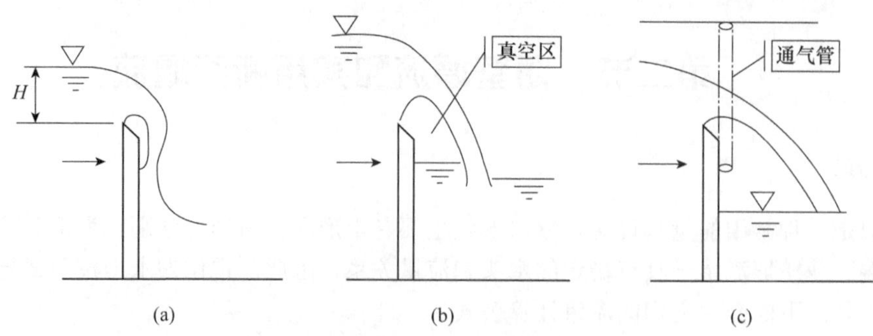

图 7-4 薄壁堰水舌的贴附现象示意图

当下游水位高于堰顶时，如图 7-5 所示，根据前人的研究成果，若下游水深 $h_t > P_2$，且 $Z/P_2 < 0.7$ 时，则呈淹没出流。

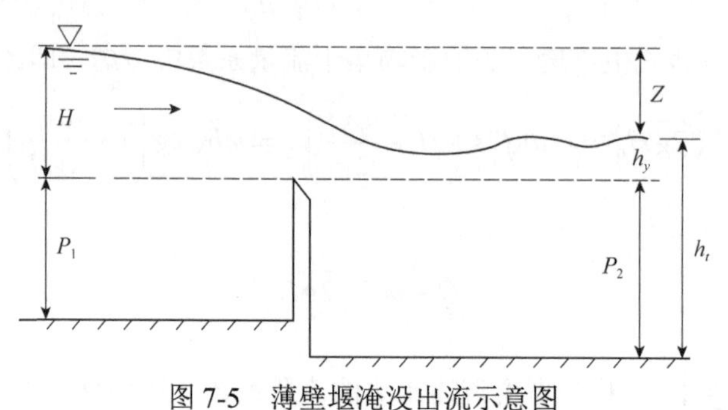

图 7-5 薄壁堰淹没出流示意图

此时由于下游水位的抬高，影响到堰的正常出流，可将流量公式修正为

$$Q = \sigma m_0 b \sqrt{2g} H^{3/2} \tag{7-9}$$

式中，m_0 为自由出流的流量系数；σ 为淹没系数，可按下述经验公式计算；H、Z、h_y、P_2 的单位为 m，符号意义见图 7-5。

$$\sigma = 1.05\left(1 + 0.2\frac{h_y}{P_2}\right)\sqrt[3]{\frac{Z}{H}} \tag{7-10}$$

当堰流为自由出流时，$\sigma = 1$；而当堰流为淹没出流时，$\sigma < 1$。

例 7-1 某清洁小流域长流水支沟，为监测沟道中的水流量，在沟口修建一无侧收缩的矩形薄壁堰，堰宽 $b = 0.5\text{m}$，上游堰坎高度 $P = 0.4\text{m}$，已知该堰为自由出流，测得堰顶水头 $H = 0.2\text{m}$，试求通过堰的流量。

解 流量公式按（7-6）式计算：

$$Q = m_0 b \sqrt{2g} H^{\frac{3}{2}}$$

其中，m_0 由式（7-7）计算求得

$$m_0 = \left(0.405 + \frac{0.0027}{H}\right)\left[1 + 0.55\left(\frac{H}{H + P_1}\right)^2\right]$$

$$= \left(0.405 + \frac{0.0027}{0.2}\right) \times \left[1 + 0.55 \times \left(\frac{0.2}{0.2 + 0.4}\right)^2\right]$$

$$= 0.444$$

则通过的流量为

$$Q=m_0 b\sqrt{2g}H^{\frac{3}{2}}=0.444\times0.5\times\sqrt{2\times9.8}\times0.2^{\frac{3}{2}}=0.0879\,\mathrm{m^3/s}$$

（二）三角形薄壁堰

当测量小流量（$Q<100\mathrm{L/s}$）时，常用堰口形状为等腰直角三角形的薄壁堰，如图 7-6 所示，其流量公式按下列经验公式计算：

$$Q=1.343H^{2.47} \tag{7-11}$$

式中，H 的单位以 m 计。

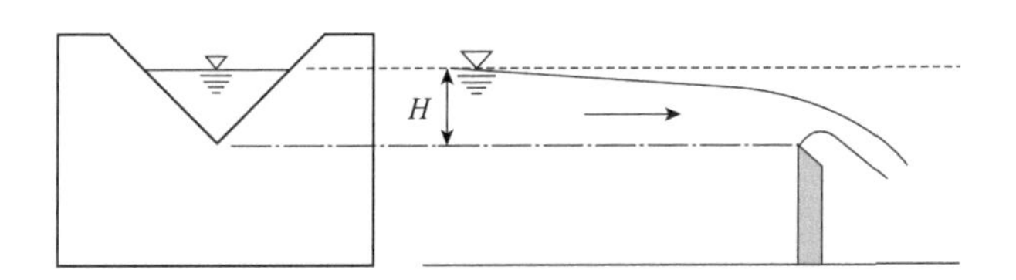

图 7-6　三角形薄壁堰示意图

当堰口形状不是等腰直角三角形时，其流量公式的一般表达式为

$$Q=MH^{2.5} \tag{7-12}$$

式中，M 为流量系数，由试验确定。

薄壁堰做量水设备时，为了减小水面波动，提高测量精度，在堰槽上应设置整流栅。堰槽长度可参考表 7-1 和图 7-7。

表 7-1　薄壁堰堰槽长度参考尺寸表

项目	L_1	L_2	L_3	L_4
全宽堰	$>B+3H_{max}$	$\approx2H_{max}$	$>B+5H_{max}$	H_{max}
矩形收缩堰	$>B+2H_{max}$	$\approx2H_{max}$	$>B+3H_{max}$	H_{max}
直角三角堰	$>B+H_{max}$	$\approx2H_{max}$	$>B+2H_{max}$	H_{max}

注：表中 H_{max} 为最大水头

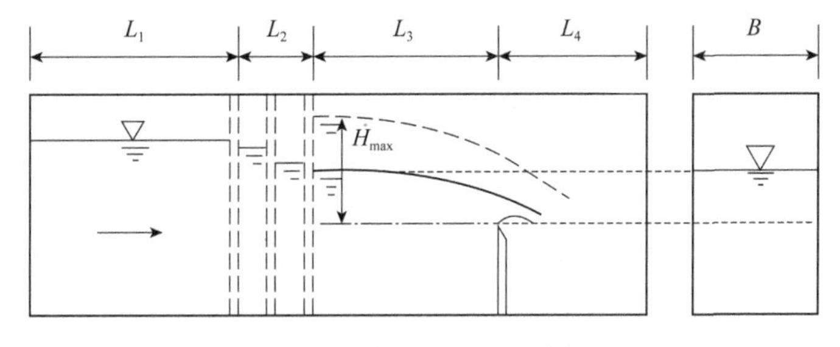

图 7-7　整流栅安装示意图

二、实用断面堰流

实用断面堰常用在灌溉渠首端部或做溢流坝，其剖面有曲线型或折线型等（图 7-8）。

曲线型实用断面堰原则上要求将堰表面做成符合水舌下缘形状的光滑表面。堰面曲线有多

种，如图 7-8（b）所示，美国 WES 标准剖面堰的坐标方程为

$$x^{1.85}=2H^{0.85}y \tag{7-13}$$

长江水利委员会长江科学院的长研 I 型剖面堰的坐标方程为

$$x^2=2.1H^{0.8}y \tag{7-14}$$

当为自由出流，有侧向收缩时，实用断面堰的流量公式为

$$Q=m\varepsilon b\sqrt{2g}H_0^{3/2} \tag{7-15}$$

当为淹没出流，有侧向收缩时，其流量公式修正为

$$Q=\sigma m\varepsilon b\sqrt{2g}H_0^{3/2} \tag{7-16}$$

式中，m 为流量系数；σ 为淹没系数；ε 为侧收缩系数。

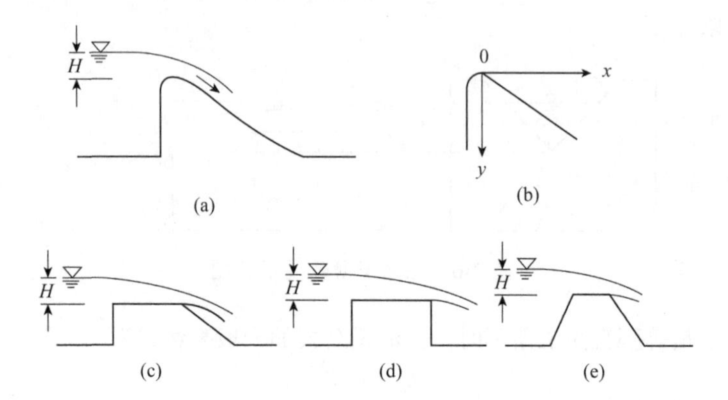

图 7-8 曲线型实用断面堰和折线型实用断面堰示意图

下面我们分别讨论各系数的确定方法。

1．流量系数 实用断面堰的流量系数 m 的变化范围较大，视堰壁外形、水头大小及首部情况等而定。初步估算时，曲线型实用断面堰可取 $m\approx0.45$，折线型实用断面堰可取 $m=0.35\sim0.42$，精确计算时需通过试验确定。

2．侧收缩系数 侧收缩系数 ε 可按图 7-9 及式（7-17）计算。

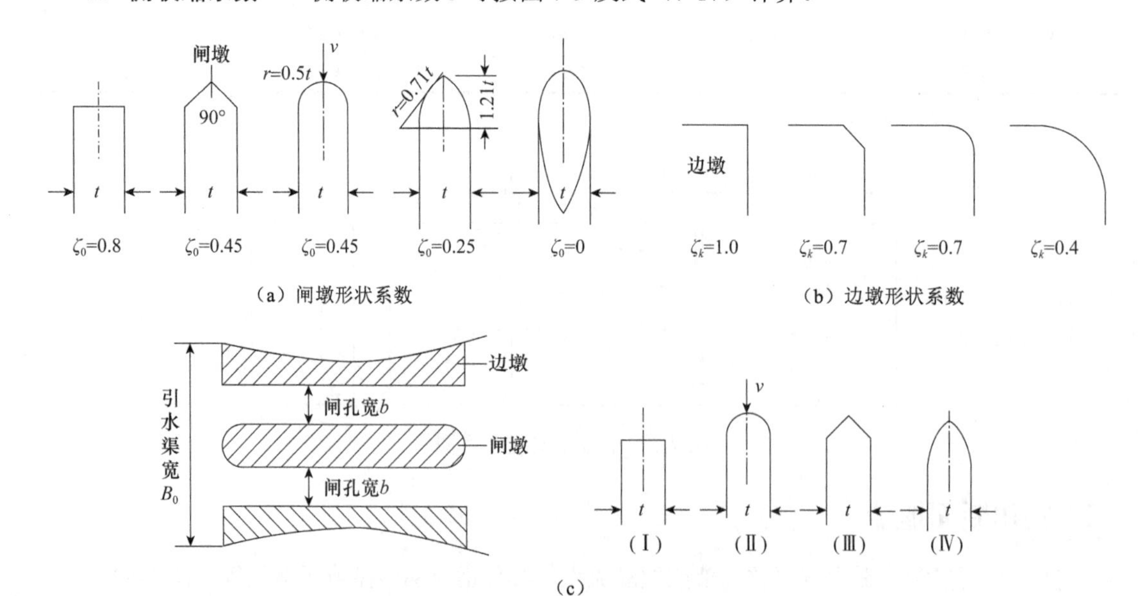

图 7-9 闸墩和边墩形状系数图

$$\varepsilon=1-0.2[\zeta_k+(n-1)\zeta_0]\frac{H_0}{nb} \tag{7-17}$$

式中，ζ_k为边墩形状系数；ζ_0为闸墩形状系数；n为溢流孔数；b为每孔净宽。

边墩形状系数ζ_k和闸墩形状系数ζ_0见表7-2。

表7-2　边墩及闸墩形状系数表

闸墩平面形状	图中符号	ζ_k	各种h_y/H_0时的ζ_0					附注
			≤0.75	0.80	0.85	0.90	0.95	
矩形	Ⅰ	1.0	0.80	0.86	0.92	0.98	1.00	闸墩的尾部形状与头部相同
半圆形及直边尖头形$\theta=\pi/2$	Ⅱ、Ⅲ	0.7	0.45	0.51	0.57	0.63	0.69	
尖圆形	Ⅳ	0.4	0.25	0.32	0.39	0.46	0.53	

如果$\frac{H_0}{b}>1$，则取$\frac{H_0}{b}=1$，进行初步估算时，常取$\varepsilon=0.85\sim0.95$。

3．淹没系数　如图7-10所示，实用断面堰的淹没标准为

$$\left.\begin{aligned}&h_t>P_2\\&Z_0/P_2<0.7\\&h_y/H>0.4\end{aligned}\right\}$$

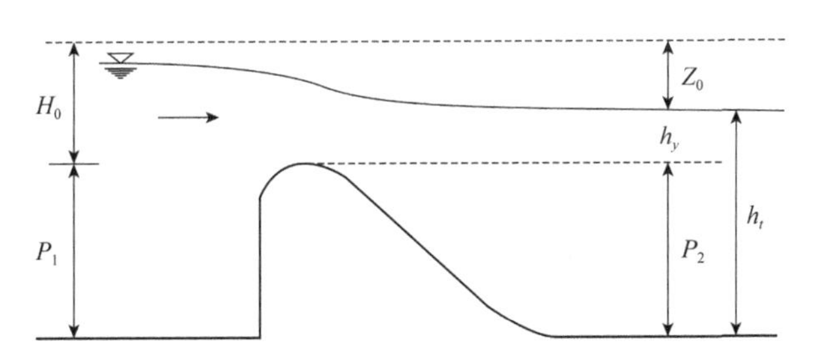

图7-10　实用断面堰淹没出流判断图

实用断面堰的淹没系数见表7-3。

表7-3　实用断面堰的淹没系数σ

h_y/H	σ	h_y/H	σ	h_y/H	σ	h_y/H	σ
0.40	0.990	0.65	0.940	0.76	0.846	0.88	0.629
0.45	0.986	0.66	0.930	0.78	0.820	0.90	0.575
0.50	0.980	0.68	0.921	0.80	0.790	0.92	0.515
0.55	0.970	0.70	0.906	0.82	0.756	0.94	0.449
0.60	0.960	0.72	0.889	0.84	0.719	0.95	0.412
0.62	0.955	0.74	0.869	0.85	0.699	1.00	0.000
0.63	0.950	0.75	0.858	0.86	0.677		

实用断面堰在水利工程中使用得非常广泛，如作为挡水及泄水建筑物的溢流坝，就是典型的实用堰。但其在水土保持工程中使用得很少，因此本章对实用堰不做详细论述，学生一般了解即可。

第三节 宽顶堰流

一、宽顶堰流的自由出流

宽顶堰流自由出流的流量可按式（7-5）计算，即 $Q=mb\sqrt{2g}H_0^{3/2}$。

其流量系数 m 与堰坎进口情况等因素有关，根据前人的研究，宽顶堰流量系数的范围为 $m=0.3\sim0.385$，一般情况下常用下述经验公式或表格计算，精确计算需根据试验确定。

（一）有底坎宽顶堰流量系数

1．直角锐缘进口 宽顶堰直角锐缘进口如图 7-11 所示。

$0<P_1/H<3$ 时，

$$m=0.32+0.01\times\frac{3-\frac{P_1}{H}}{0.46+0.75\frac{P_1}{H}} \tag{7-18}$$

$P_1/H\geqslant3$ 时，m 为常数，即 $m=0.32$。

2．圆进口 宽顶堰圆进口如图 7-12 所示。

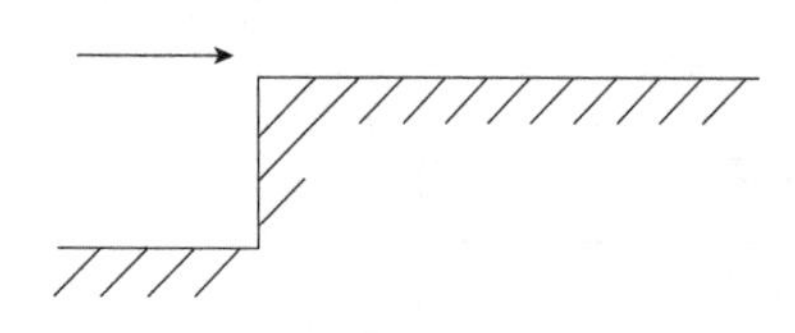

图 7-11 宽顶堰直角锐缘进口形式图

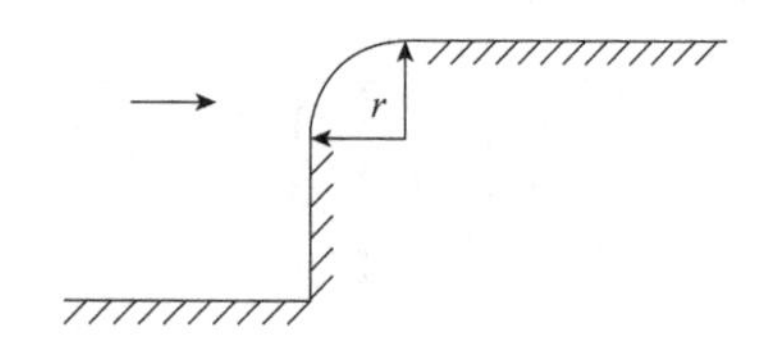

图 7-12 宽顶堰圆进口形式图

$P_1/H<3$ 时，

$$m=0.36+0.01\times\frac{3-\frac{P_1}{H}}{1.2+1.5\frac{P_1}{H}} \tag{7-19}$$

$P_1/H\geqslant3$ 时，m 为常数，即 $m=0.36$。

式（7-18）和式（7-19）中，H 为堰顶水头；P_1 为上游堰坎高度。

3．斜坡式进口 宽顶堰斜坡式进口如图 7-13 所示。

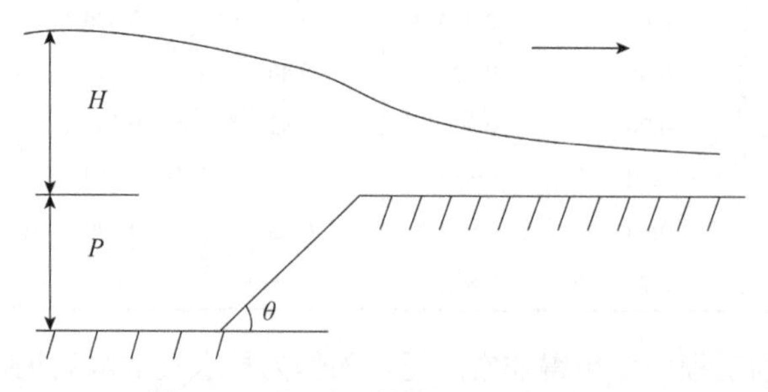

图 7-13 宽顶堰斜坡式进口形式图

斜坡式进口宽顶堰的流量系数见表 7-4。

表 7-4　斜坡式进口宽顶堰流量系数表

P/H	$\mathrm{ctg}\theta$				
	0.5	1.0	1.5	2.0	2.5
0	0.385	0	0.385	0	0.385
0.2	0.372	0.2	0.372	0.2	0.372
0.4	0.365	0.4	0.365	0.4	0.365
0.6	0.361	0.6	0.361	0.6	0.361
0.8	0.357	0.8	0.357	0.8	0.357
1.0	0.355	1.0	0.355	1.0	0.355
2.0	0.349	2.0	0.349	2.0	0.349
4.0	0.345	4.0	0.345	4.0	0.345
6.0	0.344	6.0	0.344	6.0	0.344
8.0	0.343	8.0	0.343	8.0	0.343
—	0.340	—	0.340	—	0.340

4．斜角式进口　宽顶堰斜角式进口如图 7-14 所示。

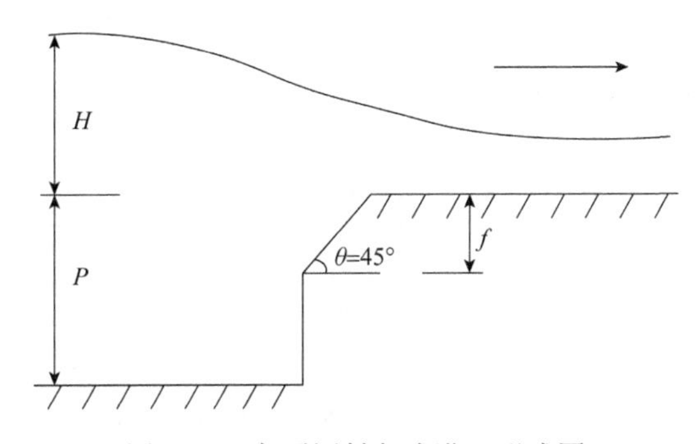

图 7-14　宽顶堰斜角式进口形式图

斜角式进口宽顶堰的流量系数见表 7-5。

表 7-5　斜角式进口宽顶堰流量系数表

P/H	f/H			
	0.025	0.050	0.100	＞2.0
0	0.385	0.385	0.385	0.385
0.2	0.371	0.374	0.376	0.377
0.4	0.364	0.367	0.370	0.373
0.6	0.359	0.363	0.367	0.370
0.8	0.356	0.360	0.365	0.368
1.0	0.353	0.355	0.363	0.367
2.0	0.347	0.353	0.358	0.363
4.0	0.342	0.349	0.355	0.361
6.0	0.341	0.348	0.354	0.360
∞	0.337	0.345	0.352	0.358

（二）无底坎宽顶堰流量系数

1．直角形翼墙 无底坎宽顶堰直角形翼墙如图 7-15 所示。

直角形翼墙宽顶堰流量系数见表 7-6。

表 7-6 直角形翼墙宽顶堰流量系数表

b/B	≈0.0	0.1	0.2	0.3	0.4	0.5
m	0.320	0.322	0.324	0.327	0.330	0.334
b/B	0.6	0.7	0.8	0.9	1.0	
m	0.340	0.346	0.355	0.367	0.385	

2．八字形翼墙 无底坎宽顶堰八字形翼墙如图 7-16 所示。

八字形翼墙宽顶堰流量系数见表 7-7。

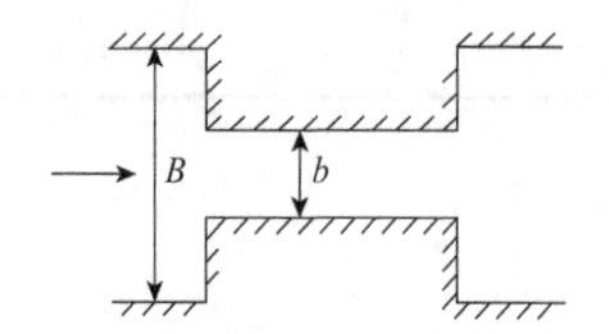

图 7-15 无底坎宽顶堰直角形翼墙图

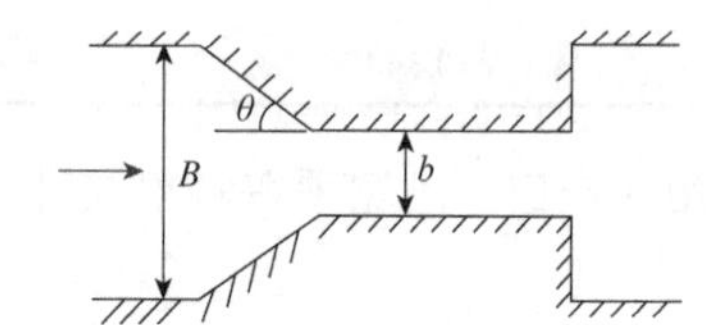

图 7-16 无底坎宽顶堰八字形翼墙图

表 7-7 八字形翼墙宽顶堰流量系数表

ctgθ	b/B									
	≈0.0	0.1	0.2	0.3	0.4	0.5	0.6	0.7	0.8	0.9
0.5	0.343	0.344	0.346	0.348	0.350	0.352	0.356	0.360	0.365	0.373
1.0	0.350	0.351	0.352	0.354	0.356	0.358	0.361	0.364	0.369	0.375
2.0	0.353	0.354	0.355	0.357	0.358	0.360	0.363	0.366	0.370	0.376
3.0	0.350	0.351	0.352	0.354	0.356	0.358	0.361	0.364	0.369	0.375

3．圆弧形翼墙 无底坎宽顶堰圆弧形翼墙如图 7-17 所示。

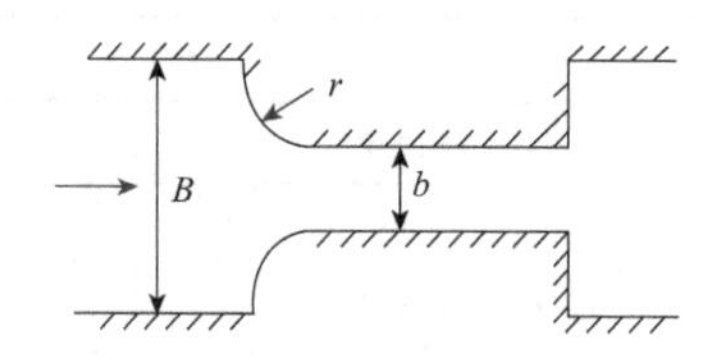

图 7-17 无底坎宽顶堰圆弧形翼墙图

圆弧形翼墙宽顶堰流量系数见表 7-8。

表 7-8 圆弧形翼墙宽顶堰流量系数表

r/b	b/B										
	0.0	0.1	0.2	0.3	0.4	0.5	0.6	0.7	0.8	0.9	1.0
0.00	0.320	0.322	0.324	0.327	0.330	0.334	0.340	0.346	0.355	0.367	0.385
0.05	0.335	0.337	0.338	0.340	0.343	0.346	0.350	0.355	0.362	0.371	0.385

续表

r/b	b/B										
	0.0	0.1	0.2	0.3	0.4	0.5	0.6	0.7	0.8	0.9	1.0
0.10	0.342	0.344	0.345	0.343	0.349	0.352	0.354	0.359	0.365	0.373	0.385
0.20	0.349	0.350	0.351	0.353	0.355	0.357	0.360	0.363	0.368	0.375	0.385
0.30	0.354	0.355	0.356	0.357	0.359	0.361	0.363	0.366	0.371	0.376	0.385
0.40	0.357	0.358	0.359	0.360	0.362	0.363	0.365	0.368	0.372	0.377	0.385
≥0.50	0.360	0.361	0.362	0.363	0.364	0.366	0.368	0.370	0.373	0.378	0.385

4．斜角形翼墙　无底坎宽顶堰斜角形翼墙如图 7-18 所示。

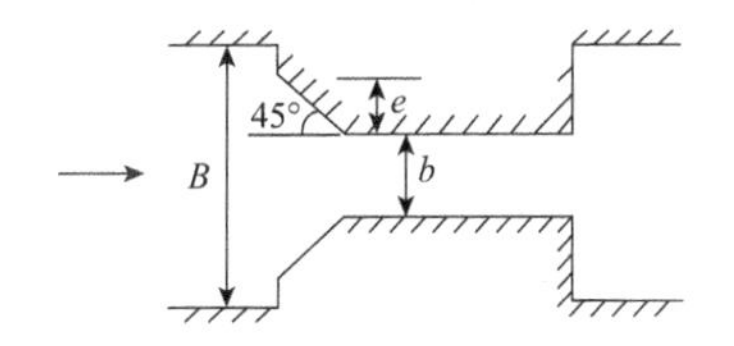

图 7-18　无底坎宽顶堰斜角形翼墙图

斜角形翼墙宽顶堰流量系数见表 7-9。

表 7-9　斜角形翼墙宽顶堰流量系数表

e/b	b/B										
	0.0	0.1	0.2	0.3	0.4	0.5	0.6	0.7	0.8	0.9	1.0
0.000	0.320	0.322	0.324	0.327	0.330	0.334	0.340	0.346	0.355	0.367	0.385
0.025	0.335	0.337	0.338	0.341	0.343	0.346	0.350	0.355	0.362	0.371	0.385
0.050	0.340	0.341	0.343	0.345	0.347	0.350	0.354	0.358	0.364	0.372	0.385
0.100	0.345	0.346	0.348	0.349	0.351	0.354	0.357	0.361	0.366	0.374	0.385
≥0.20	0.350	0.351	0.352	0.354	0.356	0.358	0.361	0.369	0.369	0.375	0.385

二、宽顶堰的淹没出流及侧收缩影响

实验证明，宽顶堰淹没出流时，下游水位高于堰顶的 K-K 线，且 $h_y>0.75\sim0.85H_0$。一般取上述实验情况的平均值作为淹没标准，即 $h_y/H_0>0.8$ 时，为淹没出流；$h_y/H_0\leqslant0.8$ 时，为自由出流。

淹没出流时，过堰流量按下式计算：

$$Q=\sigma mb\sqrt{2g}H_0^{3/2} \tag{7-20}$$

式中，m 为自由出流时的流量系数；σ 为淹没系数。

淹没系数 σ 主要取决于下游堰上水深 h_y 与上游总水头 H_0 的比值，可按表 7-10 取值。

表 7-10　宽顶堰淹没系数表

h_y/H_0	0.80	0.81	0.82	0.83	0.84	0.85	0.86	0.87	0.88	0.89
σ	1.00	0.995	0.990	0.98	0.97	0.96	0.95	0.93	0.90	0.87
h_y/H_0	0.90	0.91	0.92	0.93	0.94	0.95	0.96	0.97	0.98	
σ	0.84	0.82	0.78	0.74	0.70	0.65	0.59	0.50	0.40	

当同时有侧收缩影响时，宽顶堰的流量按以下修正公式计算：

$$Q=\sigma m\varepsilon b\sqrt{2g}H_0^{3/2} \tag{7-21}$$

式中，ε 为侧收缩系数。

侧收缩系数 ε 可按下述经验公式计算：

$$\varepsilon=1-\frac{\alpha_0}{\sqrt[3]{0.2+\frac{P_1}{H}}}\cdot\sqrt[4]{\frac{b}{B}}\left(1-\frac{b}{B}\right) \tag{7-22}$$

式中，α_0 为考虑墩头及堰顶入口形状的系数［当闸墩（或边墩）头部为矩形，堰顶为直角入口边缘时，$\alpha_0=0.19$；当闸墩（或边墩）头部为圆弧形，堰顶入口边缘为直角或圆弧形时，$\alpha_0=0.10$］；b 为溢流孔净宽；B 为上游引水渠宽；P_1 为上游堰坎高度；H 为堰上水头。

式（7-22）的应用条件包括：①当 $\frac{b}{B}>0.2$ 时，$\frac{P_1}{H}<3$；②当 $\frac{b}{B}<0.2$ 时，应采用 $\frac{b}{B}=0.2$；③当 $\frac{P_1}{H}>3$ 时，应采用 $\frac{P_1}{H}=3$；④对多孔宽顶堰（有闸墩及边墩），其侧收缩系数应取边孔与中孔的加权平均值。

三、宽顶堰的水力计算

由上述分析可知，宽顶堰的流量计算公式一般可写为

$$Q=\sigma m\varepsilon b\sqrt{2g}H_0^{3/2}$$

式中，$H_0=H+\frac{\alpha_0 v_0^2}{2g}=H+\frac{\alpha_0 Q^2}{2gA_0^2}$。

故

$$Q=\sigma m\varepsilon b\sqrt{2g}\left(H+\frac{\alpha_0 Q^2}{2gA_0^2}\right)^{\frac{3}{2}} \tag{7-23}$$

若上游渠道为矩形，渠宽为 $B=b$，$A_0=B(H+P_1)$，则上式可写成

$$Q=\sigma m\varepsilon b\sqrt{2g}\left[H+\frac{\alpha_0 Q^2}{2gB^2(H+P_1)^2}\right]^{\frac{3}{2}} \tag{7-24}$$

在式（7-23）和式（7-24）中，流量 Q 为隐函数，计算比较困难，可采用试算法或迭代法求解，并按下式考虑精度要求：

$$\left|\frac{Q_n-Q_{n-1}}{Q_n}\right|\leqslant\Delta \tag{7-25}$$

式中，Δ 为允许相对误差，一般取 $\Delta=0.01\sim0.05$。

1．试算法 当已知 H、P_1、P_2、h_t、B、b，要求计算宽顶堰泄流能力 Q 时，可按下述步骤试算。

1）计算流量系数 m，初步判别出流形式。

2）初设 $H=H_0=H_{01}$，计算淹没系数 σ，由式（7-23）得第一次流量计算值 Q_1，由此求得流速 $v_{01}=\frac{Q_1}{A_{01}}$。

3）由 v_{01} 计算行近流速断面总水头 $H_{02}=H+\frac{\alpha_0 v_{01}^2}{2g}$，重新计算淹没系数 σ，代入式（7-23）得第二次流量计算值 Q_2 及 v_{02}。

4）重复 2）～3）的步骤，求得一系列 H_{01}、H_{02}、H_{03}、…、H_n，以及相应的流量 Q_1、Q_2、Q_3、…、Q_n。

当满足式（7-25）的精度要求时，再复核出流形式，如与初设一致，则 Q_n 即所求，否则重新试算。

若已知 Q、P_1、P_2、h_t、B、b，求堰顶水头 H 时，也可用式（7-23）试算。即假定 H 值，代入公式算出流量 Q_1，若 $Q=Q_1$ 时，则所假定的 H 值即所求，否则重新试算。

2．迭代法（以矩形断面渠道为例）　由式（7-26）构造迭代式得

$$Q=\sigma m\varepsilon b\sqrt{2g}\left[H+\frac{\alpha_0 Q^2}{2g(H+P)^2 b^2}\right]^{\frac{3}{2}},\ Q\geqslant 0 \tag{7-26}$$

例 7-2　如例图 7-1 所示，已知宽顶堰堰顶水头 $H=0.85\text{m}$，堰坎高 $P_1=P_2=0.5\text{m}$，下游水深 $h_t=1.12\text{m}$，堰宽与上游矩形渠道宽度相同（即 $B=b$，$\varepsilon=1$），堰宽 $b=1.28\text{m}$，求流量 Q（要求精度 5%）。

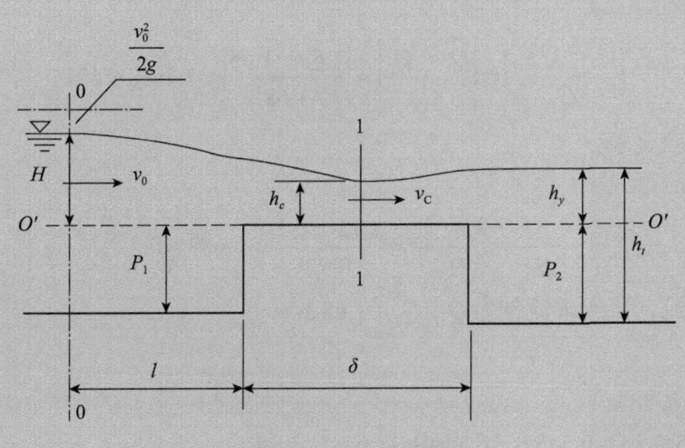

例图 7-1　宽顶堰堰顶

解　A. 试算法

（1）求流量系数 m

因 $P_1/H=0.5/0.85=0.588<3$，故由式（7-18）得

$$m=0.32+0.01\times\frac{3-\frac{P_1}{H}}{0.46+0.75\frac{P_1}{H}}=0.32+0.01\times\frac{3-0.588}{0.46+0.75\times 0.588}=0.3468$$

（2）第一次近似计算

设 $H_{01}=H=0.85\text{m}$，则有

$$\frac{h_y}{H_{01}}=\frac{h_t-P_2}{H}=\frac{1.12-0.5}{0.85}=0.73<0.8$$

故为自由出流，从而 $\sigma=1$。

由式（7-21）得

$$Q_1 = mb\sqrt{2g}H_{01}^{3/2} = 0.3468 \times 1.28 \times \sqrt{2 \times 9.8} \times 0.85^{1.5} = 1.54\,\text{m}^3/\text{s}$$

$$v_{01} = \frac{Q_1}{b(H+P_1)} = \frac{1.54}{1.28 \times (0.85+0.5)} = 0.89\,\text{m/s}$$

（3）第二次近似计算

$$H_{02} = H + \frac{\alpha_0 v_{01}^2}{2g} = 0.85 + \frac{1 \times 0.89^2}{2 \times 9.8} = 0.89\,\text{m}，\quad \frac{h_y}{H_{02}} = 0.697 < 0.8$$

仍为自由出流，其流量为

$$Q_2 = mb\sqrt{2g}H_{02}^{3/2} = 0.3468 \times 1.28 \times \sqrt{2 \times 9.8} \times 0.89^{1.5} = 1.65\,\text{m}^3/\text{s}$$

$$v_{02} = \frac{Q_2}{b(H+P_1)} = \frac{1.65}{1.28 \times (0.85+0.5)} = 0.95\,\text{m/s}$$

（4）第三次近似计算

$$H_{03} = H + \frac{\alpha_0 v_{02}^2}{2g} = 0.85 + \frac{1 \times 0.95^2}{2 \times 9.8} = 0.90\,\text{m}，\quad \frac{h_y}{H_{03}} = 0.689 < 0.8$$

仍为自由出流，其流量为

$$Q_3 = mb\sqrt{2g}H_{03}^{3/2} = 0.3468 \times 1.28 \times \sqrt{2 \times 9.8} \times 0.90^{1.5} = 1.68\,\text{m}^3/\text{s}$$

验算可得

$$\left|\frac{Q_n - Q_{n-1}}{Q_n}\right| = \left|\frac{Q_3 - Q_2}{Q_3}\right| = \left|\frac{1.68 - 1.65}{1.68}\right| = 1.79\% < 5\%$$

此时满足精度要求。

（5）验算出流形式

$$\frac{h_y}{H_{03}} = \frac{h_t - P_2}{H_{03}} = \frac{1.12 - 0.5}{0.90} = 0.689 < 0.8$$

仍为自由出流，故所求流量为 $Q = Q_3 = 1.68\,\text{m}^3/\text{s}$。

B. 迭代法

（1）求流量系数 m

因 $P_1/H = 0.5/0.85 = 0.588 < 3$，故由式（7-18）得

$$m = 0.32 + 0.01 \times \frac{3 - \dfrac{P_1}{H}}{0.46 + 0.75\dfrac{P_1}{H}} = 0.32 + 0.01 \times \frac{3 - 0.588}{0.46 + 0.75 \times 0.588} = 0.3468$$

（2）由式（7-26）迭代得 $Q = 1.68\,\text{m}^3/\text{s}$。

例 7-3 下游水深 $h_t = 1.3\,\text{m}$，其他数据同上例，求宽顶堰流量。

解 （1）由上例知 $P_2 = 0.5\text{m}$，$H = 0.85\text{m}$，从而有 $h_y = h_t - P_2 = 1.3 - 0.5 = 0.8\text{m}$，设 $H_{01} = H = 0.85\text{m}$，则有

$$\frac{h_y}{H_{01}} = \frac{0.8}{0.85} = 0.94 > 0.8$$

故为淹没出流，查表得 $\sigma_1 = 0.7$。

（2）第一次近似计算

$$Q_1 = \sigma_1 mb\sqrt{2g}H_{01}^{3/2} = 0.7 \times 0.3468 \times 1.28 \times \sqrt{2 \times 9.8} \times 0.85^{1.5} = 1.08\,\text{m}^3/\text{s}$$

$$v_{01}=\frac{Q_1}{b(P_1+H)}=\frac{1.08}{1.28\times(0.5+0.85)}=0.62\,\text{m/s}$$

（3）第二次近似计算

$$H_{02}=H+\frac{\alpha_0 v_{01}^2}{2g}=0.85+\frac{1\times0.62^2}{2\times9.80}=0.87\,\text{m}$$

$$\frac{h_y}{H_{02}}=\frac{0.8}{0.87}=0.92>0.8$$

故为淹没出流，查表得 $\sigma_2=0.78$ 。

$$Q_2=\sigma_2 mb\sqrt{2g}H_{02}^{3/2}=0.78\times0.3468\times1.28\times\sqrt{2\times9.8}\times0.87^{1.5}=1.24\,\text{m}^3/\text{s}$$

$$v_{02}=\frac{Q_2}{b(P_1+H)}=\frac{1.24}{1.28\times(0.5+0.85)}=0.72\,\text{m/s}$$

（4）第三次近似计算

$$H_{03}=H+\frac{\alpha_0 v_{02}^2}{2g}=0.85+\frac{1\times0.72^2}{2\times9.80}=0.88\,\text{m}$$

$$\frac{h_y}{H_{03}}=\frac{0.8}{0.88}=0.91>0.8$$

故为淹没出流，查表得 $\sigma_3=0.82$ 。

$$Q_3=\sigma_3 mb\sqrt{2g}H_{03}^{3/2}=0.82\times0.3468\times1.28\times\sqrt{2\times9.8}\times0.88^{1.5}=1.33\,\text{m}^3/\text{s}$$

$$v_{03}=\frac{Q_3}{b(P_1+H)}=\frac{1.33}{1.28\times(0.5+0.85)}=0.77\,\text{m/s}$$

（5）第四次近似计算

$$H_{04}=H+\frac{\alpha_0 v_{03}^2}{2g}=0.85+\frac{1\times0.77^2}{2\times9.80}=0.88\,\text{m}$$

$$\frac{h_y}{H_{04}}=\frac{0.8}{0.88}=0.91>0.8$$

故为淹没出流，查表得 $\sigma_4=0.82$ 。

$$Q_4=\sigma_4 mb\sqrt{2g}H_{04}^{3/2}=0.82\times0.3468\times1.28\times\sqrt{2\times9.8}\times0.88^{1.5}=1.33\,\text{m}^3/\text{s}$$

$$\left|\frac{Q_4-Q_3}{Q_4}\right|=\left|\frac{1.33-1.33}{1.33}\right|=0$$

故所求流量为 $Q=Q_4=1.33\,\text{m}^3/\text{s}$ 。

第四节 闸 孔 出 流

水流从闸门部分开启的孔口出流，称为闸孔出流。闸门的主要作用是控制和调节河流或水库的泄流量。闸孔出流的泄流能力，除与上下游水位等水流条件有关外，还与闸室底坎的形式、闸门形状等有紧密的关系。因此，在计算闸孔出流泄流能力时，要注意闸孔出流的边界条件和水流状态。

按闸门形状，可将闸孔出流分为平板闸门闸孔出流和弧形闸门闸孔出流（图 7-19）。

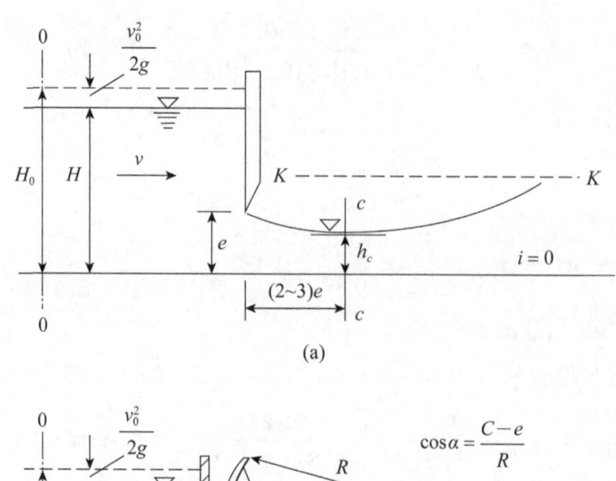

(a)

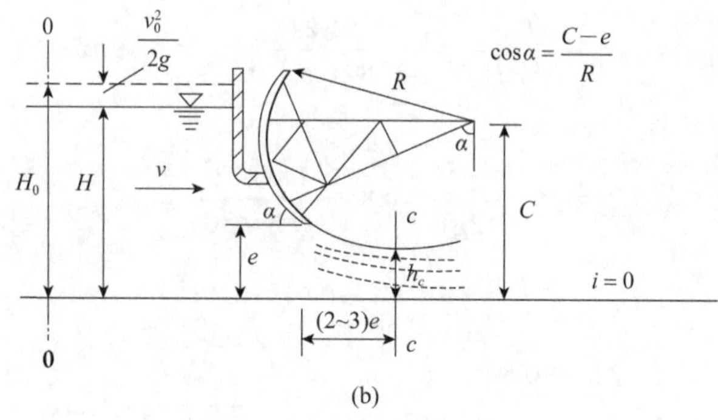

(b)

图 7-19 闸孔自由出流示意图

闸孔出流时，在闸孔下游（2～3）e 处形成收缩断面 c-c，收缩水深 $h_c<e$ 或 $h_c=\varepsilon_0 e$。其中，e 为闸门开启高度；α 为弧形闸门底缘的切线和水平线的夹角；C 为弧形闸门转轴与闸门关闭时落点的高差；R 为弧形闸门的半径；ε_0 称为闸孔垂直收缩系数，其值取决于比值（e/H）或 α，可查表 7-11、表 7-12 确定。

表 7-11 平板闸门闸孔垂直收缩系数 ε_0 表

e/H	0.10	0.15	0.20	0.25	0.30	0.35	0.40
ε_0	0.615	0.618	0.620	0.622	0.625	0.628	0.630
e/H	0.45	0.50	0.55	0.60	0.65	0.70	0.75
ε_0	0.638	0.645	0.650	0.660	0.675	0.690	0.705

表 7-12 弧形闸门闸孔垂直收缩系数 ε_0 表

α/(°)	35	40	45	50	55	60	65	70	75	80	85	90
ε_0	0.789	0.766	0.742	0.720	0.698	0.678	0.662	0.646	0.635	0.627	0.622	0.620

由表 7-11 可知，e/H 的最大值为 0.75，当水平堰坎 $e/H>0.65$ 或曲线型堰坎 $e/H>0.75$ 时，闸孔出流即转变为堰流。

收缩断面水深 h_c 一般小于下游渠道的临界水深 h_k，水流呈急流状态，水深在 c 区内沿程增大，只能以水跃形式向下游缓流水深过渡。

如图 7-20（a）所示，若发生远离水跃时，闸孔出流为自由出流；若发生淹没水跃时，闸孔出流为淹没出流，如图 7-20（b）所示。

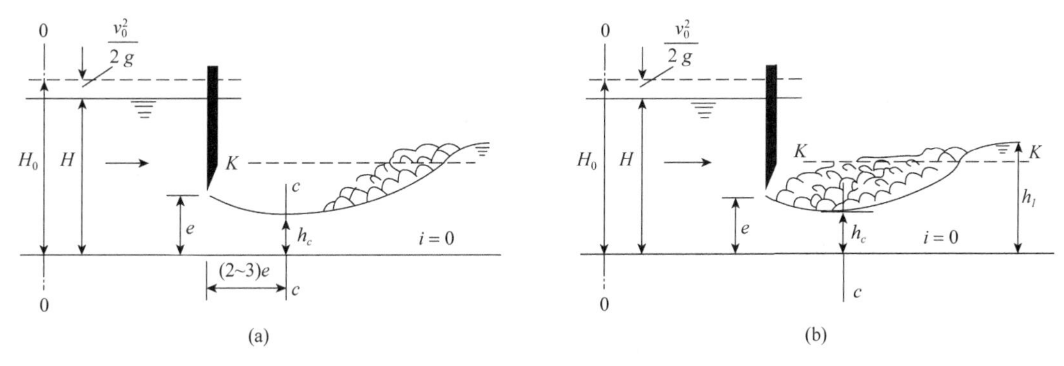

图 7-20　闸孔淹没出流示意图

下面我们来讨论闸孔出流的水力计算。

一、闸孔自由出流

设闸底板为水平，不计沿程水头损失。如图 7-20（a）所示，写断面 0-0 和 c-c 的能量方程得

$$H+\frac{\alpha_0 v_0^2}{2g}=h_c+\frac{\alpha_c v_c^2}{2g}+\xi_c\frac{v_c^2}{2g}$$

令 $H_0=H+\frac{\alpha_0 v_0^2}{2g}$，得

$$H_0=h_c+(\alpha_c+\xi_c)\frac{v_c^2}{2g}$$

故

$$v_c=\frac{1}{\sqrt{\alpha_c+\xi_c}}\sqrt{2g(H_0-h_c)}=\varphi\sqrt{2g(H_0-h_c)}$$

式中，$\varphi=\frac{1}{\sqrt{\alpha_c+\xi_c}}$ 称为流速系数，与闸底板进口情况有关（表 7-13）。

表 7-13　闸孔出流流速系数表

进口情况	无坎	有坎宽顶堰	无坎跌水
φ	0.95～1.00	0.85～0.95	0.97～1.00

又

$$A_c=bh_c=b\varepsilon_0 e\Rightarrow Q=A_c v_c$$

从而有

$$Q=\varphi\varepsilon_0 eb\sqrt{2g(H_0-\varepsilon_0 e)}$$

令 $\mu=\varphi\varepsilon_0$，则

$$Q=\mu be\sqrt{2g(H_0-\varepsilon_0 e)} \tag{7-27}$$

式中，b 为矩形闸孔宽度。式（7-27）即闸孔自由出流的水力计算公式。

为方便应用，将式（7-27）进行如下简化：

$$Q=\mu be\sqrt{2g(H_0-\varepsilon_0 e)}=\mu be\sqrt{1-\varepsilon_0\frac{e}{H_0}}\cdot\sqrt{2gH_0}$$

令 $\mu_0=\mu\sqrt{1-\varepsilon_0\dfrac{e}{H_0}}$，则

$$Q=\mu_0 be\sqrt{2gH_0} \tag{7-28}$$

式中，μ_0为闸孔自由出流的流量系数，一般应由实验确定，也可按下述经验公式确定，在应用中要注意经验公式的适用范围。

1．闸底坎为宽顶堰（有坎或平底）

（1）平板闸门闸孔出流的流量系数

$$\mu_0=0.60-0.176\frac{e}{H} \tag{7-29}$$

该式的适用范围为 $0.1<e/H<0.65$。

（2）弧形闸门闸孔出流的流量系数

$$\mu_0=\left(0.97-0.81\cdot\frac{\alpha}{180°}\right)-\left(0.56-0.81\cdot\frac{\alpha}{180°}\right)\frac{e}{H} \tag{7-30}$$

该式的适用范围为 $25°<\alpha\leqslant 90°$，$0<e/H<0.65$。

2．闸底坎为曲线型实用堰

（1）平板闸门闸孔出流的流量系数

$$\mu_0=0.745-0.274\frac{e}{H} \tag{7-31}$$

该式的适用范围为 $0.1<e/H<0.75$。

（2）弧形闸门闸孔出流的流量系数

$$\mu_0=0.685-0.19\frac{e}{H} \tag{7-32}$$

该式的适用范围为 $0.1<e/H<0.75$。

二、闸孔淹没出流

1．计算方法一　如图 7-20（b）所示，闸孔出流被淹没后，收缩断面 c-c 处的实际水深为 h_y，实验证明，此处的动水压强可看作按静水压强规律分布。

写断面 0-0 和 c-c 的能量方程得

$$H_0=h_y+(\alpha_c+\xi_c)\frac{v_c^2}{2g}$$

$$v_c=\frac{1}{\sqrt{\alpha_c+\xi_c}}\sqrt{2g(H_0-h_y)}=\varphi\sqrt{2g(H_0-h_y)}$$

在收缩断面 c-c 处，有效过水深度仍为 h_c，因此有

$$Q_s=A_c v_c=bh_c\varphi\sqrt{2g(H_0-h_y)}=\varepsilon_0\varphi be\sqrt{2g(H_0-h_y)}$$

即

$$Q_s=\mu be\sqrt{2g(H_0-h_y)} \tag{7-33}$$

当已知 h_y 时，即可算得 Q_s 值。

关于 h_y 的计算，可把断面 c-c、t-t 作为控制断面，以此两断面间的水体作为隔离体写动量方程，并忽略边壁摩擦切应力，有

$$\frac{1}{2}\gamma b(h_y^2-h_t^2)=\frac{\gamma Q_s}{g}\alpha'(v_t-v_c) \tag{7-34}$$

式中，$v_t=\frac{Q_s}{bh_t}$，$v_c=\frac{Q_s}{bh_c}$，$Q_s=\mu be\sqrt{2g(H_0-h_y)}$。

代入上式并令

$$K=\frac{4\alpha'\mu^2 e^2(h_t-h_c)}{h_t h_c}$$

解得

$$h_y=\frac{K}{2}+\sqrt{h_t^2-K\left(H_0-\frac{K}{4}\right)} \tag{7-35}$$

当已知 H_0、μ、e、h_t 时，即可算出 h_y 及淹没出流的流量 Q_s。

2. 计算方法二　上述方法的计算较烦琐，也可以引入闸孔淹没系数，按下法计算闸孔淹没泄流量。

由式（7-28）及式（7-33）进行下列计算。

（1）自由出流时

$$Q=\mu be\sqrt{2g(H_0-h_c)}=\mu be\sqrt{2gH_0\left(1-\frac{h_c}{H_0}\right)}=\mu_0 be\sqrt{2gH_0} \tag{7-36}$$

（2）淹没出流时

$$Q_s=\mu be\sqrt{2g(H_0-h_y)}=\mu be\sqrt{2gH_0\left(1-\frac{h_y}{H_0}\right)}=\mu_s be\sqrt{2gH_0} \tag{7-37}$$

式中，$\mu_0=\mu\sqrt{1-\frac{h_c}{H_0}}$；$\mu_s=\mu\sqrt{1-\frac{h_y}{H_0}}$。

令 $\sigma_s=\frac{Q_s}{Q}$，称为闸孔淹没系数。由此有

$$\sigma_s=\frac{Q_s}{Q}=\frac{\mu_s be\sqrt{2gH_0}}{\mu_0 be\sqrt{2gH_0}}=\frac{\mu_s}{\mu_0}=\sqrt{\frac{1-\tau_s}{1-\tau_c}} \tag{7-38}$$

式中，$\tau_s=\frac{h_y}{H_0}$；$\tau_c=\frac{h_c}{H_0}$。

上述淹没系数可由实验测得，也可按下述经验公式计算或查图 7-21 获得：

$$\sigma_s=0.95\sqrt{\frac{\ln\left(\frac{H}{h_t}\right)}{\ln\left(\frac{H}{h_c''}\right)}} \tag{7-39}$$

式中，h_c'' 为 h_c 的共轭水深；h_t 为下游水深。

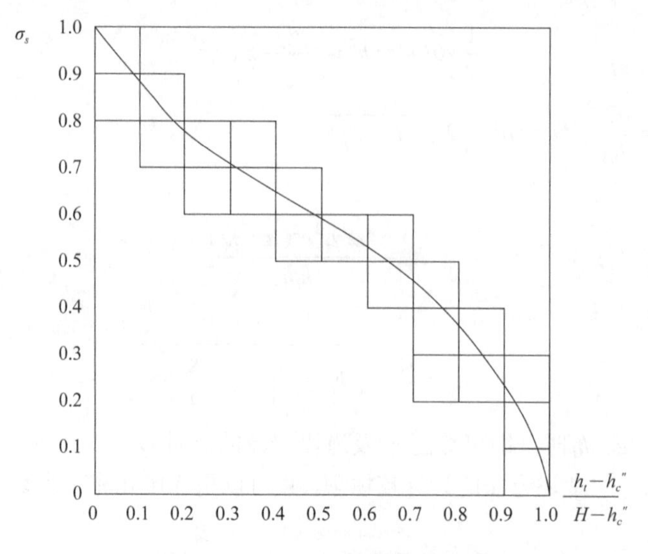

图 7-21 闸孔淹没系数计算图

于是，淹没出流的闸孔泄流量可按下式计算：

$$Q_s=\sigma_s\mu be\sqrt{2g(H_0-\varepsilon_0 e)} \tag{7-40}$$

式中，$\mu=\varphi\varepsilon_0$ 为自由出流流量系数；ε_0 为闸孔垂直收缩系数，可由表 7-11、表 7-12 查用。

例 7-4 某水闸上游水头 $H=5.04\text{m}$，净宽 $b=7.0\text{m}$，开度 $e=0.6\text{m}$，下游水深 $h_t=3.92\text{m}$，试计算过闸流量。

解 （1）判别出流性质

因 $e/H=0.6/5.04=0.119$，查表 7-11 得 $\varepsilon_0=0.616$。

则

$$h_c=\varepsilon_0 e=0.616\times0.6=0.37\text{m}$$

取 $\varphi=0.97$，忽略行近流速水头，则

$$v_c=\varphi\sqrt{2g(H_0-h_c)}=0.97\times\sqrt{2\times9.8\times(5.04-0.37)}=9.28\text{m/s}$$

$$\text{Fr}=\frac{\alpha v_c^2}{gh_c}=\frac{1.1\times9.28^2}{9.8\times0.37}=26.13$$

$$h_c''=\frac{h_c}{2}\left[\sqrt{1+8\text{Fr}}-1\right]=\frac{0.37}{2}\left[\sqrt{1+8\times26.13}-1\right]=2.50\text{m}<h_t=3.92\text{m}$$

故为淹没出流。

（2）计算 σ_s 值

由式（7-39）得

$$\sigma_s=0.95\sqrt{\frac{\ln\left(\frac{H}{h_t}\right)}{\ln\left(\frac{H}{h_c''}\right)}}=0.95\sqrt{\frac{\ln\left(\frac{5.04}{3.92}\right)}{\ln\left(\frac{5.04}{2.50}\right)}}=0.5688$$

（3）计算流量

$$Q=\sigma_s\mu be\sqrt{2gH_0}=0.5688\times0.616\times0.97\times7\times0.6\times\sqrt{2\times9.8\times5.04}=14.19\text{m}^3/\text{s}$$

又

$$v_0=\frac{Q}{A_0}=\frac{14.19}{5.04\times7}=0.40\,\text{m/s}$$

$$\frac{\alpha_0 v_0^2}{2g}=\frac{1.1\times0.4^2}{2\times9.8}=0.009\,\text{m}\ （很小）$$

故所得流量合理。

第五节　泄水建筑物下游的消能

一、消能方式概述

堰、闸、桥、涵、跌坎及陡坡渠道等泄水建筑物的下游，水流往往以远离式水跃与下游渠道水面线相衔接（图 7-22）。

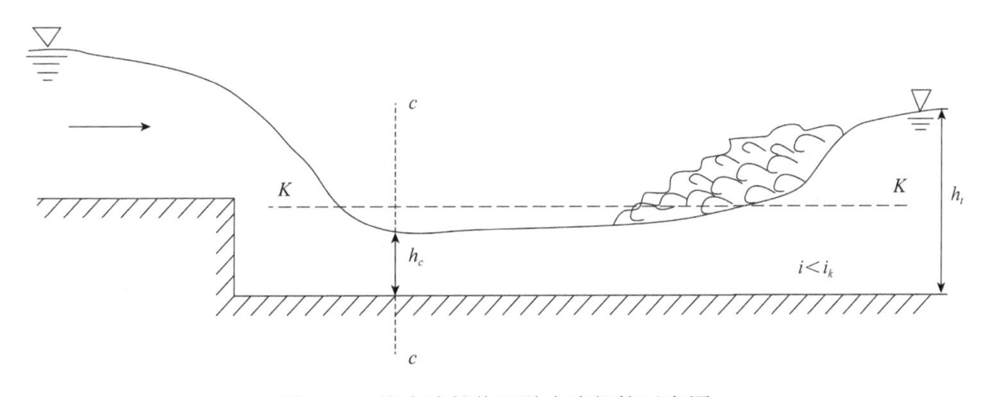

图 7-22　泄水建筑物下游水流衔接示意图

在急流段中，水流速度很大，常会导致下游河床的严重冲刷，危及建筑物安全。水利水保工程中把消除或缩短泄水建筑物下游急流段的有关工程措施，叫作消能（措施）。

消能的设计原则是：增加局部水流紊动，削减下泄水流的速度，消除对河床的有害能量。

常见的消能方式有以下几种。

（1）底流式消能　　如图 7-23（a）所示，这种消能方式是在泄水建筑物下游建消力池或消力槛，造成发生淹没式水跃的水力条件。因为主流在底部，故称为底流式消能。

（2）挑流式消能　　这种消能方式是将下泄水流挑离建筑物，使之落入下游较远的河床。挑射水流在空中受空气阻力，水股扩散，射入下游冲刷坑后，水流剧烈紊动混掺，从而消耗大量能量，这样也可以达到降低水流速度和保护下游河床的目的。此方法多用于水头高、流速大、下游河床地质条件较好的情况，如图 7-23（b）所示。

（3）面流式消能　　这种消能方式是在泄水建筑物下游末端设置一个水平或仰角较小的导流坎，坎的高度应低于下游水位，借此将高速水流的主流引向下游水流的表层，在河床与表层高速水流间形成漩涡区以削减急流能量，如图 7-23（c）所示。

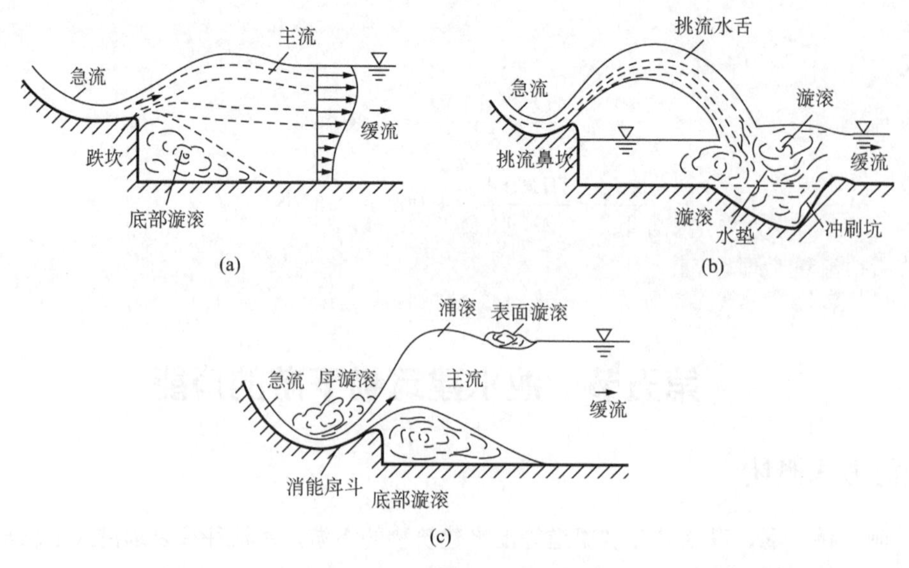

图 7-23 消能方式示意图

此外，为了增加效果，还可采用在渠底进行人工加糙的方法，以消除多余的水流能量。

水土保持工程的泄水建筑物下游多采用底流式消能。

二、收缩断面水深计算

收缩断面水深的计算，是分析下泄水流与下游渠道中水流衔接问题及水跃位置的关键。现以跌坎下游收缩断面水深为例（图 7-24），说明其计算方法。

设流量为 Q，下游渠底坡度为 $i=0$，以下游渠底为基准面，列 0-0 和 c-c 断面间的能量方程得

$$E_0=h_c+\frac{\alpha_c v_c^2}{2g}+\xi\frac{v_c^2}{2g}=h_c+(\alpha_c+\xi)\ \frac{v_c^2}{2g}$$

由 $v_c=\dfrac{Q}{A_c}$, $\varphi=\dfrac{1}{\sqrt{\alpha_c+\xi}}$代入上式得

$$E_0=h_c\pm\frac{Q^2}{2g\varphi^2 A_c^2} \tag{7-41}$$

式（7-41）即计算收缩断面水深 h_c 的基本方程。

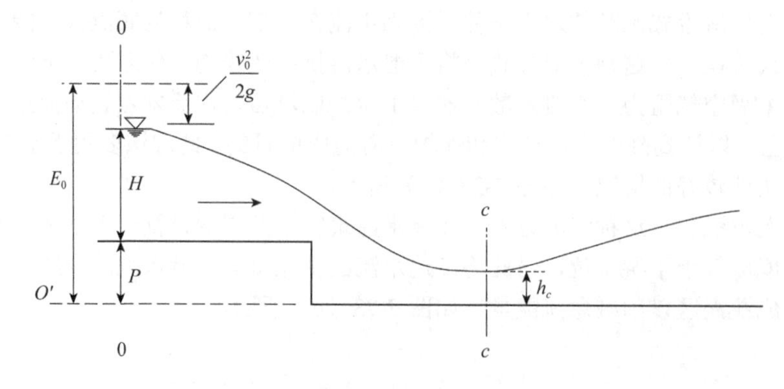

图 7-24 收缩断面水深计算示意图

当为矩形渠道时，$A_c=bh_c$，$q=Q/b$，代入式（7-41）有

$$E_0=h_c\pm\frac{q^2}{2g\varphi^2h_c^2} \tag{7-42}$$

该式为一个隐式方程，一般采用迭代法较简单，方法如下。

令 $A_0=\frac{q}{\sqrt{2g}\varphi}$=常数，得迭代式为

$$h_c=\frac{A_0}{\sqrt{E_0-h_c}} \tag{7-43}$$

例 7-5　在底宽 $b=8\text{m}$ 的矩形渠道中，有一无侧收缩宽顶堰，堰高 $P=1.5\text{m}$，流量系数 $m=0.342$，流速系数 $\varphi=0.95$，通过流量 $Q=26.8\text{m}^3/\text{s}$，下游水深 $h_t=1.2\text{m}$，试求收缩断面水深 h_c。

解　因 $h_t<P$，故此宽顶堰为自由出流堰。由式（7-5）得

$$H_0=\left(\frac{Q}{mb\sqrt{2g}}\right)^{\frac{2}{3}}=\left(\frac{26.8}{0.342\times8\times\sqrt{2\times9.8}}\right)^{\frac{2}{3}}=1.69\,\text{m}$$

$$E_0=P+H_0=1.5+1.69=3.19\,\text{m}$$

$$q=\frac{Q}{b}=\frac{26.8}{8}=3.35\,\text{m}^3/(\text{s}\cdot\text{m})$$

$$A_0=\frac{q}{\sqrt{2g}\varphi}=\frac{3.35}{\sqrt{2\times9.8}\times0.95}=0.7965$$

由式（7-43）迭代得 $h_c=0.4842\text{m}$。

三、消力池水力计算

消力池采用底流式消能，设计消力池的基本原理是增加下游水深，提供发生淹没水跃的条件。具体措施有三种：①降低下游局部渠底高程以形成消力池；②在下游渠道中加建消力槛以形成消力池；③采用综合消力池，既降低下游渠底高程，又加建消力槛。

消力池的水力计算就是确定消力池的池深和水跃长度。下面以跌坎下游降低渠底高程所形成的消力池为例（图 7-25），来阐明其水力计算的原理。

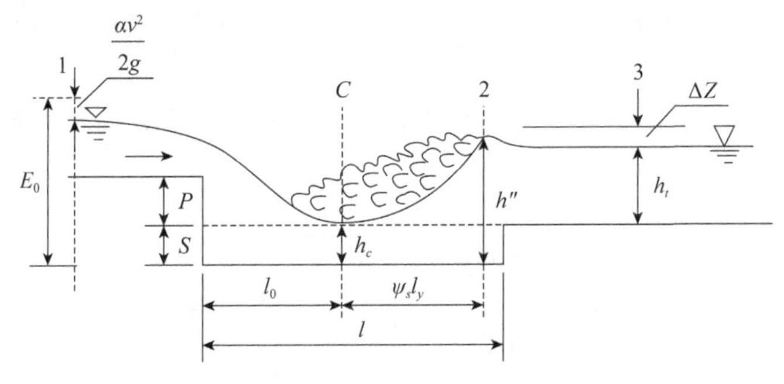

图 7-25　消力池设计计算简图

设消力池深度为 S，则造成淹没水跃的条件为

$$\left.\begin{aligned}S+h_t+\Delta Z &> h''_c \\ S+h_t+\Delta Z &= \sigma h''_c = h''\end{aligned}\right\} \tag{7-44}$$

式中，σ 为安全系数，一般取 $\sigma=1.05\sim1.10$。

h_c、S、ΔZ 三者未知，可由下面补充条件求解。

根据共轭水深的关系有

$$h''_c=\frac{h_c}{2}\left(\sqrt{1+8\mathrm{Fr}_c}-1\right) \tag{7-45}$$

对于矩形渠道可得

$$v_2=\frac{q}{h''},\ v_t=\frac{q}{h_t} \tag{7-46}$$

消力池出口与宽顶堰相似，写断面 2-2 和 3-3 间的能量方程得

$$h_t+\Delta Z+\frac{\alpha_2 v_2^2}{2g}=h_t+\frac{\alpha_3 v_3^2}{2g}+\xi\frac{v_3^2}{2g}$$

$$\Delta Z+\frac{\alpha_2 Q^2}{2gb^2h''^2}=\frac{Q^2}{2g\varphi^2b^2h_t^2}$$

$$\Delta Z+\frac{q^2}{2g(\sigma h''_c)^2}=\frac{q^2}{2g\varphi^2h_t^2}$$

取 $\alpha=1$ 得

$$\Delta Z=\frac{q^2}{2g\varphi^2h_t^2}-\frac{q^2}{2g(\sigma h''_c)^2} \tag{7-47}$$

式中，φ 为流速系数，一般取 $\varphi=0.85\sim0.95$。

联立求解式（7-44）～式（7-47）得

$$\sigma h''_c+\frac{q^2}{2g(\sigma h''_c)^2}-S=h_t+\frac{q^2}{2g\varphi^2h_t^2} \tag{7-48}$$

式中，

$$\sigma h''_c+\frac{q^2}{2g(\sigma h''_c)^2}-S=f(S)$$

$$h_t+\frac{q^2}{2g\varphi^2h_t^2}=A_k=\text{常数}$$

当已知下游水深 h_t 及单宽流量 q 时，A_k 值可以算出，因此，按式（7-48）即可确定消力池池深 S 值。

由于式（7-48）为隐式方程，不易直接求解，一般采用试算法或迭代法求解。迭代法可按下述迭代方程组求解：

$$\begin{cases}h_c=\dfrac{q}{\varphi\sqrt{2g(E_0+S-h_c)}}\\ h''=\sigma h''_c=\dfrac{\sigma h_c}{2}\left(\sqrt{1+\dfrac{8q^2}{gh_c^3}}-1\right)\\ S=h''+\dfrac{q^2}{2gh''^2}-\dfrac{q^2}{2g(\varphi h_t)^2}-h_t\end{cases} \tag{7-49}$$

消力池长度的确定目前还不能从理论上得到，一般由模型试验来确定，也可按下述经验公式确定：

$$\left.\begin{aligned} l &= l_0 + \psi_s l_y \\ l_0 &= 1.74\sqrt{H_0(P_0 + S + 0.24H_0)} \end{aligned}\right\} \tag{7-50}$$

式中，ψ_s 为完整水跃长度 l_y 的折减系数，一般为 0.7～0.8，原因是消力池末端池壁对水流的反作用力有壅水作用，压缩了完整水跃的长度。

例 7-6 承例 7-5，试判别下游的衔接形式并确定消能措施的尺寸。

解 （1）判别衔接形式

由例 7-5 知，$h_c=0.48\text{m}$。由式（7-45）得

$$h_c'' = \frac{h_c}{2}\left(\sqrt{1+8\text{Fr}_c}-1\right) = \frac{h_c}{2}\left(\sqrt{1+\frac{8q^2}{gh_c^3}}-1\right) = \frac{0.48}{2}\left(\sqrt{1+\frac{8\times3.35^2}{9.8\times0.48^3}}-1\right) = 1.95\,\text{m}$$

因 $h_c'' > h_t = 1.2\text{m}$，堰下游将发生远离式水跃，拟建消力池以提供淹没水跃条件。消力池采用降低下游局部渠底高程的办法。

（2）消力池深度计算

由式（7-49）迭代得 $h_c=0.43\text{m}$，$S=0.69\text{m}$。

（3）消力池长度计算

取 $\psi_s=0.75$，代入式（7-50）得

$$l_0 = 1.74\sqrt{H_0(P_0+S+0.24H_0)} = 1.74\sqrt{1.69\times(1.5+0.69+0.24\times1.69)} = 3.64\,\text{m}$$

$$h_c'' = \frac{h_c}{2}\left(\sqrt{1+8\text{Fr}_c}-1\right) = \frac{h_c}{2}\left(\sqrt{1+\frac{8q^2}{gh_c^3}}-1\right) = \frac{0.43}{2}\left(\sqrt{1+\frac{8\times3.35^2}{9.8\times0.43^3}}-1\right) = 2.10\,\text{m}$$

$$l_y = 6.9(h_c'' - h_c) = 6.9\times(2.10-0.43) = 11.52\,\text{m}$$

$$l = l_0 + \psi_s l_y = 3.64 + 0.75\times11.52 = 12.28\,\text{m}$$

附 本章例题详解

本章所有的例题详解，请扫描下方二维码查看。例题的 Excel 计算过程与结果，请阅读附录二并下载 Excel 表格的压缩文件，解压后查看并运行。

第八章 渗 流

教学内容

渗流的基本概念及渗流模型；渗流的达西定律，包括达西公式、渗透系数；地下河段均匀与非均匀渐变渗流：杜比公式，浸润曲线的分析与计算。

教学要求

了解渗流特点及渗流模型建立的条件，掌握达西定律并了解其适用范围和渗透系数的确定方法；掌握非均匀渐变渗流浸润曲线的分析与计算。

教学重点

达西定律是本章重点，非均匀渐变渗流浸润曲线的分析与计算是本章难点；要讲清楚达西公式与杜比公式的联系与区别。

实验内容

测定均质砂的渗透系数 k 值；测定渗流量与水头损失的关系，验证渗流的达西定律。

液体在多孔介质中的运动称为渗流。水在土壤孔隙中的流动是渗流的重要组成部分，也称为地下水运动。渗流理论广泛应用于地质、采矿、石油、水利、水土保持、给水排水等工程部门，路基排水、基坑排水、土壤侵蚀、淤地坝工程、渗水路堤等工程的设计和施工都涉及渗流的运动规律。

渗流现象是在水和土壤的相互作用下形成的。

水在土壤中的存在状态，视含水量和受力情况的不同而有各种类别。①若土中含水量极少，水仅以蒸汽的形式散布于土壤孔隙中，这种水称为汽态水。②当土中含水量略增，由于分子力的作用聚集于土壤颗粒周围的水，其厚度为最小分子力者，称为吸着水；其厚度在分子作用半径以内者，称为薄膜水。③若含水量再增加，主要由于毛细力（或表面张力）的作用而充满于土壤细小孔隙中的水，称为毛细水。④当含水量甚大时，除少量受分子力作用而附着于土粒或存在于毛细区以外，大部分水将受重力作用运动，分子力对它不起作用，这种水称为重力水，也是渗流运动中的主要研究对象。

从土壤方面来看，渗流规律与土壤孔隙的形状和大小有密切关系，涉及土壤颗粒的形状大小、粒径的均匀性、排列方式及孔隙系数。从渗流特性的角度，一般可将土壤分为以下几个类型：①渗透性质不随空间位置而变化的土壤，称为均质土壤，否则称为非均质土壤；②渗透性质与渗流方向无关的土壤，称为等向土壤，否则称为非等向土壤。例如，由等直径的球形颗粒所组成的土壤，就是均质等向土壤；由同样大小和同样方位排列的平行六面体颗粒所组成的土壤，则属于均质不等向土壤。

自然界实际土壤的渗透性质是相当复杂的，渗流问题的分析研究，首先着眼于最简单的均质、等向土壤中的重力水恒定流，从中抽象得出基本规律，然后酌情用以解决工程实际问题。

本章主要内容是渗流达西定律和无压恒定渐变渗流浸润曲线的分析。

第一节 渗流达西定律

早在1852～1855年，法国学者达西（H. Darcy）对砂质土壤进行了大量渗流实验研究。其实验装置为一上端开口的直立圆筒（图 8-1），内装均质砂土，上部有供水管 A 和用以保持恒定水位的溢流管 B，渗过砂层的水通过底部滤水网 C，流入容器 D，以测量渗透流量；相距 L 的筒壁上装有测压管，用以测量 1-1 和 2-2 断面上的渗流压强。

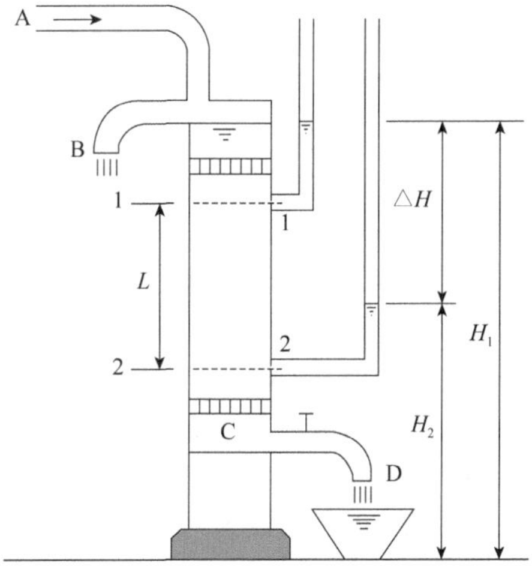

当圆筒上部保持恒定水位时，通过砂土的渗流处于动平衡状态。由于渗流流速极小，其流速水头可以忽略不计，故 1-1 和 2-2 两断面的测管水头差 ΔH，就是渗流在 L 长度内所发生的水头损失 h_w，从而其水力坡度为 $J=\frac{h_w}{L}$。通过多次的实验观测，达西发现，在不同尺寸的圆筒和不同类型土壤渗流中，所通过的渗流流量与圆筒的横断面积 A 及水力坡度 J 成正比，即

图 8-1 渗流达西定律实验装置图

$$Q \propto AJ$$

$$Q=kAJ \tag{8-1}$$

根据断面平均流速的定义，有 $\frac{Q}{A}=v$，则上式变为

$$v=kJ \tag{8-2}$$

式中，v 称为渗流流速；k 为反映渗透性质的比例常数，称为土壤的渗透系数，它具有速度的因次和单位。

式（8-2）表明：渗流流速 v 与水力坡度 J 的一次方成正比，并与土壤的渗透性质有关。这就是著名的渗流达西定律。它描述了渗流能量损失与渗流流速之间的基本关系，揭示了渗流的基本规律，下面围绕这条重要定律讨论三个问题。

一、渗流理想的简化模型

在达西公式（8-2）中，$\frac{Q}{A}=v$，而 A 为砂土孔隙面积 A' 与砂土骨材面积 A'' 之和，故水在砂土孔隙中的实际流速 v' 为

$$\frac{Q}{A'}=v' \tag{8-3}$$

设均质砂的孔隙度为 n，则有

$$n=\frac{A'}{A}$$

从而有

$$v=nv' \tag{8-4}$$

这就是说，渗流流速是把整个圆筒横截面面积 A（包括砂土骨材面积在内）作为过水断面的断面流速，是一种虚构的流速，其数值比砂土孔隙中的实际流速 v' 小得多。值得注意的是，

采用渗流流速 v 来描述，意味着可把整个渗流区域设想为没有土壤颗粒存在，而是全部充满了水，并沿着主流方向作为连续介质而运动。这种虚构的渗流称为渗流理论的简化模型，或简称为渗流模型。它在边界条件、流量、压强、水头损失等方面，都和实际渗流一致，无异于其真实数值，只有渗流流速是虚构的。

水在土壤孔隙中的流动是一种极不规则的迂回曲折运动，要详细考察每个孔隙中的流动情况是非常困难的，一般也无此必要，工程中所关心的主要是渗流的宏观效果。如果用渗流模型替代实际渗流，则和地面水一样，可以将渗流区域中的水流，看作是连续介质运动，可以引用过水断面、流线、元流、总流等概念和方法，使研究课题大为简化。除个别情况外，所有水力要素都是空间点坐标的连续函数，这为应用现代数学工具研究渗流课题提供了有利条件。因此，作为一种研究手段而言，渗流模型的概念具有重要的理论意义。

为了便于研究，根据渗流模型的概念，和地面水一样，可将渗流进行相应的分类。①按运动要素是否随时间变化，渗流分为恒定渗流和非恒定渗流。②按运动要素与坐标的关系，渗流分为三维（空间）渗流、二维（平面）渗流和一维渗流。③按流线簇是否为相互平行的直线，渗流分为均匀渗流与非均匀渗流，而非均匀渗流又可分为渐变渗流和急变渗流。④此外，按有无与大气相接触的自由水面，渗流还可分为无压渗流和有压渗流。

达西实验的渗流区为一圆柱形的均质砂体，流线簇为相互平行的直线，属于恒定均匀渗流，且图 8-1 中 1-1 断面上各点的水力坡度 J 是相等的，因此任意一点的渗流流速 u 等于断面平均流速 v，这样，渗流达西定律也可表示为

$$u=kJ \tag{8-5}$$

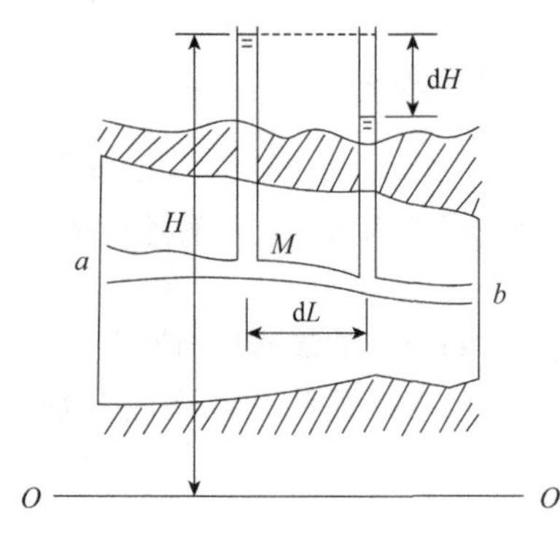

图 8-2 地下水渗流示意图

上述表达式更有利于推广到非均匀渗流。例如，含水层夹在两个不透水层之间（图 8-2），地下水在其中做有压非均匀流动；作为连续介质的渗流模型来说，这可看作是由无数元流所组成的总流。

在某一元流 ab 上，任意一点 M 的测管水头为 H，沿流向经过 $\mathrm{d}L$ 流程后，测管水头变为 $H-\mathrm{d}H$，M 点的水力坡度为

$$J=-\frac{\mathrm{d}H}{\mathrm{d}L}$$

由渗流达西定律的概念可知，此渗流区域中任意空间点 M 的渗流流速表达式应为

$$u=-k\frac{\mathrm{d}H}{\mathrm{d}L} \tag{8-6}$$

二、渗流达西定律的适用范围

达西在实验中所用的土样是一般均匀、松散偏粗的砂子，由此而归纳出来的定律，必有相应的适用范围。表述达西定律的式（8-2）和式（8-6）表明：渗流的水头损失和流速的一次方成正比，即水头损失与流速成线性关系。凡符合这种规律的渗流称为层流渗流或线性渗流，否则称为非线性渗流。这就是说，渗流达西定律仅适用于线性渗流。

由于土壤渗透性质的复杂性，对于线性渗流和非线性渗流，很难找到确切的判别准则。有人提出直接用土壤粒径，而多数人则主张采用雷诺数，前者过于粗略，后者也难以选定合适的表达形式。下面仅介绍两个实验研究成果。

一种是直接采用雷诺数的通分表达式：

$$\mathrm{Re}=\frac{vd}{\upsilon} \tag{8-7}$$

式中，v 为渗流区的断面平均流速，以 cm/s 计；d 为土壤颗粒的有效直径，一般用 d_{10} 表示（即筛分时占 10%重量的土粒所通过的筛孔直径），以 cm 计；υ 为水的运动黏滞系数，以 cm^2/s 计。

由式（8-7）求得 Re 值，一般可取 1～10 作为线性渗流的上限值。

另一种是考虑土壤孔隙度 n 的雷诺数表达式：

$$\mathrm{Re}=\frac{1}{0.75n+0.23}\frac{vd}{\upsilon} \tag{8-8}$$

由此式求得 Re 值后，当实际土壤的雷诺数 Re＜7，则为线性渗流。

工程上所遇到的一般渗流问题，大多数属于线性渗流，没有超出渗流达西定律的适用范围。有少数渗流问题，如渗水路堤、堆石坝等，是不符合线性渗流定律的。对于颗粒极细的土壤，如黏土等，能否运用达西定律进行渗流计算，尚有待于进一步地研究。

渗流水头损失规律的一般表达式可概括为下列形式：

$$J=au+bu^2 \tag{8-9}$$

式中，a 和 b 为待定系数，目前只能通过实验来测定。当 $b=0$，为线性渗流；进入紊流阻力平方区时，则 $a=0$，即水头损失和流速的平方成正比；若 a 和 b 都不等于零，则为处于这两种情况之间的一般非线性渗流。

还应指出，上述线性和非线性渗流规律，都是针对土壤结构不因渗流而导致破坏的情况而言，当土壤颗粒因渗流作用而发生运动，即土壤整体性失去稳定而出现渗流变形时，渗流水头损失将服从另外的定律，这属于其他学科的讨论范畴。

本章以下内容，仅限于符合达西定律的渗流。

三、渗透系数的确定

渗透系数 k 是达西公式中的重要参数。k 值的确定，关系到渗流计算结果的精确性。

渗透系数的大小，涉及地质构造、土粒形状、粒径大小、不均匀系数及水的温度等影响因素，因而它是反映土壤渗透特性的一个综合指标。即使是同一类型的土壤，其 k 值的变化范围也较大，要精确确定其数值是比较困难的，一般可参考以下几种方法，酌情处理。

1. 实验室测定法 渗透系数 k 是达西公式中的一个比例常数。我们可以参照达西实验装置，在室内测定 k 值，即从工程现场采集若干个天然土样，把它放入图 8-1 所示的圆筒内，测出渗透流量 Q、水力坡度 J（即 h_w/L），然后由下式求得渗透系数 k 值。

$$k=\frac{QL}{Ah_w} \tag{8-10}$$

这种方法基本上是从实际出发的，量测仪器和计算方法都比较简易。但天然土壤不会是完全均质的，在取土样和实验操作过程中，将使土壤结构受到某些扰动，很难反映真实情况，故应努力提高量测技术和增加实验次数。

2. 现场测定法 对于重要的大型工程，如研究地基及水库区渗流问题时，多在现场钻井或利用原有井，进行抽水或灌水实验，测定流量、水头等有关水力要素，再根据相应的理论公式计算出渗透系数值。这项工作一般属于水文地质勘测工作的范畴，这里不做详述。

3. 经验法 在某些手册或规范等资料中，列举有各类土壤的渗透系数值或计算公式（表 8-1），这些大都是经验性的，各有其局限性，应酌情选择应用。

表 8-1 土壤的渗透系数经验公式

建议者	建议公式	符号说明	适用条件
泰勒（Tayler，D.W）	$k=C\frac{\gamma_{\omega}}{\mu}\cdot\frac{e^3}{1+e}\cdot d_{50}^2$	d_{50}为土颗粒平均粒径（mm）；μ为水的黏滞系数（g·s/cm²）；e为土的孔隙比；C为颗粒形状系数	砂性土
哈赞（Hazen）	$k=C_H(0.7+0.03T)d_{10}^2$ $k=100d_{10}^2$	C_H为哈赞常数（50～150）；T为水温；d_{10}为土的有效粒径（mm）	上式适用于中等密实砂；下式适用于土的有效粒径 0.1～3mm，$Cu<5$ 时的松砂
太沙基（Tazaghi）	$k=2d_{10}^2e^2$	d_{10}为土的有效粒径（mm）；e为土的孔隙比	砂性土
水利发电工程地质勘察规范 GB 50287—2016	$k=16.3C_u^{-3/8}d_{20}^2$	d_{20}为占总土重 20%土粒粒径（mm）；C_u为不均匀系数	砂性土和黏性土

当进行实际渗流问题的初步研究时，可根据前人的研究成果酌情选定 k 值，但其可靠性较差，只能作为极其粗略的估算。现将十五种土壤的渗透系数 k 的大概数值列于表 8-2，仅供参考。

表 8-2 土壤的渗透系数参考值

土名	k/（m/d）	k/（cm/s）
黏土	< 0.005	$<6\times10^{-6}$
亚黏土	0.005～0.100	$6\times10^{-6}\sim1\times10^{-4}$
轻亚黏土	0.100～0.500	$1\times10^{-4}\sim6\times10^{-4}$
黄土	0.250～0.500	$3\times10^{-4}\sim6\times10^{-4}$
粉砂	0.500～1.000	$6\times10^{-4}\sim1\times10^{-3}$
细砂	1.000～5.000	$1\times10^{-3}\sim6\times10^{-3}$
中砂	5.000～20.000	$6\times10^{-3}\sim2\times10^{-2}$
均质中砂	35.000～50.000	$4\times10^{-2}\sim6\times10^{-2}$
粗砂	20.000～50.000	$2\times10^{-2}\sim6\times10^{-2}$
均质粗砂	60.000～75.000	$7\times10^{-2}\sim1\times10^{-1}$
圆砾	50.000～100.000	$6\times10^{-2}\sim1\times10^{-1}$
卵石	100.000～500.000	$1\times10^{-1}\sim6\times10^{-1}$
无填充物卵石	500.000～1000.000	$6\times10^{-1}\sim1\times10^{1}$
稍有裂隙岩石	20.000～60.000	$2\times10^{-2}\sim7\times10^{-2}$
裂隙多的岩石	>60.000	$>7\times10^{-2}$

注：本表资料引自中国建筑工业出版社出版的《工程地质手册》1975 年版

例 8-1 在两水箱之间，连接一条水平放置的正方形管道（例图 8-1），边长为 20cm，长度 L 为 100cm。管道的前半部分装满细砂，后半部分装满粗砂，细砂和粗砂的渗透系数分别为 $k_1=0.002$cm/s，$k_2=0.005$cm/s。两水箱水深分别为 $H_1=80$cm，$H_2=40$cm。试计算管中的渗透流量。

解 设管道中点过水断面上的测管水头为 H，则由式（8-1）可知，通过细砂和粗砂的渗透流量分别为

$$Q_1 = k_1 \frac{H_1 - H}{0.5L} A$$

$$Q_2 = k_2 \frac{H - H_2}{0.5L} A$$

根据水流连续性原理，$Q_1 = Q_2$，即

$$k_1 \frac{H_1 - H}{0.5L} A = k_2 \frac{H - H_2}{0.5L} A$$

由此解得

$$H = \frac{k_1 H_1 + k_2 H_2}{k_1 + k_2} = \frac{0.002 \times 80 + 0.005 \times 40}{0.002 + 0.005} = 51.43\,\text{cm}$$

渗透流量为

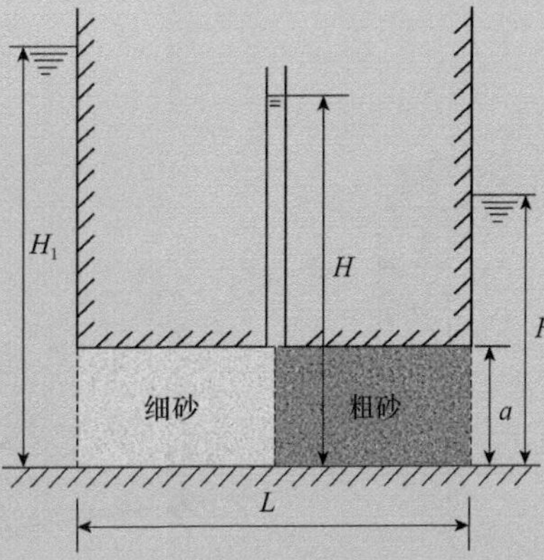

例图 8-1　水平放置的正方形管道

$$Q = Q_1 = k_1 \frac{H_1 - H}{0.5L} A = 0.002 \times \frac{80 - 51.43}{50} \times 20 \times 20 = 0.4572\,\text{m}^3/\text{s}$$

或

$$Q = Q_2 = k_2 \frac{H_1 - H_2}{0.5L} A = 0.005 \times \frac{51.43 - 40}{50} \times 20 \times 20 = 0.4572\,\text{m}^3/\text{s}$$

第二节　无压恒定渐变渗流的浸润曲线

工程上常见的地下水运动，一般是在宽度很大的不透水层基底上流动，流线簇近乎相互平行的直线，属于无压恒定渐变渗流，可看作平面问题处理。地下水与大气相接触的自由水平线，称为浸润曲线。下面讨论这类渗流运动规律。

一、杜比（J. Dupuit）公式

渗流达西定律给出了渗流流速公式(8-2)和(8-6)，前者是对均匀渗流的断面平均流速而言，后者是对渗流区域中任意一点的渗流流速而言。现以此为理论基础，建立无压恒定渐变渗流的流速公式。

在图 8-3 所示的渐变渗流中，相距 dL 的断面 1-1 和 2-2 之间，取任意一根元流 AB 来看，A 点的测管水头为 H_1，B 点的测管水头为 H_2，A、B 两点的测管水头差为 dH，A 点的测管坡度为 $J = -\frac{dH}{dL}$。

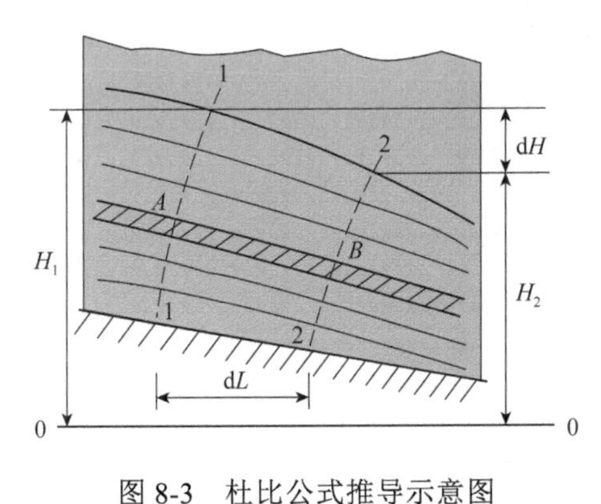

图 8-3　杜比公式推导示意图

按式（8-6）得 A 点流速为

$$u = -k \frac{dH}{dL}$$

因系渐变流，同一过水断面上各点的测管水头为常数。对于任何元流，1-1 和 2-2 两断面间的测管水头差均为 dH，各流线段的长度 dL 也近乎相等；故 1-1 断面上各点的测管坡度相等，从而各点的渗流流速相等，即

$$u=v=-k\frac{dH}{dL} \tag{8-11}$$

上式称为杜比公式。这个公式表明：

1）对于渐变渗流，其过水断面上各点渗流流速相等，并等于断面平均渗流流速，断面流速分布图为矩形，不同的过水断面上的流速则是不相等的（图 8-4）。

2）均匀渗流是渐变渗流的特例，其流线簇为相互平行的直线，断面流速分布图沿程不变，全渗流区各点的渗流流速相等。

3）对于急变渗流，式（8-11）不适用。

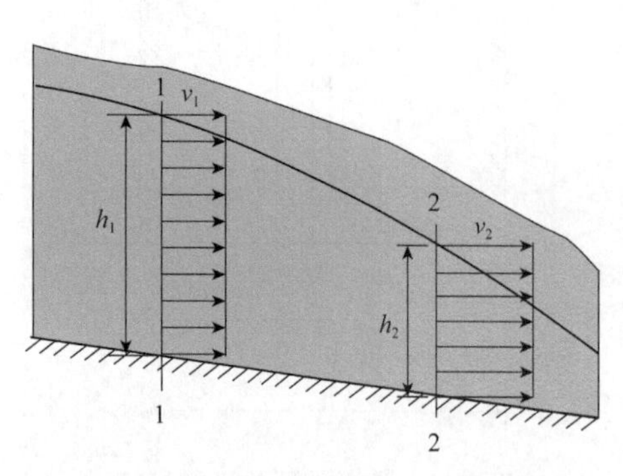

图 8-4 渐变渗流流速分布示意图

二、无压恒定渐变渗流的基本微分方程

掌握了渐变渗流的流速分布特点，即可进一步讨论其水力要素的沿程变化规律。

图 8-5 所示为无压恒定渐变渗流，不透水基底的底坡为 i、相距 dL 的 1-1 和 2-2 的两个过水断面上，水深由 h 变为 $h+dh$，测管水头由 H 变为 $H+dH$；设 1-1 过水断面底部至基准面 O-O 的铅直高度为 z，则有

$$H=z+h$$

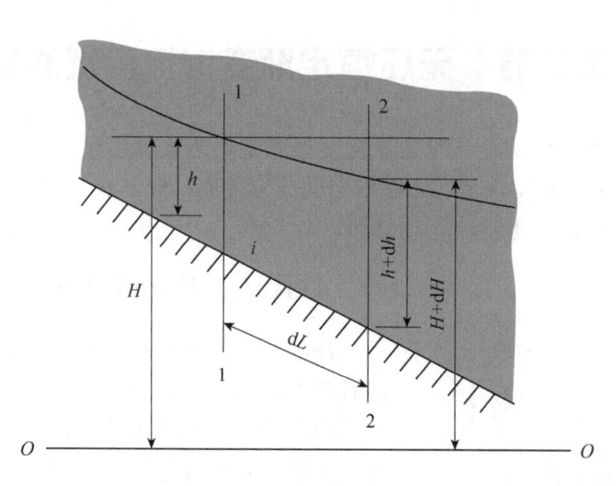

图 8-5 无压恒定渐变渗流基本微分方程推导图

故 1-1 断面上各点的测管坡度为

$$J=-\frac{dH}{dL}=-\left(\frac{dz}{dL}+\frac{dh}{dL}\right)=i-\frac{dh}{dL}$$

将上式代入杜比公式（8-11），得 1-1 断面的断面平均渗流流速为

$$v=kJ=k\left(i-\frac{dh}{dL}\right)$$

由此得渗透流量为

$$Q=Av=kA\left(i-\frac{dh}{dL}\right) \tag{8-12}$$

这就是无压恒定渐变渗流的基本微分方程，是分析和绘制渐变渗流浸润曲线的理论依据。

三、渐变渗流浸润曲线的类型

为了便于对比分析，拟参照明渠流的概念，将均匀渗流的水深 h_0 称为正常水深；并按不透水层基底坡度 i 的大小，将无压渗流依次分为顺坡渗流（$i>0$）、平坡渗流（$i=0$）和逆坡渗流（$i<0$）。

在渗流达西定律的适用范围内，渗流流速甚小，在总水头中可以忽略流速水头，总水头线和测管水头线相重合，浸润曲线既是测管水头线，又是总水头线；而在流动过程中，必存在水头损失，故浸润曲线上各点的高程必沿程下降，不可能是水平的，更不可能沿程升高，这是浸润曲线的几何特征。正因为如此，均匀渗流只能发生于顺坡渗流，而不可能发生于平坡渗流或逆坡渗流。

均匀渗流的水深沿程不变，在式（8-12）中，$\dfrac{\mathrm{d}h}{\mathrm{d}L}=0$，故决定均匀渗流水力要素的基本方程为

$$Q=kA_0 i \tag{8-13}$$

式中，A_0 是相应于正常水深 h_0 的过水断面面积。

由于忽略了渗流的流速水头，断面比能趋近于水深 h，不存在临界水深、缓流、急流等概念，实际水深仅能与一个特征水深（即正常水深）相比较，故渐变渗流浸润曲线的类型，要比明渠渐变流水面曲线的类型简单得多。下面分三种情况进行讨论。

（一）顺坡渗流

在顺坡基底上，有可能产生均匀渗流，式（8-12）中的流量可用式（8-13）来替代，即

$$kA_0 i=kA\left(i-\frac{\mathrm{d}h}{\mathrm{d}L}\right)$$

由此求得决定顺坡渗流浸润曲线的微分方程为

$$\frac{\mathrm{d}h}{\mathrm{d}L}=i\left(1-\frac{A_0}{A}\right) \tag{8-14}$$

正常水深 $N\text{-}N$ 线将渗流区划分为两个区域(图 8-6)，即水深 $h>h_0$ 的 a 区和 $h<h_0$ 的 b 区。

1．在 a 区　因为 $h>h_0$，$A>A_0$，由式（8-14）可知 $\dfrac{\mathrm{d}h}{\mathrm{d}L}>0$，故浸润曲线为沿程渐深的壅水曲线。此曲线的上游端，当 $h\to h_0$，$A\to A_0$，从而 $\dfrac{\mathrm{d}h}{\mathrm{d}L}\to 0$，即曲线以 $N\text{-}N$ 线为渐近线；此曲线的下游端，当 $h\to\infty$，$A\to\infty$，从而 $\dfrac{\mathrm{d}h}{\mathrm{d}L}\to i$，即曲线以水平线为渐近线。

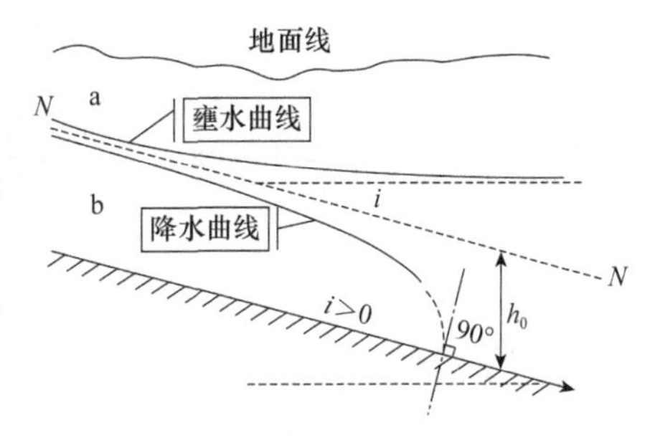

图 8-6　顺坡渗流浸润曲线示意图

2．在 b 区　因为 $h<h_0$，$A<A_0$，由式（8-14）可知 $\dfrac{\mathrm{d}h}{\mathrm{d}L}<0$，故浸润曲线为沿程渐浅的降水曲线。其上游端，当 $h\to h_0$，$A\to A_0$，从而 $\dfrac{\mathrm{d}h}{\mathrm{d}L}\to 0$，即曲线以 $N\text{-}N$ 线为渐近线；当 $h\to 0$，$A\to 0$，

从而$\frac{dh}{dL}\to-\infty$，即曲线与基底相正交，由于此处曲线的曲率半径很小，不再符合渐变流条件，故式（8-14）不再适用。这条降水曲线的末端，实际上取决于具体的边界条件。

设渗流区的过水断面是宽度为 b 的宽阔矩形断面，$A=bh$，并令相对水深为$\frac{h}{h_0}=\eta$，将式（8-14）写为

$$\frac{i\mathrm{d}L}{h_0}=\mathrm{d}\eta+\frac{\mathrm{d}\eta}{\eta-1}$$

把上式从断面 1-1 到 2-2 进行积分，得

$$\frac{iL}{h_0}=\eta_2-\eta_1+2.30\lg\frac{\eta_2-1}{\eta_1-1} \tag{8-15}$$

式中，$\eta_1=\frac{h_1}{h_0}$；$\eta_2=\frac{h_2}{h_0}$。此式可用以绘制顺坡渗流的浸润曲线和进行水力计算。

例 8-2 在渠道与河道之间为一透水的土层［例图 8-2（a）］，其不透水层基底的坡度 $i=0.02$，土层的渗透系数 $k=0.005\text{cm/s}$，渠道与河道之间的距离 $L=180\text{m}$，渠道右岸的渗流深度 $h_1=1\text{m}$，河道左岸的渗流深度 $h_2=1.9\text{m}$，试求每米长渠道的渗透流量并绘制其浸润曲线。

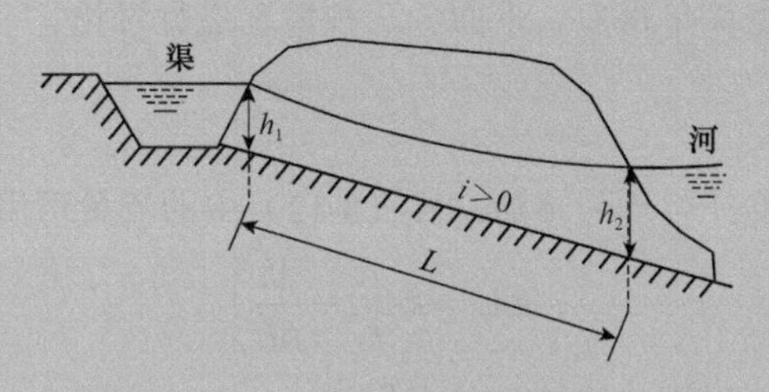

例图 8-2（a） 渠道与河道之间的土层

解 因 $i>0$, $h_2>h_1$，故其浸润曲线属于顺坡壅水曲线，其方程式为

$$\frac{iL}{h_0}=\eta_2-\eta_1+2.30\lg\frac{\eta_2-1}{\eta_1-1}$$

式中，$i=0.02$, $L=180\text{m}$, $\eta_1=\frac{h_1}{h_0}=\frac{1}{h_0}$, $\eta_2=\frac{h_2}{h_0}=\frac{1.9}{h_0}$，代入上式并化简得

$$h_0\lg\frac{1.9-h_0}{1-h_0}=1.174$$

试算解得

$$h_0=0.945\text{m}$$

故每米长渠道所渗出的流量为

$$q=kh_0i=0.005\times0.945\times0.01\times0.02=9.45\times10^{-7}\text{m}^3/(\text{s}\cdot\text{m})$$

为了绘制浸润曲线，令 $i=0.02$, $h_0=0.945\text{m}$, $h_1=1\text{m}$，代入式（8-15）并改写为

$$L=47.25\left(\frac{h_2}{0.945}-1.058+2.301\lg\frac{h_2-0.945}{0.0548}\right)$$

分别假定 h_2=1.2m、1.4m、1.7m、1.9m，依次由上式求得相应的 L 为 80.6m、117.7m、156.7m、180.0m，连接这些坐标点，即可绘出例图 8-2（b）所示的浸润曲线。

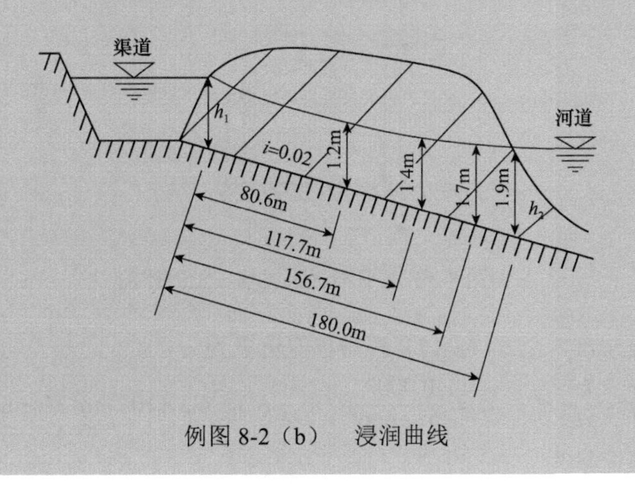

例图 8-2（b）　浸润曲线

（二）平坡渗流

令式（8-12）中的底坡 $i=0$，即得平坡渗流浸润曲线的微分方程为

$$\frac{\mathrm{d}h}{\mathrm{d}L}=-\frac{Q}{kA} \tag{8-16}$$

如前所述，在平坡基底上，不可能产生均匀渗流，且上式中的 Q、k、A 皆为正数，$\frac{\mathrm{d}h}{\mathrm{d}L}\leqslant 0$，故只可能产生一条浸润曲线，并为沿程渐浅的降水曲线（图 8-7）。

此曲线的上游端，当 $h\to\infty$, $\frac{\mathrm{d}h}{\mathrm{d}L}\to 0$，即曲线以水平线为渐近线；此曲线的下游端，当 $h\to 0$, $\frac{\mathrm{d}h}{\mathrm{d}L}\to -\infty$，即曲线与基底相正交。其性质和上述顺坡渗流的降水曲线的末端情况类似。

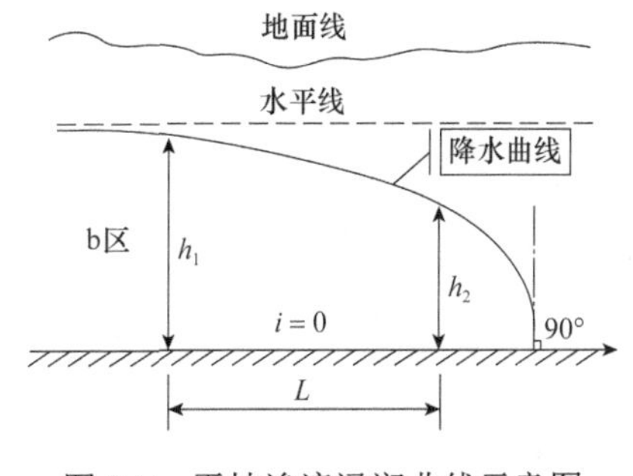

图 8-7　平坡渗流浸润曲线示意图

令 $A=bh$, $\frac{Q}{b}=q$，将式（8-16）写为

$$\frac{q}{k}\mathrm{d}L=-h\mathrm{d}h$$

把上式从断面 1-1 到 2-2 进行积分，得

$$\frac{qL}{k}=\frac{1}{2}(h_1^2-h_2^2) \tag{8-17}$$

此式可用以绘制平坡渗流的浸润曲线和进行水力计算。

例 8-3 位于水平不透水层基底上的渗流（例图 8-3），宽 800m，渗透系数为 0.0003m/s，在沿流程相距 1000m 的两个观测井中，分别测得水深为 8m 和 6m，求渗透流量。

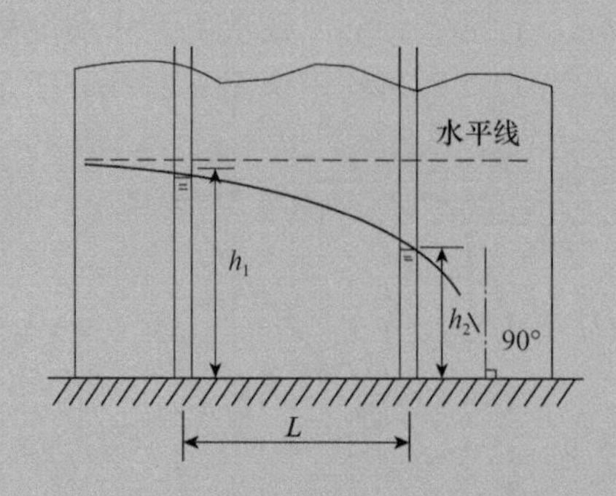

例图 8-3 水平不透水层基底上的渗流

解 这是平坡渗流，由式（8-17）解得单宽流量为

$$q=\frac{k}{2L}(h_1^2-h_2^2)=\frac{0.0003}{2\times1000}\times(8^2-6^2)=4.2\times10^{-6}\ \mathrm{m}^3/(\mathrm{s}\cdot\mathrm{m})$$

从而总的渗透流量为

$$Q=800\times4.2\times10^{-6}=3.36\times10^{-3}\ \mathrm{m}^3/\mathrm{s}$$

（三）逆坡渗流

在逆坡基底上，也不可能产生均匀渗流。

令式（8-12）中的底坡 $i'=|i|$，即得逆坡渗流浸润曲线的微分方程为

$$\frac{\mathrm{d}h}{\mathrm{d}L}=-i'\left(1+\frac{A_0'}{A}\right) \tag{8-18}$$

如前所述，在逆坡基底上，不可能产生均匀渗流，且上式中的 i'、A_0'、A 皆为正数，$\frac{\mathrm{d}h}{\mathrm{d}L}\leqslant0$，故只可能产生一条浸润曲线，并为沿程渐浅的降水曲线（图 8-8）。

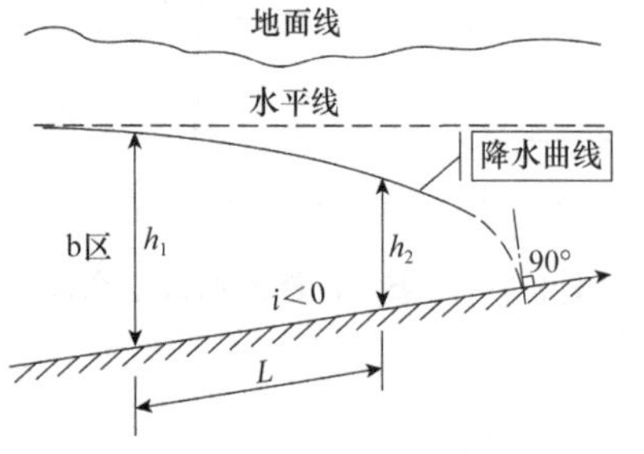

图 8-8 逆坡渗流浸润曲线示意图

此曲线的上游端，当 $h\to\infty$, $\frac{\mathrm{d}h}{\mathrm{d}L}\to i$，即曲线以水平线为渐近线；此曲线的下游端，当 $h\to0$, $\frac{\mathrm{d}h}{\mathrm{d}L}\to-\infty$，即曲线与基底相正交。其性质和上述顺坡渗流的降水曲线的末端情况类似。

设渗流区的过水断面是宽度为 b 的宽阔矩形断面，$A=bh$，则有

$$\frac{\mathrm{d}h}{\mathrm{d}L}=-i'\left(1+\frac{A_0'}{A}\right)=-i'\left(1+\frac{bh_0'}{bh}\right)=-i'\left(1+\frac{h_0'}{h}\right)$$

令 $\frac{h}{h_0'}=\eta'$，则有 $\mathrm{d}h=h_0'\mathrm{d}\eta'$，代入上式得

$$\frac{i'\mathrm{d}L}{h'_0}=-\frac{\mathrm{d}\eta'}{1+\frac{1}{\eta'}}$$

积分得

$$\frac{i'L}{h'_0}=\eta'_1-\eta'_2+2.30\lg\frac{1+\eta'_2}{1+\eta'_1} \tag{8-19}$$

式中，$\eta'_1=\frac{h_1}{h'_0}$；$\eta'_2=\frac{h_2}{h'_0}$。

该式可用以绘制逆坡渗流的浸润曲线和进行水力计算。

第三节 水平不透水层上均质土坝的渗流计算

水土保持工程中的淤地坝多为均质土坝，蓄水后坝内水经过坝体向坝外渗透，渗透量的大小及坝内浸润曲线的位置对坝体安全具有重要影响。因此，必须确定经过坝体的渗流量和坝内浸润曲线的位置。

图 8-9 所示为修筑在水平不透水地基上的均质土坝，上游水体将通过边界 AB 渗入坝体，在坝内形成自由液面（浸润面）AC，C 点称为逸出点，$ABDC$ 区域称为渗流区。

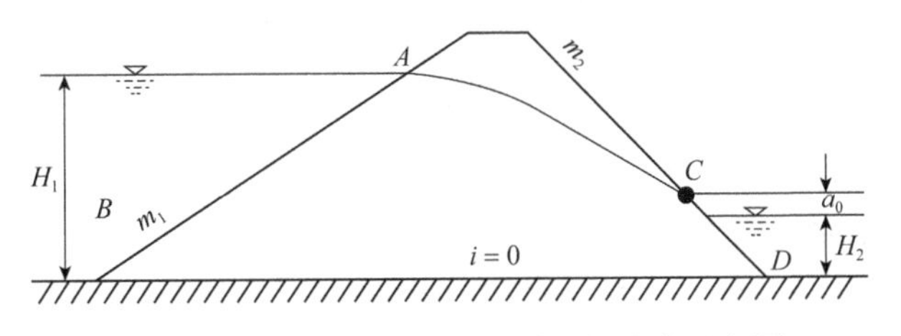

图 8-9 水平不透水层上均质土坝渗流示意图

一般情况下坝轴线较长，通常把坝体渗流作为平面问题来看待，并认为坝内渗流符合渐变渗流条件。

在实际工程中，土坝的渗流常采用三段法或两段法计算。

三段法是把坝内渗流区划分为三段（图 8-10）：第一段为上游三角楔形体 ABE，第二段为中间段 $AEGC$，第三段为下游渗出段 CGD。对每一段应用渐变渗流杜比公式计算渗流流量，由于通过每一段的流量是相等的，通过三段的联合求解，可得出坝体的渗流流量及逸出点水深 h_k，并可画出浸润曲线 AC。

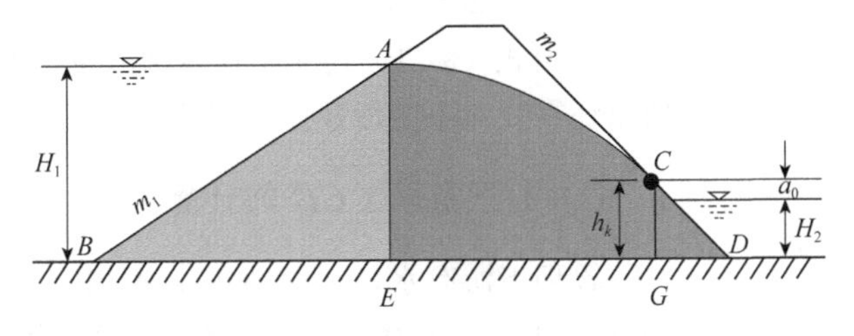

图 8-10 三段法坝体渗流计算示意图

两段法是在三段法的基础上简化，将上游楔形体 ABE 用一个矩形 $AEB'A'$取代，取代后的渗流效果与原楔形体一样，这样把第一段 ABE 和第二段 $AEGC$ 合并为一段，即渗流段 $A'B'GC$（图 8-11）。对 $A'B'GC$ 段和 CGD 段应用渐变渗流杜比公式计算渗流流量，由于通过这两段的流量是相等的，通过两段的联合求解，可得出坝体的渗流流量及逸出点水深 h_k，并可画出浸润曲线 $A'C$（图 8-11 中虚线部分）。

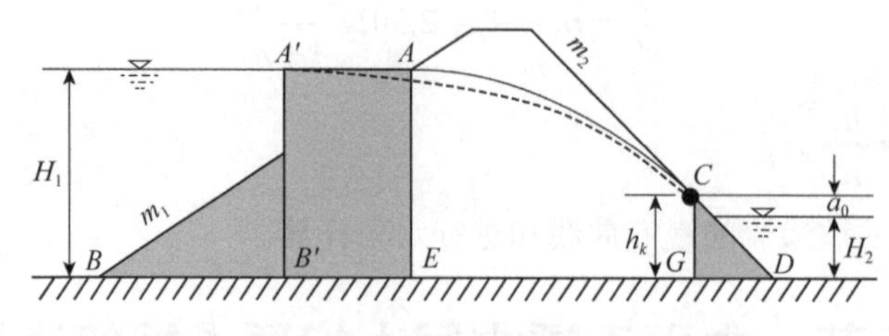

图 8-11 两段法坝体渗流计算示意图

下面以两段法为例，对水平不透水基础上的坝体渗流量和浸润曲线进行分析计算。

（一）上游段 $A'B'GC$ 的计算

由图 8-11 可知，渗流从过水断面 $A'B'$ 至 CG 的水头差为 $\Delta H=H_1-h_k$；$A'B'$ 至 CG 的两断面间的水平渗流路程为 $\Delta S=L+\Delta L-GD$。

L 为等效矩形体的宽度。根据前人研究的成果，该宽度可用下式确定：

$$\Delta L=\frac{m_1}{1+2m_1}H_1 \tag{8-20}$$

GD 段长度可根据图 8-11 中几何关系计算：$GD=m_2h_k$（m_2 为坝体下游面的边坡系数）。

故上游段的平均水力坡度为

$$\overline{J}=\frac{\Delta H}{\Delta S}=\frac{H_1-h_k}{L+\Delta L-m_2h_k}$$

根据杜比公式，上游段的平均渗流流速为

$$v=kJ=k\cdot\frac{H_1-h_k}{L+\Delta L-m_2h_k}$$

上游段 $A'B'GC$ 单宽坝长的平均过水断面面积为

$$A=\frac{1}{2}(H_1+h_k)$$

从而上游段 $A'B'GC$ 所通过的单宽渗流流量为

$$q=vA=\frac{k(H_1^2-h_k^2)}{2(L+\Delta L-m_2h_k)} \tag{8-21}$$

应用式（8-21）还无法计算渗流量，因为 h_k 还是未知量，所以还需要对下游段建立计算公式，联立求解。

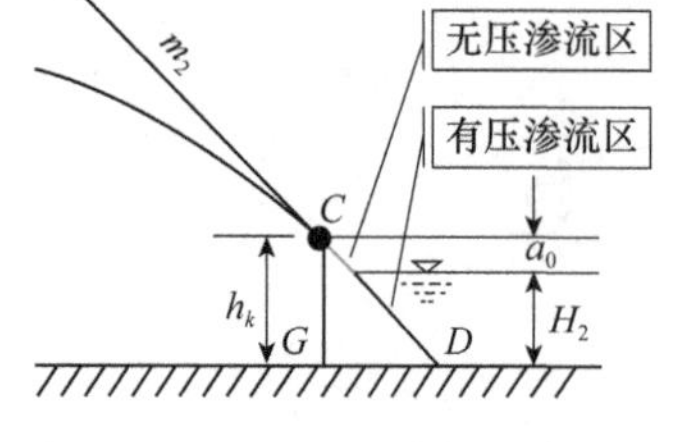

图 8-12 下游段渗流计算示意图

（二）下游段 CGD 的计算

设坝下游有水，水深为 H_2，逸出点在下游水位以上的高度为 a_0，因在下游水面以下的渗流为有压流，在水面以上的渗流为无压流，需要分别计算（图 8-12）。

根据实际流线情况，假设下游段内渗流流线为水平线。

1．下游段水面以上部分计算　如图 8-13 所示，设距坝底为 y 处取一水平微小流束 dy。

由图可知，微小流束始末断面的水头差为$\Delta H=(a_0+H_2-y)$，微小流束的长度为$\Delta S=m_2(a_0+H_2-y)$，故微小流束的水力坡度为

$$\overline{J}=\frac{\Delta H}{\Delta S}=\frac{a_0+H_2-y}{m_2(a_0+H_2-y)}=\frac{1}{m_2}$$

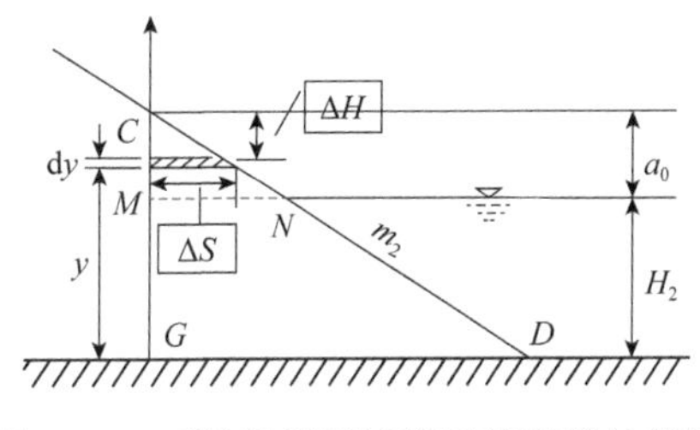

图 8-13　下游段无压渗流区渗流量计算图

通过微小流束的单宽流量为

$$\mathrm{d}q_1=kJ\mathrm{d}y=\frac{k}{m_2}\mathrm{d}y$$

整个水面以上部分单宽渗流量为

$$q_1=\int \mathrm{d}q_1=\int_{H_2}^{a_0+H_2}\frac{k}{m_2}\mathrm{d}y=\frac{ka_0}{m_2} \tag{8-22}$$

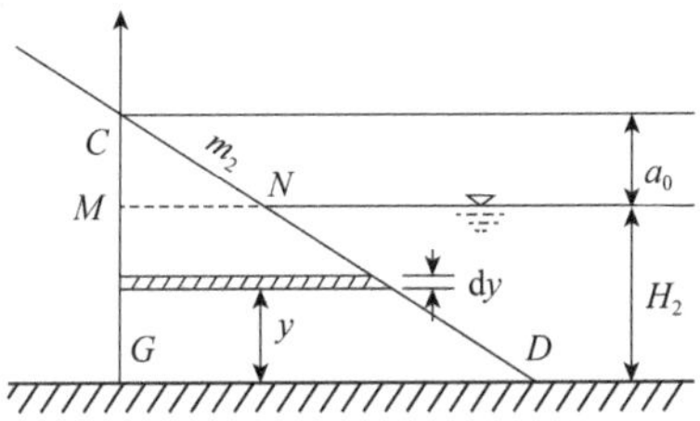

2．下游段水面以下部分计算　如图 8-14 所示，同样设在距坝底 y 处取一水平微小流束 dy。

由图可知，微小流束始末断面的水头差为$\Delta H=a_0$，微小流束的长度为$\Delta S=m_2(a_0+H_2-y)$，故微小流束的水力坡度为

$$\overline{J}=\frac{\Delta H}{\Delta S}=\frac{a_0}{m_2(a_0+H_2-y)}$$

图 8-14　下游段有压渗流区渗流量计算图

通过微小流束的单宽流量为

$$\mathrm{d}q_2=kJ\mathrm{d}y=\frac{ka_0}{m_2(a_0+H_2-y)}\mathrm{d}y$$

整个水面以下部分单宽渗流量为

$$q_2=\int \mathrm{d}q_2=\int_0^{H_2}\frac{ka_0}{m_2(a_0+H_2-y)}\mathrm{d}y=\frac{ka_0}{m_2}\ln\frac{a_0+H_2}{a_0}=\frac{2.3ka_0}{m_2}\lg\frac{a_0+H_2}{a_0} \tag{8-23}$$

通过整个下游段单宽渗流量为

$$q=q_1+q_2=\frac{ka_0}{m_2}+\frac{2.3ka_0}{m_2}\lg\frac{a_0+H_2}{a_0}=\frac{ka_0}{m_2}\left(1+2.3\lg\frac{a_0+H_2}{a_0}\right) \tag{8-24}$$

式中，$a_0=h_k-H_2$，联立解方程（8-22）和（8-23）即可求得坝体的渗流量 q 及逸出点高度 h_k。

（三）浸润曲线计算

如图 8-15 所示，以 G 点为原点，建立直角坐标系 xGy。

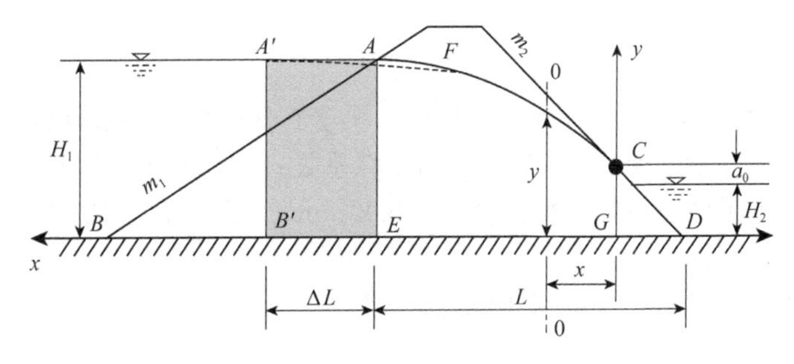

图 8-15　两段法坝体渗流浸润曲线计算示意图

在任意水平坐标为 x 的过水断面 0-0 上，设其水深为 y，根据杜比公式，该断面的平均渗流流速为

$$v=kJ=k\frac{dy}{dx}$$

0-0 断面单宽渗流量为

$$q=vy=vk\frac{dy}{dx}$$

或

$$qdx=kydy$$

对上式积分得

$$qx=\frac{1}{2}ky^2+C \tag{8-25}$$

式中，积分常数 C 由已知的边界条件确定。

又有

$$\begin{cases}x=L+\Delta L-m_2h_k\\y=H_1\end{cases}$$

代入式（8-25）得

$$C=q(L+\Delta L-m_2h_k)-\frac{1}{2}kH_1^2$$

将积分常数 C 代入式（8-25）得

$$qx=\frac{1}{2}ky^2+q(L+\Delta L-m_2h_k)-\frac{1}{2}kH_1^2$$

或

$$y^2=H_1^2-\frac{2}{k}q[(L+\Delta L-m_2h_k)-x]$$

将计算渗流量的式（8-21）代入上式后即可得出浸润曲线的方程式为

$$y=\sqrt{\frac{x}{L+\Delta L-m_2h_k}\left(H_1^2-h_k^2\right)+h_k^2} \tag{8-26}$$

假定一系列的 x 值，由式（8-26）算得相应的 y 值，从而描绘出坝内浸润曲线。由上式可知，当 $x=0$ 时，$y=h_k$，当 $x=L+\Delta L-m_2h_k$ 时，$y=H_1$。

需要注意的是，按式（8-26）所绘出的浸润曲线，其上游段是从 A'点开始的，而实际上入渗点是在 A 点，故曲线的前段 $A'F$ 应加以修正。在实际应用中常采用近似方法来修正，即把 A 点作为曲线的上游段起点，再选择绘图工具与后半段曲线光滑连接的曲线 AF 去替代 $A'F$ 即可。

例 8-4 如例图 8-4（a）所示，某均质土坝建于不透水地基上，已知坝高为 17m，上游水深 H_1 为 15m，下游水深 H_2 为 2m，上游边坡系数 m_1 为 3，下游边坡系数 m_2 为 2，坝顶宽 b 为 6m，坝身土的渗透系数经实验测定为 0.001cm/s，试计算坝身的单宽渗流量并画出坝内浸润曲线。

解 （1）采用两段法计算坝体单宽渗流量

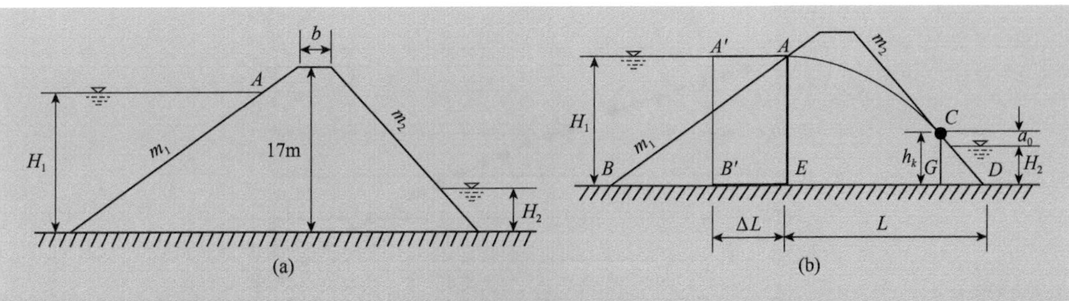

例图 8-4　均质土坝建于不透水地基

设渗流逸出点 C 距下游水面的高度为 a_0［例图 8-4（b）］。由式（8-20）计算等效矩形体的宽度 ΔL 为

$$\Delta L=\frac{m_1}{1+2m_1}H_1=\frac{3}{1+2\times3}\times15=6.43\,\text{m}$$

由式（8-22）、（8-23）联立求解，计算 h_k，注意到

$$L=m_2H+b+m_1(H-H_1)=2\times17+6+3\times(17-15)=46\,\text{m}$$

$$a_0=h_k-H_2$$

代入联立方程得 $h_k=5.16\text{m}$。

将 h_k 代回式（8-22）、式（8-23）其中之一，得坝体单宽渗流量为

$$q_{上}=\frac{k(H_1^2-h_k^2)}{2(L+\Delta L-m_2h_k)}=\frac{0.00001\times(15^2-5.16^2)}{2\times(46+6.43-2\times5.16)}=2.36\times10^{-5}\ \text{m}^3/(\text{s}\cdot\text{m})$$

或

$$q_{下}=\frac{ka_0}{m_2}\left(1+\ln\frac{h_k}{a_0}\right)=2.36\times10^{-5}\ \text{m}^3/(\text{s}\cdot\text{m})$$

（2）绘制浸润曲线

假定一系列的 x 值，由式（8-26）算得相应的 y 值（例表 8-1），根据该表的计算结果即可在坐标轴上绘制出浸润曲线，如例图 8-4（c）所示［即例图 8-4（b）的 AC 段曲线］。

例表 8-1　浸润曲线计算表　（单位：m）

x	y	x	y
2	6.00	24	11.82
4	6.74	26	12.21
6	7.41	28	12.59
8	8.02	30	12.96
10	8.59	32	13.32
12	9.12	34	13.67
14	9.62	36	14.01
16	10.10	38	14.34
18	10.56	40	14.66
20	10.99	42	14.98
22	11.41		

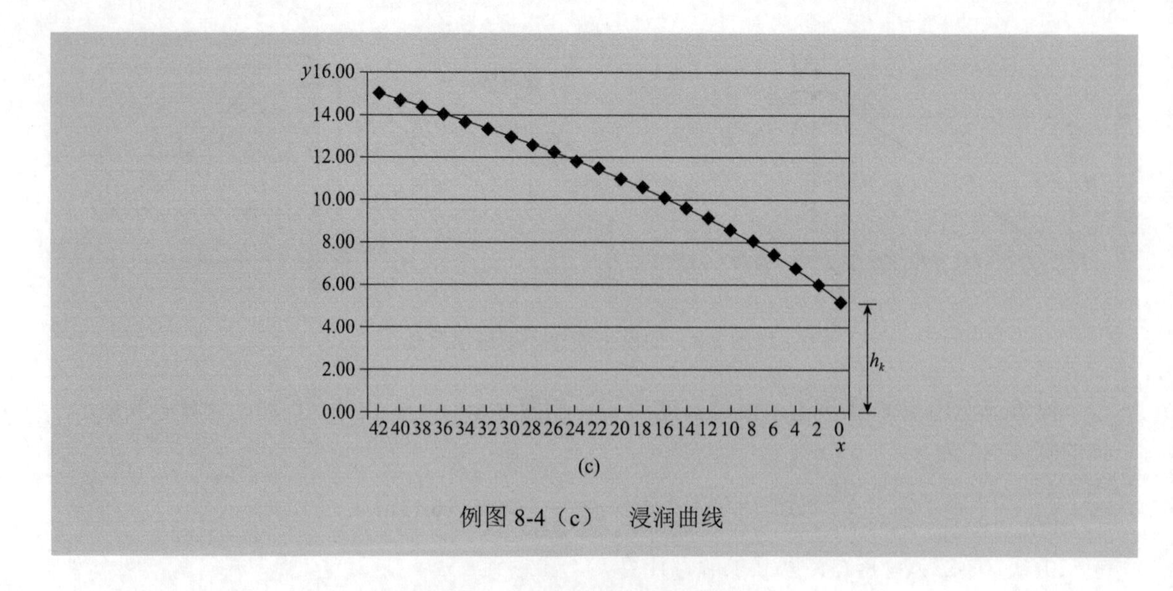

例图 8-4（c） 浸润曲线

附 本章例题详解

本章所有的例题详解，请扫描下方二维码查看。例题的 Excel 计算过程与结果，请阅读附录二并下载 Excel 表格的压缩文件，解压后查看并运行。

参 考 文 献

曹叔尤．2002．水力学及河流动力学基本问题研究的现状与任务．四川大学学报（工程科学版），34（1）：1-5.

大连理工学院水力学教研室．1984．水力学解题指导及习题集．2版．北京：高等教育出版社．

董贵明，束龙仓，田娟，等．2010．矩形明渠二维恒定均匀层流断面流速分布及阻力研究．水力发电学报，29（6）：95-98.

范钦珊．1989．工程力学．北京：高等教育出版社．

胡云进，陈国伟，郜会彩．2009．明渠规则断面流量测量方法研究．水文，29（5）：39-41.

纪立智．1987．水力学理论与习题．上海：上海交通大学出版社．

江山，张海金，齐鹏．2012．关于管道沿程阻力系数问题的分析．黑龙江水利科技，40（10）：177-178.

李大美，张申泽．2000．临界底坡的水面曲线分析．水电能源科学，18（4）：44-45.

李桂芬．2008．水工水力学研究进展与展望．中国水利水电科学研究院学报，6（3）：182-190.

李居坤，于华峰，尹建军．2011．无压圆管的水力分析研究．灌溉排水学报，30（1）：134-135.

李炜．2006．水力计算手册．2版．北京：中国水利水电出版社．

李玉梁，李玲．2002．环境水力学的研究进展与发展趋势．水资源保护，1：1-5.

刘福祥．2000．关于工业管道紊流阻力系数的柯列勃洛克公式迭代算法的收敛区间研究．大连大学学报，（4）：35-39.

刘洪林，孙毅，张君普．1994．水力学高次方程的迭代解法．东北水利水电，8：13-15.

刘建续．2012．基于水力学水跃跃长的计算研究．水工环境，9：39-41.

刘贤惠．2003．对水力学中十二种水面曲线的分析．辽宁省交通高等专科学校学报，5（1）：19-22.

龙北生，蒋维卿．2002．工科水力学和流体力学中惯性力的问题．长春工程学院学报（自然科学版），3（2）：15-17.

罗勇钦，刁明军，杨海波．2006．数值计算在水力学研究中的应用概述．四川水力发电，25（2）：18-20.

秦翠翠，杨敏，董天松．2011．跌坎消力池水力特性试验研究．南水北调水利科技，9（6）：119-122.

清华大学水力学教研组．1982．水力学：上下册．北京：人民教育出版社．

邱秀云，张鸣．1994．迭代法在水力学计算中的应用．八一农学院学报，17（4）：50-53.

水利水电科学研究院，南家水利科学研究院．1985．水工模型试验．北京：水利电力出版社．

王荣芳，胡珺．2009．水力学几个术语的基本物理性质．黑龙江水利科技，37（1）：81-82.

王仲发，王乐水，张红存，等．2003．水工建筑物设计中几个常见水力学问题的迭代解法．山东农业大学学报（自然科学版），34（2）：256-258.

吴持恭．2008．水力学：上下册．4版．北京：高等教育出版社．

吴普特，周佩华．1994．坡面薄层水流流速影响因子及计算．水土保持研究，1（5）：26-30.

杨凌真．1988．水力学难题分析．北京：高等教育出版社．

杨永全．2001．现代工程水力学．西南民族学院学报（自然科学版），27（3）：253-257.

翟艳宾，吴发启，王健．2012．不同人工糙率床面水力学特性的试验研究．水土保持通报，32（6）：38-42.

张光辉．2002．坡面薄层流水动力学特性的实验研究．水科学进展，13（2）：159-165．
张罗号．2012．明渠水流阻力研究现状分析．水力学报，43（10）：1154-1162．
张文倬．1995．水工设计中的几个水力学问题．水电站设计，11（2）：22-27．
张长高．1998．梯形断面明槽中恒定均匀流的流速分布．河海大学学报，26（5）：17-21．
周华兴，郑宝友，迟杰，等．2003．规范《薄壁矩形量水堰》的设计与应用．水道港口，24（1）：26-30．
朱照宣．1982．理论力学：下册．北京：北京大学出版社．

附录一　管道及明渠各种局部水头损失系数

一、突然扩大管（附图 1-1）

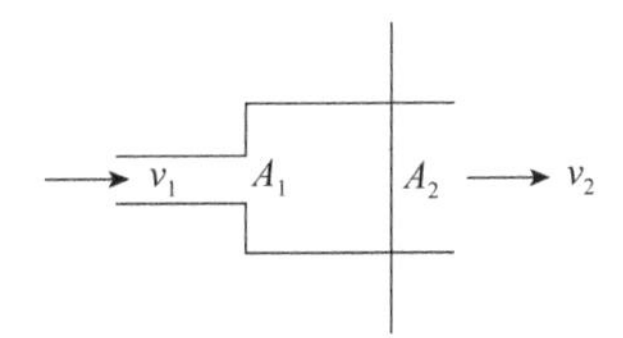

附图 1-1　突然扩大管

局部水头损失系数为$\xi_1=\left(\dfrac{A_2}{A_1}-1\right)^2$，应用公式为$h_j=\xi_1\dfrac{v_2^2}{2g}$；

局部水头损失系数为$\xi_2=\left(1-\dfrac{A_1}{A_2}\right)^2$，应用公式为$h_j=\xi_2\dfrac{v_1^2}{2g}$。

二、突然缩小管（附图 1-2）

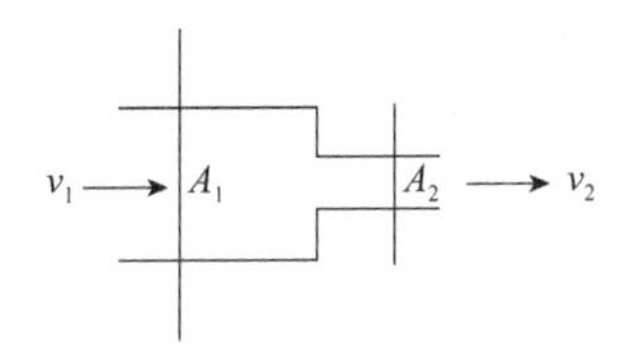

附图 1-2　突然缩小管

应用公式为$h_j=\xi\dfrac{v_2^2}{2g}$。

ξ值的确定可用以下两种方法。

1．经验公式法

$$\xi=0.5\left(1-\frac{A_2}{A_1}\right)$$

$$\xi=\frac{1}{\varepsilon}-1,\quad \varepsilon=0.57+\frac{0.043}{1.1-\dfrac{A_2}{A_1}}$$

2．查表法（附表 1-1）

附表 1-1　管道突然缩小的损失系数ξ值

D/d	0	0.1	0.2	0.3	0.4	0.5	0.6	0.7	0.8	0.9	（1.0）
A_2/A_1	0	0.01	0.04	0.09	0.16	0.25	0.36	0.49	0.64	0.81	（1.0）
ξ	0.50	0.50	0.49	0.49	0.46	0.43	0.38	0.29	0.18	0.07	（0）

三、不同几何形状管道的进口损失

应用公式为 $h_j = \xi \dfrac{v^2}{2g}$。

1．方角入口（附图 1-3）

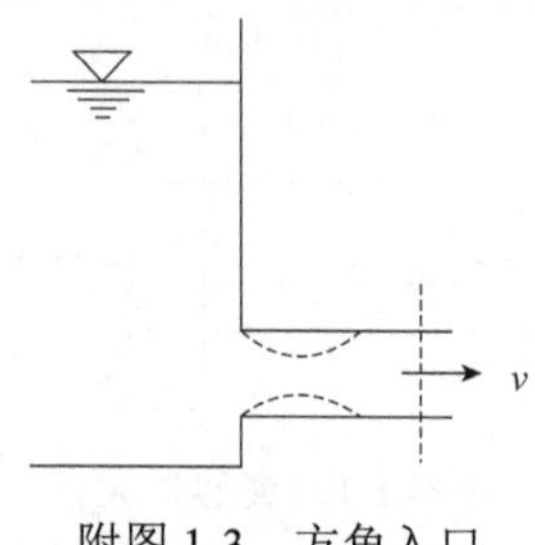

附图 1-3　方角入口

局部水头损失系数为 $\xi = 0.5$。

2．圆角入口（附图 1-4）

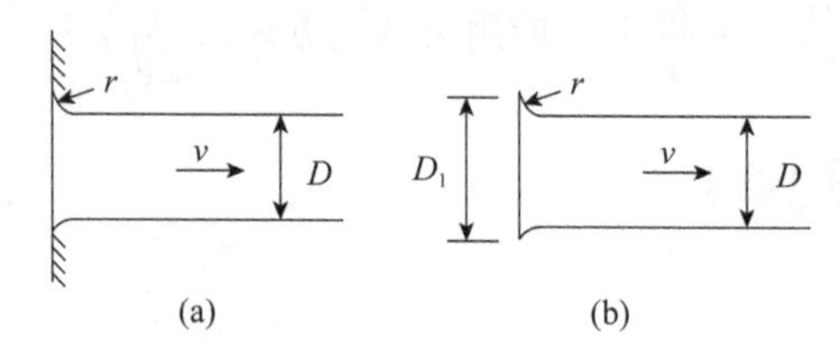

附图 1-4　圆角入口

ξ值由附表 1-2 确定。

附表 1-2　圆角入口的损失系数ξ值

项目	ξ					
	$r/D=0$	$r/D=0.02$	$r/D=0.06$	$r/D=0.1$	$r/D=0.16$	$r/D=0.22$
入口位于壁上（a）	0.5	0.35	0.2	0.11	0.05	0.03
入口自由放置（b）	1	0.7	0.32	0.15	0.05	0.03

3．斜管入口（附图 1-5）

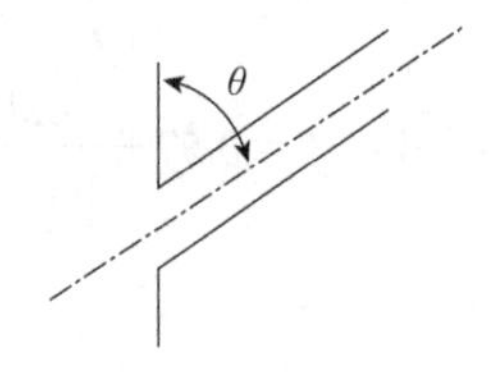

附图 1-5　斜管入口

局部水头损失系数为 $\xi = 0.5 + 0.3\cos\theta + 0.2\cos^2\theta$。

4．圆形渐扩管（附图 1-6）

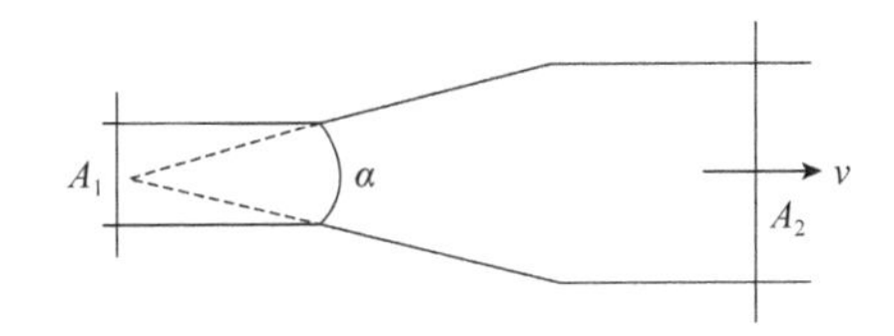

附图 1-6　圆形渐扩管

局部水头损失系数为$\xi=k\left(\frac{A_2}{A_1}-1\right)^2$。

k 值由附表 1-3 查得。

附表 1-3　圆形渐扩管的 *k* 值

α	8°	10°	12°	15°	20°	25°
k	0.14	0.16	0.22	0.30	0.42	0.62

5．圆形渐缩管（附图 1-7）

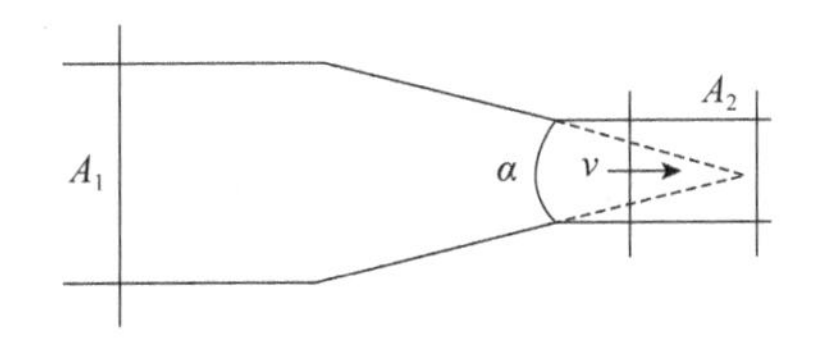

附图 1-7　圆形渐缩管

局部水头损失系数为$\xi=k_1k_2$。

k_1、k_2 值分别由附表 1-4、附表 1-5 查得。

附表 1-4　圆形渐缩管的 k_1 值

α	10°	20°	40°	60°	80°	100°	140°
k_1	0.40	0.25	0.20	0.20	0.30	0.40	0.60

附表 1-5　圆形渐缩管的 k_2 值

A_2/A_1	0	0.10	0.20	0.30	0.40	0.50	0.60	0.70	0.80	0.90	1.0
k_2	0.41	0.40	0.38	0.36	0.34	0.30	0.27	0.20	0.16	0.10	0

四、不同几何形状管道的出口损失

应用公式为$h_j=\xi\frac{v^2}{2g}$。

1．液面下出流的管子出口（附图 1-8）

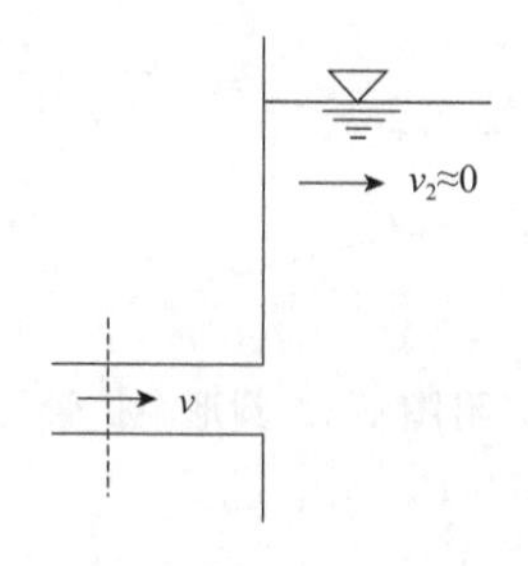

附图 1-8　液面下出流的管子出口

局部水头损失系数为$\xi = 1.0$。

2．大气中出流的管子出口（附图 1-9）

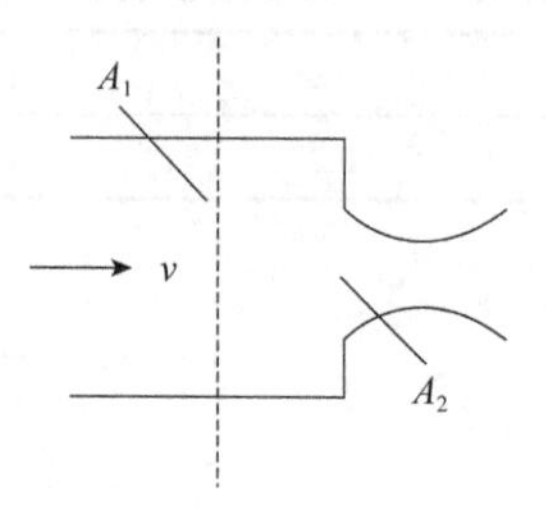

附图 1-9　大气中出流的管子出口

ξ值由附表 1-6 确定。

附表 1-6　大气中出流的管子出口的损失系数ξ值

A_2/A_1	0.11	0.2	0.3	0.4	0.5	0.6	0.7	0.8	0.9
ξ	268	66.5	28.9	15.5	9.81	5.80	3.70	2.38	1.56

五、弯管出口（附图 1-10）

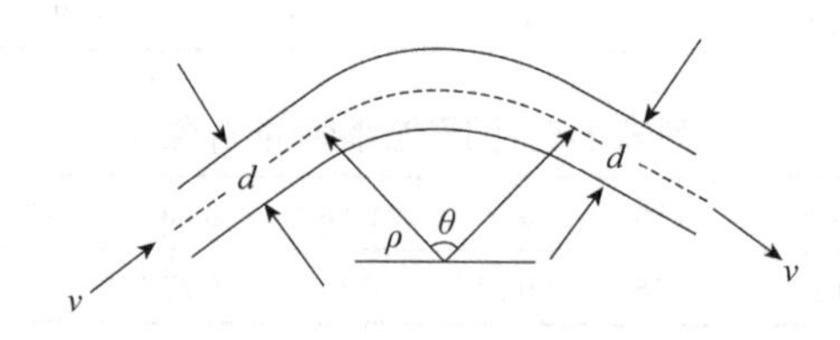

附图 1-10　弯管出口

应用公式为$h_j = \xi \dfrac{v^2}{2g}$。

局部水头损失系数为$\xi = \left(0.131 + 0.1632\left(\dfrac{d}{\rho}\right)^{\frac{7}{2}}\right)\left(\dfrac{\theta^\circ}{90^\circ}\right)^{\frac{1}{2}}$。

六、折管出口（附图 1-11）

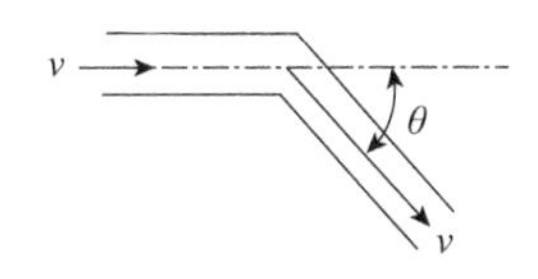

附图 1-11　折管出口

应用公式为 $h_j=\xi\dfrac{v^2}{2g}$。

局部水头损失系数为 $\xi=0.946\sin^2\dfrac{\theta}{2}+2.05\sin^4\dfrac{\theta}{2}$。

ξ值由附表 1-7 确定。

附表 1-7　折管出口的损失系数ξ值

θ	15°	30°	45°	60°	90°	120°
ξ	0.022	0.073	0.183	0.365	0.99	1.86

七、岔管出口

1．分汊出口（附图 1-12）

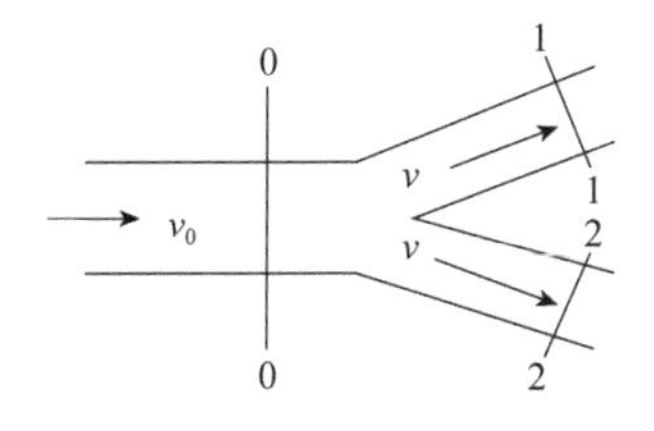

附图 1-12　分汊出口

应用公式为 $h_j=\xi\dfrac{v_0^2}{2g}$。

局部水头损失系数为 $\xi=0.75$。

2．斜分汊

应用公式为 $h_j=\xi\dfrac{v^2}{2g}$。

在附图 1-13 中，局部水头损失系数为 $\xi=0.05$。

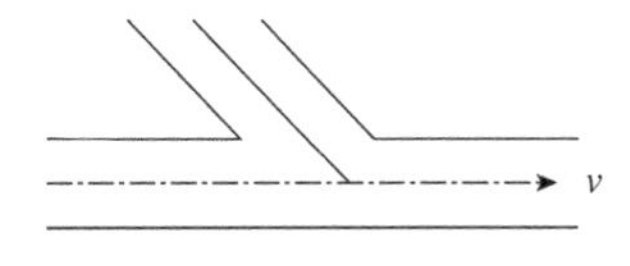

附图 1-13　斜分汊 1

在附图 1-14 中，局部水头损失系数为$\xi=0.15$。

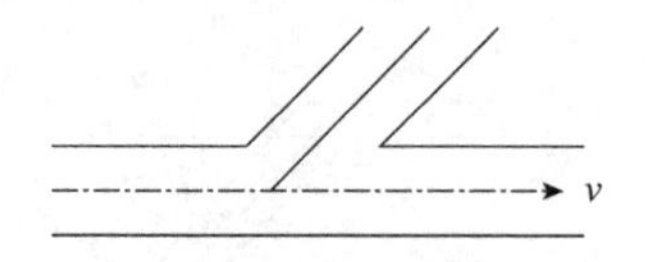

附图 1-14　斜分汊 2

附录二　各章例题 Excel 计算表格与迭代程序

一、各章例题 Excel 计算表格

各章例题的 Excel 计算过程与结果，请扫描下方二维码，下载 Excel 表格的压缩文件，解压后查看并运行。

二、迭代法在水力计算中的应用——以 Excel 软件为例

迭代法也称辗转法，是一种不断用变量的旧值递推新值的过程，跟迭代法相对应的是直接法。数学上的迭代法一般指迭代算法，是用于求方程或方程组近似根的一种常用的算法设计方法。它利用计算机运算速度快、适合做重复性操作的特点，让计算机对一组指令（或一定步骤）进行重复执行，在每次执行这组指令（或这些步骤）时，都从变量的原值推出它的一个新值。

设某一代数方程为 $f(x)=0$，用某种数学方法导出等价的形式 $x=g(x)$，如原方程为 $f(x)=x^3-x-1=0$，这个方程我们可以写成如下等价形式：

$$f(x)=x^3-x-1=0 \Rightarrow \begin{cases} x=x^3-1,\ g(x)=x^3-1 \\ x=\sqrt[3]{x+1},\ g(x)=\sqrt[3]{x+1} \\ x=\dfrac{1}{x^2-1},\ g(x)=\dfrac{1}{x^2-1} \\ x=\dfrac{x+1}{x^2},\ g(x)=\dfrac{x+1}{x^2} \\ \cdots \end{cases}$$

我们把 $x=g(x)$ 称为原方程 $f(x)=0$ 的迭代方程。从上式可以看出，由原方程可以构造若干个迭代方程。

我们可以假设 x 的初始值 x_0，代入迭代方程 $g(x_0)$，若 $x_0=g(x_0)$，则 x_0 是迭代方程的解。若 $x_0\neq g(x_0)$，则令 $x_1=g(x_0)$，计算 $g(x_1)$，依此类推，如附表 2-1 所示。

附表 2-1　迭代方程的解对照表

x	x_0	$x_1=g(x_0)$	$x_2=g(x_1)$	…	$x_{i+1}=g(x_i)$	…
$g(x)$	$g(x_0)$	$g(x_1)$	$g(x_2)$	…	$g(x_{i+1})$	…

这形成了两个数列：x_0，x_1，x_2，…，x_{i+1}，…，x_n；$g(x_0)$，$g(x_1)$，$g(x_2)$，…，$g(x_{i+1})$，…，$g(x_n)$。

对于数列 x_0，x_1，x_2，…，x_{i+1}，…，x_n；数列 $g(x_0)$，$g(x_1)$，$g(x_2)$，…，$g(x_{i+1})$，…，

$g(x_n)$ 收敛，$|x_n - g(x_n)| \leqslant \Delta$（$\Delta$为给定的精度值），则 $x_n = g(x_n)$ 就是原方程 $f(x)=0$ 的解。

迭代方程可以构造若干，但并不是所有的迭代方程都是收敛的。这需要从数学上证明所构造的迭代式是收敛的，这里我们就不做证明了。

如何用 Excel 软件实现上述迭代过程呢，下面我们举例说明。

例一 已知方程 $x^5 - x - 1 = 0$，用迭代法计算 x 的值。

解 （1）构造迭代式 $x = \sqrt[5]{x+1}$。

（2）打开 Excel。

1）第一步（附图 2-1）。

附图 2-1 第一步

2）第二步（附图 2-2）。

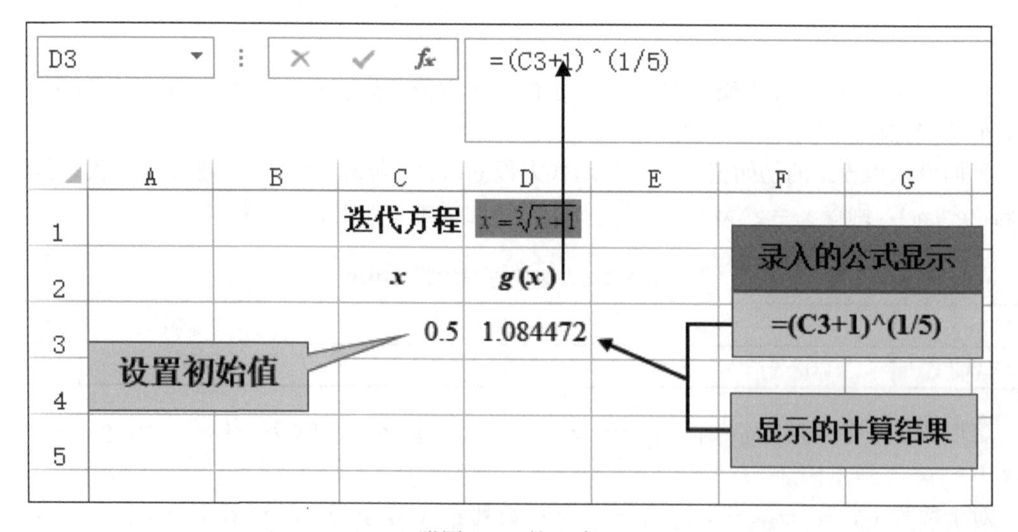

附图 2-2 第二步

3）第三步（附图 2-3）。

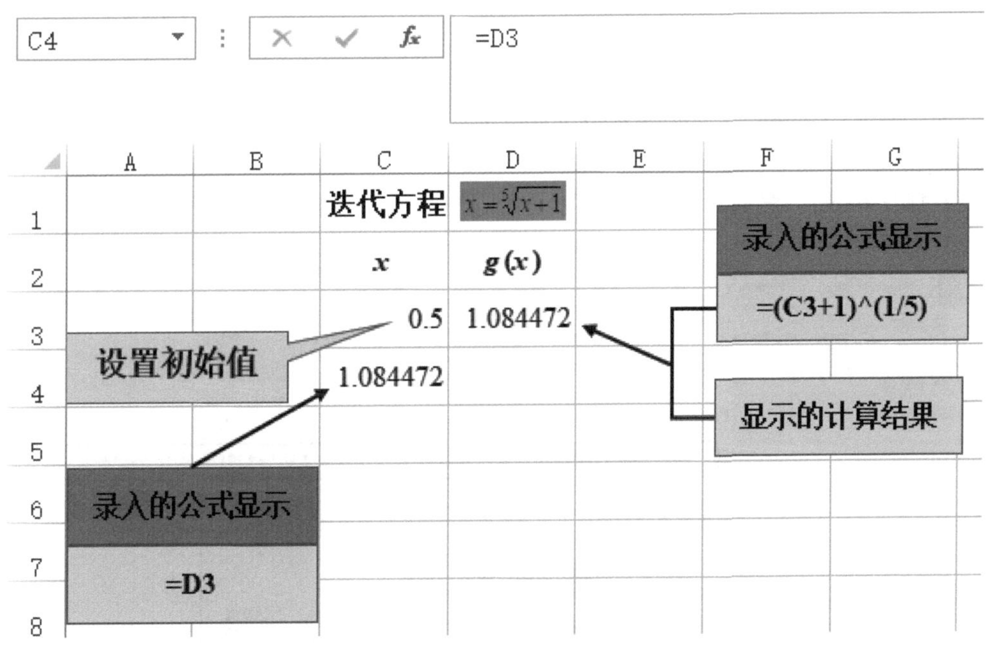

附图 2-3　第三步

4）第四步（附图 2-4）。重复第二～第三步，直至 C 列中的数值等于 D 列中的数值。

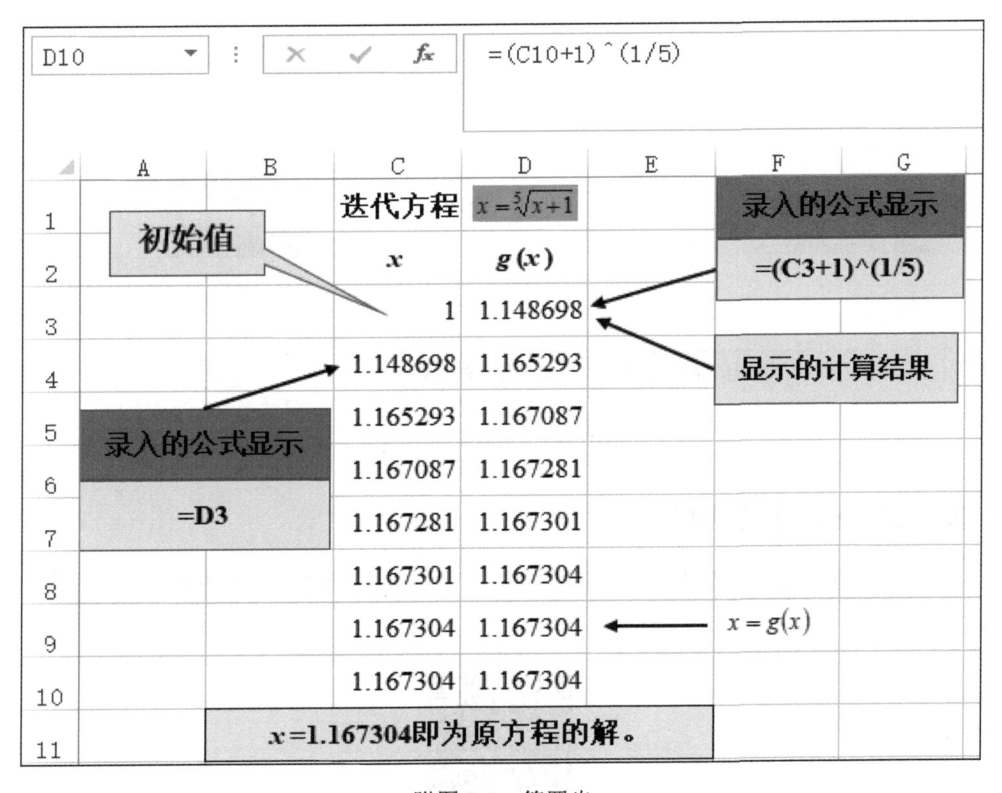

附图 2-4　第四步

例二 计算例 4-4 中沿程水头损失系数。

解 （1）构造迭代式。

$$\lambda=g(\lambda)=4lg^{2}\left(\frac{\Delta}{3.7d}+\frac{1.97\upsilon d}{Q\sqrt{\lambda}}\right)$$

已知：管径 $d=300\text{mm}$，当量粗糙度 $\Delta=0.15\text{mm}$，运动黏滞系数 $\upsilon=1.01\times10^{-6}\text{m}^2/\text{s}$，流量 $Q=0.1\text{m}^3/\text{s}$。

（2）打开 Excel，根据例一的步骤逐步计算，结果如附图 2-5 所示。

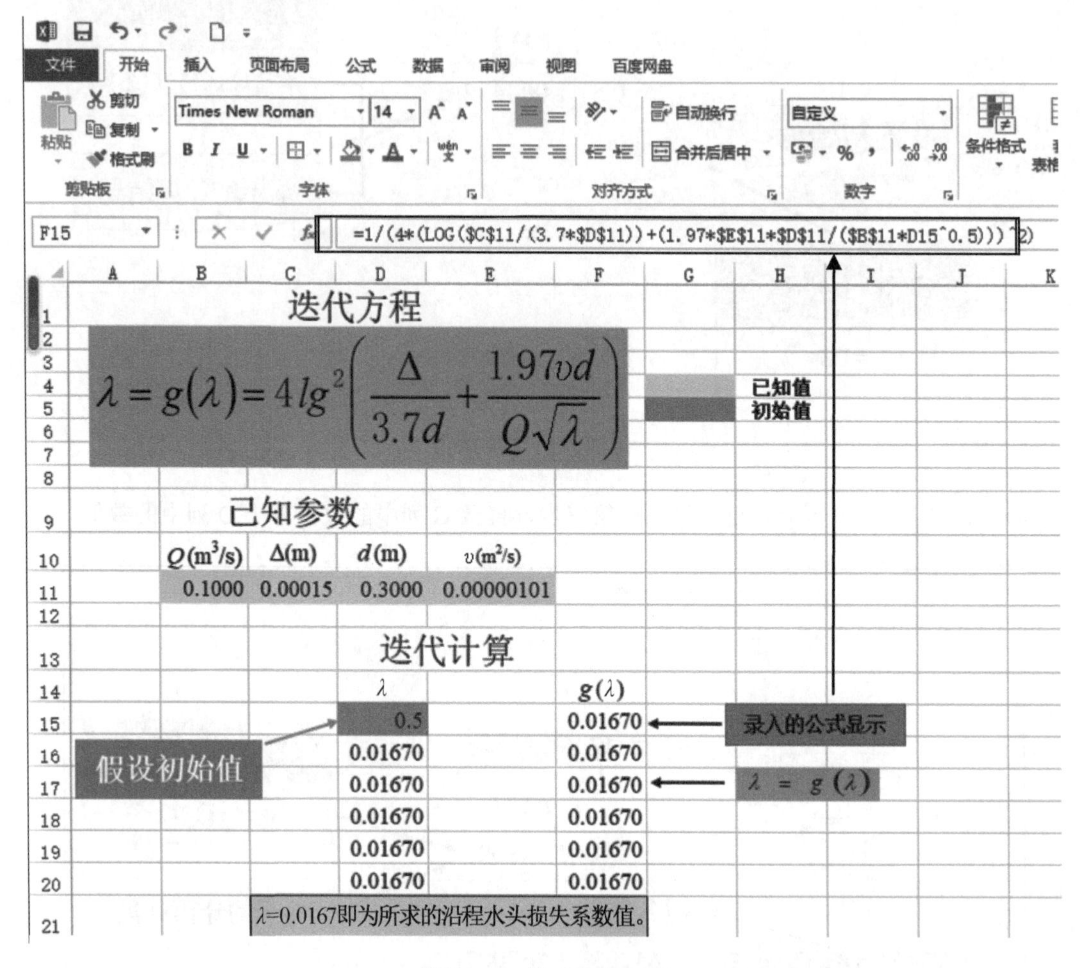

附图 2-5 迭代计算结果

三、部分例题 Excel 迭代程序

各章部分例题的 Excel 迭代程序，请扫描下方二维码，下载 Excel 表格的压缩文件，解压后查看并运行。

附录三　关于课程思政元素融入教学的思考

习近平总书记在2016年全国高校思想政治工作会议上的讲话中强调：“高校思想政治工作关系高校培养什么样的人、如何培养人以及为谁培养人这个根本问题。要坚持把立德树人作为中心环节，把思想政治工作贯穿教育教学全过程，实现全程育人、全方位育人，努力开创我国高等教育事业发展新局面。”*

课程思政在本质上还是一种教育方法，是以构建全员、全程、全课程育人格局的形式将各类课程与思想政治理论课同向同行，形成协同效应，把“立德树人”作为教育的根本任务的一种综合教育理念。

我们将思想政治教育元素融入水力学课程教学中去，期望从以下几个方面潜移默化地对学生的思想意识、行为举止产生影响。

一、做学问，先做人

地球上70%的面积被水覆盖，任何生物都离不开水。水是生命之源，生产之要，生态之基，滋润大地，滋养万物；看似柔弱，却能把坚石滴穿；看似和善，却总有一往无前的力量。水无孔不入，遇石而绕，其坚韧是人生最真切的参照。作为研究“水”的水力学，其应用之广泛渗透到人类生产生活的各个方面，课程教学内容的诸多环节都是素质教育的载体。

“兴利除患”是水利行业的基本任务，对水之品质的认知又是践行“献身、负责、求实”的水利精神的人文寄托。水的品质蕴含的哲学理念与人文精神对社会公德教育、世界观教育、人生观教育、劳动观念教育等素质教育内容都有很好的潜移默化影响，课程教学的素质教育目标也在潜移默化中得到体现。

作为一名合格的人才，不仅要有精深的专业知识，广博的文化知识，多方面的才能与创造精神，还要有正确的人生观、社会责任感及良好的道德品质，懂得如何为人处世。如果说学生在知识、才能方面未达到要求，我们培养的“教育产品”是“次品”的话；学生思想品德方面出了问题，我们培养的“教育产品”则是“危险品”。我们培养的人，不仅要会“做学问”，更要会“做人”，要有水的“品质”。

二、培养学生的民族自豪感及爱国主义情感

在课程中，应该详细介绍我国古代、现代水力学方面的成就和研究成果，激发学生强烈的民族自豪感。

（一）古代三大水利工程——都江堰、郑国渠和灵渠

这三项水利工程，都是中国古代劳动人民勤劳、勇敢、智慧的结晶。三大水利工程在明渠流动及堰流流动规律方面都有了很深刻、成熟的认识。

都江堰工程的整体布局和运用，充分利用了弯道水流及泥沙输运的机理，使非汛期灌溉和汛期排洪的效果达到了极高的科学水平，堪称典范。李冰父子修建的都江堰水利工程，不仅使

---

* 引自 http://www.moe.gov.cn/jyb_xwfb/s5147/202112/t20211210_586253.html。

成都平原成为“天府之国”“鱼米之乡”，而且是世界上仅存的、目前仍在发挥作用的无坝取水工程。

郑国渠是一个规模宏大的灌溉工程。郑国渠沟通了泾河、洛河，修成后，用含泥沙量较大的泾水进行灌溉，增加土质肥力，使当地农业迅速发达起来。当时雨量稀少、土地贫瘠的关中，由此变得富庶甲天下。

灵渠是古代中国劳动人民创造的又一项伟大水利工程。灵渠的开凿，沟通了湘江、漓江，打通了南北水上通道，为秦王朝统一岭南提供了重要的保证。灵渠连接了长江和珠江两大水系，构成了遍布华东、华南的水运网。自秦以来，灵渠对巩固国家的统一，加强南北政治、经济、文化的交流，密切各族人民的往来，都起到了积极作用。灵渠虽经历代修整，依然发挥着重要作用，有着“世界古代水利建筑明珠”的美誉。

（二）古代其他水利工程

公元前 613 年，楚庄王命治水专家孙叔敖领导建设了世界上第一座水库——芍陂，迄今虽已有 2500 多年，但其一直发挥着不同程度的灌溉效益。

公元前 400 年，墨翟就提出了“浮力与排液体积之间关系的设想”，比阿基米德的“论浮体”早了两百多年。

京杭大运河始建于春秋时期，是世界上历经里程最长、工程最大的古代运河，也是最古老的运河之一，与长城、坎儿井并称为中国古代的三项伟大工程，并且使用至今。

一千九百多年前，中国古代劳动人民发明了利用水力来拉风箱或筛面，它是利用水力推动水轮旋转，再利用一曲柄连杆机构，将旋转运动改变为直线往复运动而工作的。人们之后又设计制成“水碓”用来碾米。

公元 1316 年，广州人冼运行、杜子盛等发明铸造了一种世界知名的计时工具——“铜壶滴漏”。

中国古代水利设施可以说不胜枚举，包括提水设施、灌溉设施、防洪设施等，所有这些无不体现了我国古代劳动人民的智慧和创造力，是中国文化地位的象征之一。

（三）现代水利工程

改革开放以来，国家实施了一批非常伟大的水利工程，如三峡工程、南水北调工程等，这些工程无一不是国人的骄傲，充分彰显了文化自信和民族自信，坚定了我们实现民族伟大复兴的目标，从而激发学生的爱国主义情怀，提高学习的自觉性和积极性。

三、彰显“水力学”课程中的科学精神

水力学的教学内容，不应忽略对相关科学家情况的介绍。纵观水力学的发展历史，不如说是科学伟人横空出世的历史，如阿基米德、牛顿、帕斯卡、伯努利等。请注意这样一个事实，这些科学伟人，不仅是伟大的数学家、物理学家，甚至还是著名的哲学家、散文学家、画家，他们的科学成果里无不闪烁着哲学的光芒，蕴藏着对人性的思考。

对于教学内容的呈现，有必要向学生介绍知识背景，以及相关科学家的情况，以让学生领悟科学精神。我们在学校这个象牙塔里，一定要教导我们的学生用这种态度来追求科学，坚守住一份纯真。我们应该铭记这些探索科学真理的先行者，要有对他们及其所创造科学成果的敬畏感，这才是正确的科学态度，继而才会在自己的科学实践中将这种精神发扬光大。

例如，欧拉方程是描述理想流体运动规律的微分方程，是由瑞士数学家欧拉推导的。讲述

这一内容时，我们应让学生了解欧拉的一生。1735 年，欧拉解决了一个天文学的难题（计算彗星轨道），这个问题经几个著名数学家几个月的努力才得到解决，而欧拉却用自己发明的方法，三天便完成了。然而过度的工作使他得了眼病，并且不幸右眼失明了，这时他才 28 岁。1766 年，他的左眼视力衰退，最后完全失明。不幸的事情接踵而来，1771 年彼得堡的大火灾殃及欧拉的住宅，带病而失明的 64 岁的欧拉被围困在大火中，虽然他被别人从火海中救了出来，但他的书房和大量研究成果全部化为灰烬了。沉重的打击仍然没有使欧拉倒下，他发誓要把损失夺回来。在完全失明之前，他还能朦胧地看见东西。他抓紧这最后的时刻，在一块大黑板上疾书发现的公式，然后口述其内容，由他的学生笔录。欧拉完全失明以后，仍然以惊人的毅力与黑暗搏斗，凭着记忆和心算进行研究，直到逝世，竟达 17 年之久。欧拉的一生，是为科学发展而奋斗的一生，他那杰出的智慧，顽强的毅力，孜孜不倦的奋斗精神和高尚的科学道德，永远是值得我们学习的。

与此同时，我们还需要认真思考一个问题：16 世纪以前，中国的水力学成就在世界上是非常突出的；但是 16 世纪以后直至新中国成立前，水力学却很少有中国人的贡献，这是为什么？为此，要向学生分析中国近代科学技术落后的原因，引导学生正确认识中国近代落后的实质，并结合课程内容，向学生介绍我国现代化建设事业的伟大成就，激发学生对社会主义祖国的热爱。

四、培养学生的唯物主义辩证法思维和方法论

通过学习水力学在工程中的应用，学生能深刻认识到水流具有两面性：一方面水是生命之源、生产之要、生态之基；另一方面，水具有能量，用不好会造成危害，如洪水、水土流失等灾害。水流的两面性体现了朴素的辩证唯物主义思想。

示例一　在讲授液体的主要物理性质时，提出了理想液体与黏性液体的概念。分析实际液体运动，机械能损失的计算从理论上还无法完全解决。通常先忽略液体的机械能损失，把液体作为理想液体来分析，得出相应描述各运动要素的方程式。当然，黏性液体流动时能量损失往往是不可忽略的。对黏性液体进行水力计算时，通过实验室实验或原型观测对基于理想液体分析得出的结果进行修正。

该解决问题的思路可以给予我们一个启发——对于暂时无法完全解决的问题，可以把问题先“搁置”起来，然后再通过修正来达到预期的目标。

示例二　分析黏性流体运动，边界层理论对于流动阻力和水头损失研究有着重要影响。对于非流线型物体，特别是存在钝体的壁面，漩涡的分离是普遍存在的。但分离后的漩涡摇摆是必然的，物体绕流之后漩涡的摇摆性更为明显，已有许多文献表明存在各种形状和各种宏观尺度的绕流情形，且在一定条件下，漩涡的摇摆还会有显著的规律，亦即众所周知的卡门涡街现象。

由此可见，无论分析什么自然现象，都要有辩证思维，不要绝对化，要能够在变化中看到其普遍的性质，又能够在静止中洞悉其局部变化的规律。

示例三　对于梯形渠道正常水深、底宽和临界水深，以及泄水建筑物下游收缩断面水深的计算，由于其所遵循方程均是高阶非线性的，通常要运用迭代法求解。要使迭代收敛，必须首先要导出满足收敛条件的迭代公式。迭代计算时，通常迭代初值的选取对最终迭代结果没有影响。也就是说，迭代过程具有容错性。根据迭代过程的实际情况，我们还可以对迭代过程进行修正。

这就预示着：无论做什么事情，首先要选定一条正确的方式，在此基础上就要抓紧时机毫

不犹豫地推动事情的进展，并在进展过程中善于总结，对路线不断修正，以期更快捷、更有效地达到正确目标。

五、培养学生的工匠精神

在研究水流阻力和水头损失这一章节中，水头损失的计算都是以管流为例展开的，而对于明渠流水头损失的水力计算，管流理论无法应用。管流是有压流，而明渠流是无压流，管流中管壁的粗糙系数明显不同于明渠。如何将管流理论的水力计算应用于明渠？科学家没有给出相应的答案，而法国工程师在长期观察的基础上，根据工程实际提出了明渠断面平均流速的公式，即著名的谢才公式。这个公式不是理论推导得到的，而是根据工程实际构造的一个公式，不满足量纲和谐原理。为了能满足量纲和谐原理，人们构造了一个系数（谢才系数），这个系数是有量纲的系数，使得谢才公式满足了量纲和谐原理的要求。谢才公式至今仍然在明渠水力计算中被广泛应用。

这一事实说明：①不是所有的理论只有科学家或者理论研究者才能给出答案，其他人也可以，只要你持之以恒，善于观察和总结；②谢才公式的提出体现了谢才的“工匠精神”，值得每一位水利人好好学习。

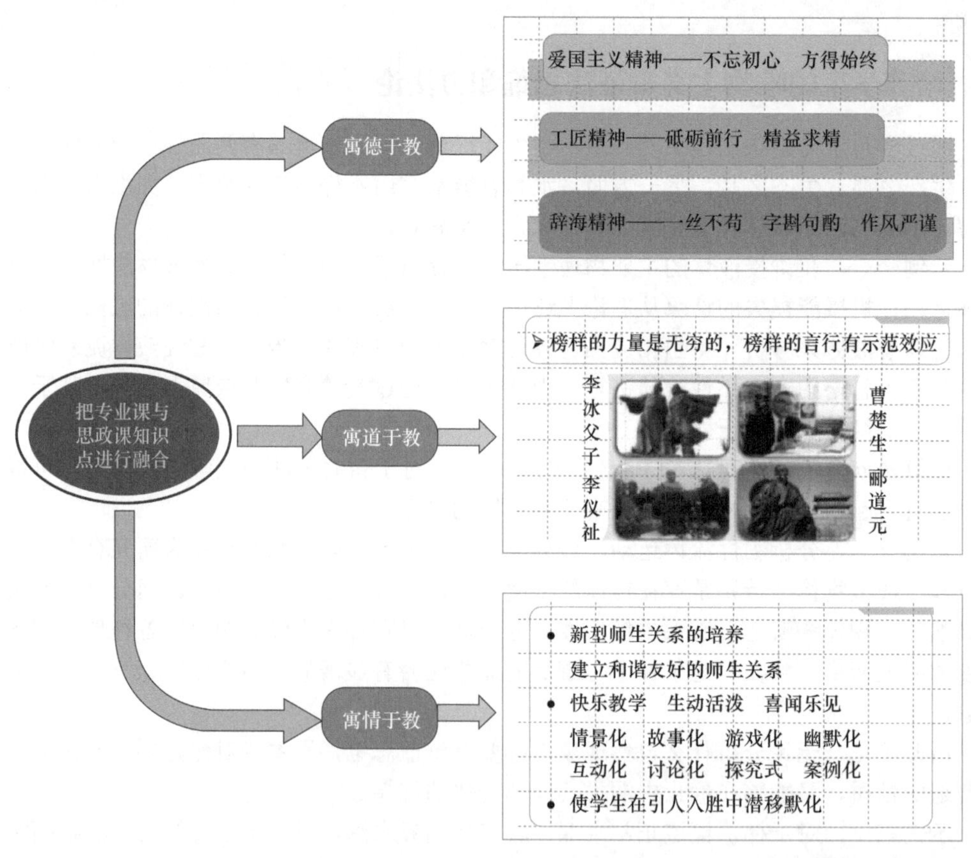

在本课程的开篇，通过介绍水的“特质”、水力学的发展历史和水力学在工程中的作用，我们将做人做事、爱国主义、科学家精神、辩证唯物主义等贯穿融入教学中，从课程的开始就倡导，我们既要进行科学教育，同时也要进行人文教育。科学教育和人文教育是素质教育的组成部分，前者侧重于技术知识的工具价值，后者着重于精神价值，二者有机结合才能促进人的基本技能的形成和全面和谐的发展。这正是思政育人的目标所在。